教育部职业教育与成人教育司推荐教材
中等职业学校建筑（市政）施工专业教学用书
建设行业技能型紧缺人才培养培训工程系列教材

防水工程施工

主　编　耿文忠
副主编　徐　悦
参　编　李　红　于英武
主　审　李靖颉　王永发

机　械　工　业　出　版　社

本书是根据教育部、建设部颁发的《中等职业学校建设行业技能型紧缺人才培养培训指导方案》编写的。全书共分5个单元，包括绪论、屋面防水工程、地下防水工程、外墙防水工程、厨房、厕浴间防水工程。每种防水工程都介绍了其材料及质量要求、技术要求、构造组成、施工方法和成品质量检查等内容，重点课题还配备能力训练，方便学校安排实训练习。

本书既可作为中等职业学校工民建、建筑施工、建筑装饰等专业的教学用书，又可作为中级防水工的考证培训教材，也可供现场施工技术人员参考使用。

图书在版编目（CIP）数据

防水工程施工/耿文忠主编. —北京：机械工业出版社，2009.2（2013.7重印）
（建设行业技能型紧缺人才培养培训工程系列教材）
教育部职业教育与成人教育司推荐教材. 中等职业学校建筑（市政）施工专业教学用书
ISBN 978-7-111- 26014-1

Ⅰ. 防… Ⅱ. 耿… Ⅲ. 建筑防水-工程施工-专业学校-教材 Ⅳ. TU761.1

中国版本图书馆CIP数据核字（2008）第213692号

机械工业出版社（北京市百万庄大街22号 邮政编码100037）
责任编辑：陈 俞 版式设计：张世琴 责任校对：刘志文
封面设计：饶 薇 责任印制：杨 曦
北京中兴印刷有限公司印刷
2013年7月第1版第2次印刷
184mm×260mm · 11.25印张 · 271千字
3 001—5 000册
标准书号：ISBN 978-7-111-26014-1
定价：24.00元

凡购本书，如有缺页、倒页、脱页，由本社发行部调换

电话服务	网络服务
社服务中心：(010)88361066	教材网：http://www.cmpedu.com
销售一部：(010)68326294	机工官网：http://www.cmpbook.com
销售二部：(010)88379649	机工官博：http://weibo.com/cmp1952
读者购书热线：(010)88379203	**封面无防伪标均为盗版**

教育部职业教育与成人教育司推荐教材
中等职业学校建筑（市政）施工专业教学用书
建设行业技能型紧缺人才培养培训工程系列教材

编委会名单

出版说明

本系列教材是根据教育部、建设部发布的《中等职业学校建设行业技能型紧缺人才培养培训指导方案》（以下简称《指导方案》）的指导思想和最新教学计划编写的，是教育部职业教育与成人教育司推荐教材。

2004年10月，教育部、建设部发布了《关于实施职业院校建设行业技能型紧缺人才培养培训工程的通知》，并组织制定了《指导方案》，对建筑（市政）施工、建筑装饰、建筑设备和建筑智能化四个专业的培养目标与规格、教学与训练项目、实验实习设备条件等提出了具体要求。

为了配合《指导方案》的实施，受教育部委托，在中国建设教育协会中等职业教育专业委员会的大力支持和协助下，机械工业出版社于2005年3月专门组织召开了全国中等职业学校建设行业技能型紧缺人才培养教学研讨和教材建设工作会议，对《指导方案》进行了认真学习和研讨，在此基础上，组织编写了建筑（市政）施工、建筑装饰两个专业的系列教材。

由于“技能型紧缺人才培养培训工程”是一个新生事物，各学校在实施过程中也在不断摸索、总结、调整，我们会密切关注各院校的实施情况，及时收集反馈信息，并不断补充、修订、完善本系列教材，也恳请各用书院校及时将使用本系列教材的意见和建议反馈给我们，以使本系列教材日臻完善。

本系列教材编委会

前　言

本书是根据教育部、建设部颁发的《中等职业学校建设行业技能型紧缺人才培养培训指导方案》编写的。在编写内容上，把提高职业能力放在了突出位置，每个重要课题后面都有能力训练，单元1～单元4后面还配备了实训练习题。全部内容都是根据国家最新颁布的《建筑工程施工质量验收统一标准》（GB 50300—2001）、《屋面工程质量验收规范》（GB 50207—2002）、《地下防水工程质量验收规范》（GB 50208—2002）和其他有关规范、规程编写，体现了新技术、新材料、新工艺和新方法。编写方式上采取文字、图、表结合，力求通俗易懂，简明扼要，便于阅读和理解。

本书由北京水利水电学校耿文忠担任主编。全书共分5个单元，包括绪论，屋面防水工程，地下防水工程，外墙防水工程，厕浴间防水工程。厨房防水工程由于选用材料、构造做法、操作特点与厕浴间防水工程基本一致，本书不再单独介绍。其中单元1、单元3、由北京水利水电学校耿文忠编写，单元2由北京水利水电学校李红编写，单元4由北京水利水电学校于英武编写，单元5由北京城市建设学校徐悦编写。

本书由太原大学李靖颉教授和中国水利水电科学研究院高级工程师王永发担任主审。

在编写过程中还得到了北京华优建筑设计院高级工程师、国家一级建筑师卢海峰和北京水利水电学校高级讲师邓小娟的大力帮助，在此一并表示感谢。

限于时间和编者水平有限，书中不足之处在所难免，衷心欢迎读者批评指正。

编　者

目 录

单元 1　绪　　论

单元概述

本单元主要介绍防水工程的概念与分类、防水工程的材料及设计施工要求、防水工程等级和设防要求、防水工程质量验收规范。

学习目标

了解防水工程的概念、功能、分类；领会防水工程的材料要求、设计要求、施工要求；掌握防水工程的防水等级的划分和设防要求；了解与防水工程施工有关的质量验收标准和规范。

课题 1　防水工程的概念与分类

1.1.1　防水工程的概念

防水工程是指为防止地表水、地下水、滞水、毛细管水以及人为因素引起的水文地质改变而产生的水渗入建筑物、构筑物或防止蓄水工程向外渗漏所采取的一系列结构、构造和建筑措施。防水工程主要包括防止外部的水向防水建筑渗透、蓄水结构的水向外渗漏和建筑物、构筑物内部相互滞水三大部分。

1.1.2　防水工程的功能

对建筑物、构筑物不同部位的防水来说，其防水功能要求是不同的。具体功能如下：

(1) 屋面防水　其功能是防止雨水侵入室内。

(2) 外墙防水　其功能是防止风雨袭击时，雨水通过墙体渗透到室内。

(3) 卫生间及地面防水　其功能是防止生活、生产用水和生活、生产产生的污水渗漏到楼下或通过隔墙渗入其他房间。

(4) 地下防水　其功能是防止地下水侵入。

(5) 贮水池和贮液池等的防水　其功能是防止水或液体往外渗漏，设在地下时还要考虑地下水往里渗透。

1.1.3　防水工程的分类

防水工程的分类方法很多，常见的有以下四种分类方法。

1. 按防水部位分类

分为屋面防水、地下防水、外墙防水、卫生间和地面防水、贮水池和贮液池防水五大类。

2. 按防水方法分类

（1）复合防水　采用各种防水材料相组合进行防水，是一种新型防水做法。

（2）构造自防水　采用一定形式或方法及构造措施进行自防水或结合排水进行防水。

3. 按防水材料品种分类

（1）卷材防水　包括沥青防水卷材、高聚物改性沥青防水卷材和合成高分子防水卷材。

（2）涂膜防水　包括沥青基防水涂料、高聚物改性沥青防水涂料和合成高分子防水涂料等。

（3）密封材料防水　包括改性沥青密封材料和合成高分子密封材料。

（4）混凝土防水　包括细石混凝土、普通防水混凝土、补偿收缩（又称微膨胀）防水混凝土、预应力防水混凝土、外加剂防水混凝土以及钢纤维防水混凝土等。

（5）砂浆防水层　包括水泥砂浆、掺外加剂水泥砂浆以及聚合物水泥砂浆等。

（6）金属板防水　包括压型钢板防水、钢板防水和铅板防水。

（7）瓦材防水　包括平瓦防水、油毡瓦防水和波形瓦防水等。

（8）其他防水材料防水　包括各类粉状憎水材料，如建筑拒水粉、水必克以及复合建筑防水粉等。

4. 按设防材料性能分类

（1）刚性防水　刚性防水是指用素浆和防水砂浆交替抹压组成的防水层或细石混凝土、块体材料等做防水层。

（2）柔性防水　柔性防水是采用具有一定柔韧性和延伸率的防水材料做防水层，如卷材防水、涂膜防水、密封防水等。

[能力训练]

训练项目　各种防水材料识别

（1）目的　正确识别各种防水材料，了解其品种、规格。

（2）能力及标准要求　能够根据所学知识识别防水材料的品种。

（3）准备　到建筑工地寻找各种不同的防水材料，品种尽量齐全。

（4）步骤

1）观察防水材料的颜色、形状。

2）用钢尺量测材料的宽度、厚度。

3）根据所学材料知识判别防水材料的品种。

（5）注意事项　在搜集防水材料时，注意搜集产品的合格证和使用说明书，防止出现误判现象。

（6）讨论　目前房屋出现渗漏现象的主要原因是什么？

课题 2　防水工程的材料及设计施工要求

1.2.1　建筑防水材料

我国的建筑防水材料发展很快，主要品种的产量和质量均有很大进展，产品品种多达百种以上，牌号几百个。依据建筑防水材料的外观形态与性能，建筑防水材料产品大体分六大类。一类：防水卷材；二类：防水涂料；三类：刚性防水材料；四类：瓦类防水材料；五类：建筑密封材料；六类：堵漏材料。

1.2.2　防水工程的内容

防水工程就土木工程类别来说，分建筑物防水和构筑物防水；就防水工程部位来说，分地上防水工程和地下防水工程；就渗漏流向来说，分防外水内渗和防内水外漏。防水工程的基本内容详见表 1-1。

表 1-1　防水工程基本内容

类　别	项　目	防水工程基本内容
建筑物地上工程	屋面防水	防水混凝土自防水结构，找平层防水、卷材防水层防水、涂膜防水层防水、刚性防水层防水、接缝密封防水、瓦材防水、天沟防水、穿管防水、排水口防水、分格缝防水、整体屋面防水
	墙体防水	外墙体防水，女儿墙墙体防水、厕浴间墙体防水，外墙面防水，厕浴间墙体防水，变形缝防水，大板、轻板、挂板平、竖缝防水，女儿墙面防水
	楼地面防水	楼面防水，地面防潮，厕浴间楼面防水，踢脚线防水，阳台楼面防水，楼面穿越管道防水
	门窗及玻璃幕墙防水	框缝防水，框扇缝隙防水，窗台防水，玻璃镶嵌部位防水
建筑物地下工程	地下室、地下水泵房、游泳池、电梯井坑等防水	防水混凝土、补偿收缩混凝土，高效预应力混凝土底板、墙体、顶板自防水结构，变形缝防水，后浇缝防水，防水砂浆刚性防水层防水，卷材防水层防水，涂膜防水层防水，金属防水层防水，穿墙管（盒）防水，埋设件防水，孔口防水，坑、池防水
构筑物	水塔、水箱、水池、渡槽、闸门、排水管道防水等	防水混凝土，补偿收缩混凝土自防水结构，防水混凝土、防水砂浆刚性防水层防水，变形缝防水，接缝密封防水，穿管防水，涂膜防水层防水，卷材防水层防水，管道接口密封防水，河道防水墙防水
	地铁防水	防水混凝土自防水结构或补偿收缩混凝土自防水结构，衬砌防水，注浆防水，变形缝防水，后浇缝防水，预埋件防水，穿管防水，涂膜防水层防水，卷材防水层防水，防水砂浆防水层防水
	隧道、坑道防排水	注浆防水，贴壁式衬砌防水，离壁式衬砌防水，衬套防水，接缝密封防水，防水砂浆防水层防水
	特殊施工法的结构防水	盾构衬砌防水结构，预管自防水结构，防水混凝土沉井自防水结构，普通混凝土或防水混凝土地下连续墙结构，混凝土锚喷支护，高压喷射帷幕防水

1.2.3 防水工程的设计

1. 屋面防水工程设计

(1) 屋面防水工程的分类

屋面防水工程按采用材料的不同，可分为柔性防水和刚性防水两大类，其分类见表1-2。

表 1-2 屋面防水分类

柔性防水	卷材防水	沥青防水卷材 高聚物改性沥青防水卷材 合成高分子防水卷材
	涂膜防水	沥青基防水涂料 高聚物改性沥青防水涂料 合成高分子防水涂料
刚性防水	混凝土或水泥砂浆防水	普通细石混凝土　预应力混凝土 补偿收缩混凝土　钢纤维混凝土 块体刚性材料　粉末状憎水材料 防水砂浆

(2) 屋面防水工程设计原则

1) 防水设计要可靠。

2) 按防水等级设防。

3) 遵循"以防为主，防排结合"的原则。

4) 板块分格，刚柔相济。

5) 脱离自由，互不制约。

6) 多道防线，防水可靠。

7) 复式防水，加强保护。

8) 充分考虑施工工艺要求。

(3) 屋面防水设计层次

1) 结构层。板缝用砂浆填缝，密封膏嵌缝或细石混凝土加筋嵌缝。

2) 找平层。如果做隔汽层或保温层，必须做找平层。

3) 隔汽层。隔汽层是做在保温层下的一道隔离层。

4) 保温层。要考虑采用何种保温材料、保温层厚度、是否做成排汽构造。倒置式屋面应选择适当的保温材料。

5) 找坡层。大于18m跨度应做结构找坡；小于18m跨度者，可以结构找坡或用保温材料找坡；跨度更小者，使用细石混凝土或砂浆找坡即可。

6) 砂浆基层。因为在其上面将铺贴卷材或涂刷涂料，必须平整、坚固、干燥。

7) 基层处理剂层。特别是防水材料满粘时，应做此处理，以增加卷材与基层的粘结强度。

8）防水层。防水层包括柔性防水、刚性防水和瓦材防水等。

9）隔离层。如果在防水层上铺地砖，应做隔离层；如果用细石混凝土刚性防水，也应做隔离层。

10）保护层。上人屋面和不上人屋面，均应做保护层；地下室底板防水和侧墙防水层均应保护。

11）隔热层。隔热层为了防止日光过度照射、提高室温，可在防水层上做隔热措施。如架空板、蓄水或种植土做屋顶花园。

上述11道设计层次，在防水方案设计中都要考虑，但并不是每个工程全都要具备。其中保温层、砂浆基层、防水层和保护层是必须具备的，其他层次根据工程需要设置。

（4）屋面防水工程设计内容

1）屋面防水等级和防水层耐用年限的确定。

① Ⅰ级屋面防水工程：Ⅰ级屋面防水工程为特别重要的民用建筑和对防水有特殊要求的建筑。Ⅰ级屋面防水工程耐用年限为25年。

② Ⅱ级屋面防水工程：Ⅱ级屋面防水工程为重要的工业与民用建筑、高层建筑。Ⅱ级屋面防水工程耐用年限为15年。

③ Ⅲ级屋面防水工程：Ⅲ级屋面防水工程为一般的工业与民用建筑。Ⅲ级屋面防水工程耐用年限为10年。

④ Ⅳ级屋面防水工程：Ⅳ级屋面防水工程指非永久性建筑和采取临时防水措施的建筑，因此对防水材料要求较低。Ⅳ级屋面防水工程的耐用年限为5年。

2）防水材料的选择。不同品种和性能的防水材料，具有各自的优缺点和适用范围。应根据具体情况正确选择、合理使用，这是防水设计好坏的关键。

3）防水构造设计。即屋面防水各个构造层次的设计，根据具体工程需要设置。

4）节点设计。即设计节点大样图。

5）密封防水设计。确定屋面接缝宽度、深度，确定密封材料品种。

6）屋面排水系统设计。计算屋面汇水面积，确定屋面排水坡度、排水路线，设计水落管直径、数量、位置等。

2. 地下防水工程设计

（1）地下防水工程防水方案的确定

地下防水工程方案应根据工程的水文地质资料情况、结构形式、施工方法、地形条件、防水标准和使用要求、技术经济指标、防水材料来源和施工工艺等情况来考虑确定。一般地下防水工程应以防为主，防排结合，因地制宜，综合治理。

（2）地下防水工程的设计原则

1）全面考虑地下水影响。

2）防止不均匀沉降而产生渗漏。

3）结构自重要大于静水压力。

4）水下工程要采用整体钢筋混凝土结构。

5）隧道（坑道）的防水设计应采用疏导方法加防水措施。

6）防水层设置。防水层应设置在迎水面，防有压水宜做外防水层；反之，可做内防水层。

7）“三缝”的防水要求。地下工程的变形缝、施工缝、诱导缝，视具体情况分别采取不同的防水措施。

8）按构造要求，做好每一个细部。这是保证地下防水结构整体、密封、严密的关键。

1.2.4 防水工程的施工要求

1. 基层条件

防水层是铺贴在基层上的，基层质量好坏，将直接影响防水层的质量，基层质量是防水层质量的基础。基层的质量包括结构层和找平层的强度、刚度、平整度、表面完整度及基层含水率等。

2. 工程施工队伍资质要求

实行“两资”管理，建筑工程屋面与地下工程的防水层应由经资质审查合格的防水专业队伍进行施工。作业人员应持有当地建设行政主管部门颁发的上岗证。

严禁非专业防水施工队或有防水施工资质的单位搞转手转包。对未经培训无防水施工上岗证的作业人员应责令其停止施工操作。

3. 图样会审

防水工程施工前，施工单位应会同建设单位或监理单位以及设计单位四方共同进行图样会审。

图样会审是施工人员学习图样、领会设计意图的重要环节。通过图样会审要达到以下三个目的：

1）掌握设计构造、设防要求、层次和节点处理方法，防水层的类别、采用的防水材料及性能指标要求。

2）领会设计意图，结合防水工程的实际情况，进行分析研究，提出对策，对防水设计中不明确的地方，提出问题和设计人员共同协商解决的方法。

3）根据防水构造设计和节点处理方法，确定施工程序和施工方法，为编制施工方案提供条件。

4. 编制施工方案

施工单位应根据图样、会审记录和国家规范、有关防水方面的行业标准、地方标准等编制施工方案，内容应包括：

1）工程概况和施工准备（材料准备、技术准备和机械准备）。

2）质量、安全、进度、成本目标和保证措施。

3）施工组织与管理。

4）所用防水材料及其配套材料的名称、类型、品种和其特性，使用注意事项以及防水材料的质量要求、抽样复验要求、施工用的配合比设计等。

5）施工技术交底，包括屋面工程的施工顺序、施工准备工作内容、基层要求、节点增强处理方法、防水材料施工工艺、操作方法和技术要求，防水层施工的环境和气候条件、成品保护的方法等；特别对各种节点处理作法的要求，必要时应绘图说明；确定防水层的施工工艺和作法（如卷材防水层时应确定满粘法、条粘法、空铺法、点粘法、冷粘法、热熔法等)。

6）施工安全交底，根据工程特点明确防水工程施工中的安全注意事项。如防水要求、高空作业要求、劳动保护和防护措施等。

7）工程环保措施和文明施工措施等。

所编制的施工方案必须经过建设（监理）单位和设计单位的认可。

5. 材料要求

防水工程所采用的防水材料，应有产品合格证书和现场抽样复验报告，材料的品种、规格、性能，应符合现行国家、地方或行业标准和设计要求。

进入施工现场的防水材料，应由施工单位取样员会同监理共同取样，对其外观质量进行检查验收，并送至有资质的见证取样检测单位对其有关物理性能进行检测，对不合格的材料不得使用。

6. 环境和气候条件

屋面工程施工基本上是在露天下进行，因此气候影响极大。施工期的雨、雪、霜、雾以及高温、低温、大风等天气情况，对防水层的质量都会造成不同程度的影响，所以屋面工程施工期间，必须掌握天气情况和气象预报，以保证施工的顺利进行和屋面工程的施工质量。规范规定屋面的保温层和防水层严禁在雨天、雪天或五级风及其以上时施工。施工的环境气温宜符合表1-3的要求。

表1-3 屋面保温层和防水层施工环境气温条件

项 目	施工环境气温
粘结保温层	热沥青不低于－10℃；水泥砂浆不低于5℃
沥青防水卷材	不低于5℃
高聚物改性沥青防水卷材	冷粘法不低于5℃，热熔法不低于－10℃
合成高分子卷材	冷粘法不低于5℃，热风焊接法不低于－10℃
高聚物改性沥青防水涂料	溶剂型不低于－5℃，水溶型不低于5℃
合成高分子防水涂料	溶剂型不低于－5℃，水溶型不低于5℃
刚性防水层	不低于5℃

7. 施工过程质量控制

施工过程质量控制的策略是：全面控制施工过程，重点控制工序质量。具体措施是：

1）防水施工过程中，施工现场班组应有严格的自检、互检、交接检制度；现场项目部应配有专职质检员跟踪检查监督。各道工序施工都应有完整的检验记录。

2）防水工程属于隐蔽工程，每道工序在班组自检、互检、项目部专检合格后，必须请建设（监理）单位复验合格确认，才能隐蔽或进行下道工序施工。

3）防水工程每道工序施工后，均应采取相应的保护措施，凡穿越防水结构的管道和预埋件、预留孔等，均应在施工前安装完毕并固定牢固，各道工序施工时，不得碰撞、移位、变形，并不得堵塞管道、污染周围饰面，施工工作面保持清洁。防水层施工后，要进行成品保护，严禁再在其上凿眼打洞或进行其他作业，防止损坏。

课题3　防水工程等级和设防要求

1.3.1　房屋建筑等级

民用建筑按主体结构划分，其耐久年限分为以下四级。

1）一级耐久年限：100年以上，适用于重要的建筑和高层建筑。

2）二级耐久年限：50～100年，适用于一般性建筑。

3）三级耐久年限：25～50年，适用于次要建筑。

4）四级耐久年限：15年以下，适用于临时性建筑。

1.3.2　建筑物防水等级

各类建筑物的防水等级，参考表1-4规定。

表1-4　各类建筑物的防水等级

项次	防水等级	建筑物名称
1	Ⅰ级	国家级纪念性标志性建筑物，国家政治、外交活动的场所，国家级图书馆、档案馆、博物馆、核电站等，以及对防水有特殊要求的工业与民用建筑
2	Ⅱ级	重要的工业与民用建筑，高层、超高层建筑，大型车站、候机楼，重要的博物馆、档案馆、图书馆，医院，宾馆，影剧院，科研大楼，大型商场，重要的仓库，机关办公楼，重要的工业厂房
3	Ⅲ级	住宅，厂房，库房，办公楼，商店，旅馆，学校等
4	Ⅳ级	非永久性建筑或临时性建筑

设计人员要根据建筑物的性质、重要程度、使用功能要求、耐久年限等来确定屋面防水等级，最后根据防水等级、防水层耐用年限来选用防水材料和进行构造设计。

1.3.3　屋面工程防水等级和设防要求

1. 屋面防水等级的要求

在确定屋面防水等级时，应符合以下原则：

1）应根据建筑物的使用功能要求、重要程度，以及屋面渗漏后的危害程度，确定建筑物的屋面防水等级。

2）屋面防水等级高的，应选用高、中档防水材料，进行多道设防；屋面防水等级低的，可以选用中、低档防水材料，进行单道设防。

3）屋面防水等级不是建筑物的等级，屋面防水层的合理使用年限不是建筑物的耐久年限。屋面防水等级仅指对屋面工程本身的防水功能等级。

4）不同屋面防水等级的建筑物，在防水层合理使用年限内，屋面均不得发生渗漏。

根据建筑物类别和屋面防水的重要程度，不同屋面防水等级的要求见表1-5。

表1-5 不同屋面防水等级的要求

屋面防水等级	建筑物类别	屋面防水功能重要程度	建筑物种类
Ⅰ	特别重要的民用建筑和对屋面防水有特殊要求的工业建筑	如一旦发生渗漏，会造成巨大的经济损失和政治影响或引起爆炸等灾害，甚至造成人身伤亡	国家特别重要的档案馆、博物馆，特别重要的纪念性建筑；核电站、精密仪表车间等有特殊防水要求的工业建筑
Ⅱ	重要的工业与民用建筑、高层建筑	如一旦发生渗漏，会使重要的设备或物品遭到破坏，造成重大的经济损失	重要的博物馆、图书馆、医院、宾馆、影剧院等民用建筑；仪表车间、印染车间、军火仓库等工业建筑
Ⅲ	一般工业与民用建筑	如一旦发生渗漏，会使一些物品受到损坏，在一定程度上影响使用或美观或影响人们正常的工作或生活秩序	住宅、办公楼、学校、旅馆等民用建筑；机加工车间、金工车间、装配车间、仓库等工业建筑
Ⅳ	非永久性建筑	如发生渗漏，虽会给人们工作或生活带来不便，但一般不会带来经济损失的后果	简易宿舍、简易车间、简易仓库、库棚等类建筑

2. 屋面防水设防要求

屋面工程应根据建筑物的性质、重要程度、使用功能要求及防水层合理使用年限，按不同等级进行设防，并应符合表1-6的要求。

表1-6 屋面防水设防要求

项目	屋面防水等级			
	Ⅰ	Ⅱ	Ⅲ	Ⅳ
建筑物类别	特别重要或对防水有特殊要求的建筑	重要的建筑或高层建筑	一般的建筑	非永久性建筑
防水层合理使用年限	25年	15年	10年	5年
防水层选用材料	宜选用合成高分子防水卷材、高聚物改性沥青防水卷材、金属板材、合成高分子防水涂料、细石混凝土等材料	宜选用高聚物改性沥青防水卷材、合成高分子防水卷材、金属板材、合成高分子防水涂料、高聚物改性沥青防水涂料、平瓦、油毡瓦等材料	宜选用三毡四油沥青防水卷材、高聚物改性沥青防水卷材、合成高分子防水卷材、金属板材、高聚物改性沥青防水涂料、合成高分子防水涂料、细石混凝土、平瓦、油毡瓦等材料	可选用两毡三油沥青防水卷材、高聚物改性沥青防水涂料
设防要求	三道或三道以上防水设防	二道防水设防	一道防水设防	一道防水设防

1.3.4 地下工程防水等级和设防要求

1. 地下工程防水等级划分

地下工程常年受到地表水、潜水、上层滞水、毛细管水等的作用，所以对地下工程防水的处理比屋面防水工程要求更高，防水技术难度更大。

地下工程的防水等级分为 4 级，见表 1-7。

表 1-7 地下工程防水等级标准

防水等级	标 准
Ⅰ级	不允许渗水，结构表面无湿渍
Ⅱ级	不允许漏水，结构表面可有少量湿渍 工业与民用建筑：湿渍总面积不应大于总防水面积（包括顶板、墙面、地面）的 1/1000 任意 $100m^2$ 防水面积上湿渍不超过 1 处，单个湿渍上的最大面积不大于 $0.1m^2$ 其他地下工程：湿渍总面积不应大于总防水面积的 6/1000：任意 $100m^2$ 防水面积上的湿渍不超过 4 处，单个湿渍的最大面积不大于 $0.2m^2$
Ⅲ级	有少量漏水点，不得有线流和漏泥砂 任意 $100m^2$ 防水面积上的漏水点数不超过 7 处，单个漏水点的最大漏水量不大于 2.5L/d，单个湿渍的最大面积不大于 $0.3m^2$
Ⅳ级	有漏水点，不得有线流和漏泥砂 整个工程平均漏水量不大于 $2L/(m^2 \cdot d)$ 任意 $100m^2$ 防水面积的平均漏水量不大于 $4L/(m^2 \cdot d)$

2. 地下工程防水等级的适用范围

地下工程的防水等级，应根据工程的重要性和使用中对防水的要求按表 1-8 选定。

表 1-8 不同防水等级的适用范围

防水等级	适 用 范 围
Ⅰ级	人员长期停留的场所；因有少量湿渍会使物品变质、失效的贮物场所及严重影响设备正常运转和危及工程安全运营的部位；极重要的战备工程
Ⅱ级	人员经常活动的场所；在有少量湿渍情况下不会使物品变质、失效的贮物场所及基本不影响设备正常运转和工程安全运营的部位；重要的战备工程
Ⅲ级	人员临时活动的场所；一般战备工程
Ⅳ级	对渗漏水无严格要求的工程

3. 地下工程防水设防要求

地下工程的防水设防要求，应根据使用功能、结构形式、环境条件、施工方法及材料性能等因素合理确定。地下工程的防水设防要求应按表 1-9 选用。

表 1-9 地下工程防水设防

工程部位		主体					施工缝					后浇带				变形缝、诱导缝						
防水措施		防水混凝土	防水砂浆	防水卷材	塑料防水板	金属板	遇水膨胀止水条	中埋式止水带	外贴式止水带	外抹防水砂浆	外涂防水涂料	膨胀混凝土	遇水膨胀止水条	外贴式止水带	防水嵌缝材料	中埋式止水带	外贴式止水带	可卸式止水带	防水嵌缝材料	外贴防水卷材	外涂防水涂料	遇水膨胀止水条
防水等级	Ⅰ级	应选	应选 1～2 种				应选 2 种					应选	应选 2 种			应选	应选 2 种					
	Ⅱ级	应选	应选 1 种				应选 1～2 种					应选	应选 1～2 种			应选	应选 1～2 种					
	Ⅲ级	应选	宜选 1 种				宜选 1～2 种					应选	宜选 1～2 种			应选	宜选 1～2 种					
	Ⅳ级	宜选	—				宜选 1 种					应选	宜选 1 种			应选	宜选 1 种					

1.3.5 地下室防水等级和设防要求

地下室工程根据建筑物的性质、重要程度、使用功能、水文地质状况、水位高低以及埋置深度等，将其防水分为两个等级，并按不同等级进行设防。地下室防水等级及设防要求见表 1-10。

表 1-10 地下室防水等级及设防要求

项目	防水等级 Ⅰ级	防水等级 Ⅱ级
标准	不允许渗水，结构表面无湿渍	不允许漏水，结构表面可见少量湿渍，总湿渍面积不应大于总防水面积（包括顶板、墙面、地面）的 1/1000；任意 $100m^2$ 防水面积上湿渍不超过 1 处，单个湿渍的最大面积不大于 $0.1m^2$
适用范围	人员长期停留的场所；因有少量湿渍会使物品变质、失效的贮物场所及严重影响设备正常运转和危及工程安全运营的部位；极重要的战备工程	人员经常活动的场所；在有少量湿渍的情况下不会使物品变质、失效的贮物场所及基本不会影响设备正常运转和工程安全运营的部位；重要的战备工程
设防要求	三道或三道以上的防水设防，其一必须有一道钢筋混凝土结构自防水；其二设柔性防水一道；其三采取其他防水措施	二道防水设防，其一有一道钢筋混凝土结构自防水；其二设柔性防水一道
选材及做法	1. 补偿收缩混凝土结构自防水 2. 高聚物改性沥青防水卷材或弹性体合成高分子防水卷材 3. 卷材外侧回填三七灰土 4. 另作架空地板衬套墙及排水处理	1. 补偿收缩混凝土结构自防水 2. 高聚物改性沥青防水卷材、弹性体合成高分子防水卷材或合成高分子防水涂料（仅适用于外防外贴法）

1.3.6 厨房、厕浴间防水等级和设防要求

厨房、厕浴间防水应根据建筑物类型、使用要求划分防水等级，并按不同等级确定设防层次与选用合适的防水材料，见表 1-11。

表 1-11 厨房、厕浴间防水等级和设防要求

<table>
<tr><td colspan="2" rowspan="2">项　目</td><td colspan="5">防水等级</td></tr>
<tr><td>Ⅰ</td><td colspan="3">Ⅱ</td><td>Ⅲ</td></tr>
<tr><td colspan="2">建筑类别</td><td>要求高的大型公共建筑、高级宾馆、纪念性建筑</td><td colspan="3">一般公共建筑、餐厅、商住楼、公寓等</td><td>一般建筑</td></tr>
<tr><td colspan="2">地面设防要求</td><td>二道防水设防</td><td colspan="3">一道防水设防或刚柔复合防水</td><td>一道防水设防</td></tr>
<tr><td rowspan="8">选用材料及厚度/mm</td><td rowspan="6">地面</td><td rowspan="6">合成高分子防水涂料厚 1.5
聚合物水泥砂浆厚 15
细石防水混凝土厚 40</td><td></td><td>单独用</td><td>复合用</td><td rowspan="6">高聚物改性沥青防水涂料厚 2 或防水砂浆厚 20</td></tr>
<tr><td>高聚物改性沥青防水涂料</td><td>3</td><td>2</td></tr>
<tr><td>合成高分子防水涂料</td><td>1.5</td><td>1</td></tr>
<tr><td>防水砂浆</td><td>20</td><td>10</td></tr>
<tr><td>聚合物水泥砂浆</td><td>7</td><td>3</td></tr>
<tr><td>细石混凝土</td><td>40</td><td>40</td></tr>
<tr><td>墙面</td><td>聚合物水泥砂浆厚 10</td><td colspan="3">防水砂浆厚 20
聚合物水泥砂浆厚 7</td><td>防水砂浆厚 20</td></tr>
<tr><td>天棚</td><td>合成高分子涂料憎水剂</td><td colspan="3">憎水剂</td><td>憎水剂</td></tr>
</table>

楼层厕浴间的防水，由于面积小、管道多、阴阳转角复杂，采用卷材防水较为困难，建议以涂膜防水为主，穿管部位用密封材料嵌缝处理。根据北京市推荐的做法，按工程性质和使用标准分为高、中、低档三级，具体防水方案参见表 1-12。

表 1-12 楼层厕浴间防水方案

<table>
<tr><td rowspan="2">防水等级</td><td colspan="3">涂膜防水厚度/mm</td><td colspan="2">排水坡度（%）</td></tr>
<tr><td>三遍涂膜</td><td>一布四涂</td><td>二布四涂</td><td>地面向地漏处</td><td>地漏处</td></tr>
<tr><td>高档</td><td>1.5（约 1.2～1.5kg/m²）</td><td>1.8（约 1.5～1.8kg/m²）</td><td>2（约 1.8～2.0kg/m²）</td><td>1</td><td rowspan="3">3～5</td></tr>
<tr><td>中档</td><td>1.5（约 1.2～1.5kg/m²）</td><td>约 1.5～2.0kg/m²</td><td>约 2～2.5kg/m²</td><td rowspan="2">2</td></tr>
<tr><td>低档</td><td>约 1.8～2.0 kg/m²</td><td>约 2.0～2.2 kg/m²</td><td>约 2.2～2.5kg/m²</td></tr>
</table>

注：1. 高档防水涂料：聚氨酯涂膜防水材料，用于旅馆等公共建筑；中档防水涂料：氯丁胶沥青涂膜防水材料，用于高级住宅工程；低档防水涂料：SBS 橡胶改性沥青涂膜防水材料，用于一般住宅工程。

2. 地漏处排水坡度，是指以地漏边向外 50mm 处的排水坡度。

3. 地漏标高应根据门口至地漏的坡度确定。

课题4 防水工程质量验收规范简介

1.4.1 《屋面工程质量验收规范》（GB 50207—2002）简介

《屋面工程质量验收规范》（GB 50207—2002）于2002年4月1日颁布施行。主要内容为：总则、术语、基本规定、卷材防水屋面工程、涂膜防水屋面工程、刚性防水屋面工程、瓦屋面工程、隔热屋面工程、细部构造、分部工程验收。规范共有10章174条及2个附表，条文中包括13条强制性条文。

1.4.2 《地下防水工程质量验收规范》（GB 50208—2002）和《地下工程防水技术规范》（GB 50108—2001）简介

《地下防水工程质量验收规范》（GB 50208—2002）于2002年3月15日颁布施行。主要内容为：总则、术语、基本规定、地下建筑防水工程、特殊施工法防水工程、排水工程、注浆工程、子分部工程验收；规定中包括7条强制性条文。

《地下工程防水技术规范》（GB 50108—2001）是防水工程设计与施工应遵守的原则，是防水工程设计与施工过程中遵循的规范。

在执行计划的过程中，《地下工程防水技术规范》（GB 50108—2001）先行。《地下防水工程质量验收规范》（GB 50208—2002）主要按GB 50108—2001的内容对应编制。

1.4.3 防水工程质量验收规范遵循的“十六字方针”

1. 验评分离

“验评分离”是将原验评标准中的质量检验与质量评定的内容分开，将原施工及验收规范中的施工工艺和质量验收的内容分开，将验评标准中的质量检验与施工规范中的质量验收衔接，形成工程质量验收规范。

2. 强化验收

“强化验收”是将原施工规范中的验收部分与验评标准中的质量检验内容合并起来，形成一个完整的工程质量验收规范，作为强制性标准，是建设工程必须完成的最低质量标准，是施工单位必须达到的施工质量标准，也是建设单位验收工程质量所必须遵守的规定。其规定的质量指标都必须达到。

3. 完善手段

为改善质量指标的量化，重视质量指标的科学检测，丰富质量控制、质量验收中的科学数据，进一步完善对建设工程施工质量的控制手段和监测检验措施，主要从三个方面着手改进。一是完善材料、设备的检测；二是改进施工阶段的施工试验；三是开发竣工工程的抽测项目。

4. 过程控制

“过程控制”是根据工程质量的特点进行的质量管理。一个工程无论大小，没有科学而严格的施工过程控制，就没有工程最终的质量验收合格。工程质量验收是在施工全过程控制的基础上才有的。

单元小结

1. 防水工程的分类

按部位分为屋面防水、地下防水、外墙防水、卫生间和地面防水、贮水池和贮液池防水；按防水方法分为复合防水和构造自防水；按防水材料性能分为刚性防水和柔性防水；按防水材料品种分为卷材防水、涂膜防水、密封材料防水、混凝土防水、砂浆防水、金属板防水、瓦材防水、其他防水材料防水等。

2. 防水工程的内容

按土木工程内容分为建筑物和构筑物防水；按防水工程部位分为地上防水工程和地下防水工程；按渗漏流向分为防外水内渗和防内水外漏。

3. 防水工程的设计

(1) 屋面防水工程设计　要了解屋面防水工程的分类、屋面防水工程设计原则、屋面防水设计层次、屋面防水工程设计内容。

(2) 地下防水工程设计　要了解地下防水工程防水方案的确定、地下防水工程的设计原则、地下防水工程设计的基本规定、地下防水工程防水设计的内容。

4. 防水工程施工要求

要了解基层条件要求、工程施工队伍资质要求、施工前图样会审要求、材料要求、环境和气候条件要求、施工过程质量控制要求。

5. 防水工程防水等级和设防要求

(1) 房屋建筑等级　按建筑主体结构的耐久年限分为四级。

(2) 建筑物防水等级　根据建筑等级要求防水层的寿命分为四级。

(3) 屋面工程防水等级　根据建筑物的性质、重要程度、使用功能要求以及防水层合理使用年限，按四个等级进行设防。

(4) 厨房、厕浴间防水等级　根据建筑物类型、使用要求划分为三个防水等级。

(5) 地下工程防水等级　根据维护结构渗漏情况分为4个等级。地下工程防水设防要求，应根据使用功能、结构形式、环境条件、施工方法及材料性能等因素合理确定。

(6) 地下室防水等级　根据建筑物的性质、重要程度、使用功能、水文地质状况、水位高低以及埋置深度等，将其防水分为两个等级。

6. 防水工程质量验收规范

包括《屋面工程质量验收规范》(GB 50207—2002)、《地下防水工程质量验收规范》(GB 50208—2002)、《地下工程防水技术规范》(GB 50108—2001) 等。

7. 防水工程质量验收规范遵循的“十六字方针”

验评分离、强化验收、完善手段、过程控制。

复习思考题

1-1 防水工程的功能是什么?

1-2 建筑防水工程是如何分类的?

1-3 建筑防水材料是如何分类的?

1-4 防水工程的内容有哪些?

1-5 屋面防水设计原则是什么?

1-6 屋面防水设计内容是什么?

1-7 地下防水设计原则是什么?

1-8 防水工程施工前图样会审的内容是什么?

1-9 屋面防水设防要求如何?

1-10 地下室防水设防要求如何?

实训练习题

练习题1 调查你所在学校的地下室、屋面、厕浴间的防水做法，写出调查报告。

练习题2 去建材市场进行调研，了解目前建材市场上防水材料的品种、规格，写出调研报告。

单元 2　屋面防水工程

单元概述

本单元主要介绍卷材防水屋面、涂膜防水屋面、刚性防水屋面、瓦材防水屋面、屋面细部防水。

学习目标

了解防水材料的种类及质量要求；领会其质量控制与质量验收方法；掌握各种防水材料的屋面施工方法。重点掌握卷材防水屋面和涂膜防水屋面的施工以及屋面细部防水。

课题 1　卷材防水屋面

卷材防水屋面属柔性防水屋面，它具有重量轻，防水性好的优点，尤其是防水层的柔韧性好，能适应一定程度的结构振动和膨胀变形。

2.1.1　卷材防水屋面的材料及质量要求

常用的防水卷材按照材料的组成不同一般可分为沥青防水卷材、高聚物改性沥青防水卷材和合成高分子防水卷材三大系列，如图 2-1 所示。

- 防水卷材
  - 沥青防水卷材
    - 纸胎沥青防水卷材
    - 玻纤布胎沥青防水卷材
    - 玻纤毡胎沥青防水卷材
    - 麻布胎沥青防水卷材
  - 高聚物改性沥青防水卷材
    - SBS 改性沥青防水卷材
    - APP 改性沥青防水卷材
    - SBR 改性沥青防水卷材
    - 再生胶改性沥青防水卷材
    - PVC 改性焦油沥青防水卷材
  - 合成高分子防水卷材
    - 弹性体防水卷材
      - 三元乙丙橡胶防水卷材
      - 氯化聚乙烯一橡胶共混防水卷材
    - 塑性体防水卷材
      - 聚氯乙烯防水卷材
      - 增强氯化聚乙烯防水卷材

图 2-1　防水卷材主要类型分类

1. 沥青防水卷材

沥青防水卷材是用原纸、纤维织物、纤维毡等胎体材料浸涂沥青，表面撒布粉状、粒状或片状材料而制成的可卷曲的片状防水材料。按胎体材料的不同沥青防水卷材分为以下几种。

（1）石油沥青纸胎防水卷材　石油沥青纸胎防水卷材包括石油沥青纸胎油毡和油纸。

（2）石油沥青玻璃布胎油毡　石油沥青玻璃布胎油毡是用石油沥青涂盖材料浸涂玻璃纤维织布的两面，再涂撒隔离材料而制成的一种以无机纤维布为胎体的沥青防水卷材。

（3）玻璃纤维毡胎沥青防水卷材　玻璃纤维毡胎沥青防水卷材（简称玻纤胎油毡），是采用玻璃纤维薄毡为胎基，浸涂石油沥青，在其表面涂撒矿物粉料或覆盖聚乙烯膜等隔离材料而制成的可卷曲的片状防水材料。

（4）石油沥青麻布油毡　石油沥青麻布油毡是用麻布做胎基，先涂低软化点的石油沥青，再在两面涂高软化点的沥青胶，并涂盖一层矿物质隔离材料所制成的一种沥青防水材料。

（5）铝箔面油毡　铝箔面油毡是用玻纤毡做胎基，浸涂氧化沥青，在其表面用压纹铝箔贴面，底面撒以细粒矿物料或覆盖聚乙烯（PE）膜而制成的一种具有热反射和装饰功能的防水卷材。

2. 高聚物改性沥青防水卷材

沥青改性以后制成的卷材，叫做改性沥青防水卷材。目前，对沥青的改性方法主要有：采用合成高分子聚合物进行改性、沥青催化氧化、沥青乳化等。

（1）SBS改性沥青防水卷材　SBS改性沥青防水卷材是以热塑性弹性体为改性剂，将石油沥青改性后作浸渍涂盖材料，以玻纤毡或聚酯毡等增强材料为胎体，以塑料薄膜、矿物粒、片料等作为防粘隔离层，经过选材、配料、共熔、浸渍、辊压、复合成型、卷曲、检验、分卷、包装等工序加工而制成的一种柔性中、高档的可卷曲的片状防水材料，属弹性体沥青防水卷材中有代表性的品种。

SBS改性沥青防水卷材的特点是：改善了卷材的弹性和耐疲劳性；提高了卷材的耐高、低温性能且耐老化、施工简单。

（2）APP改性沥青防水卷材　APP改性沥青防水卷材属塑性体沥青防水卷材，是以纤维毡或纤维织物为胎体，浸涂APP（无规聚丙烯）改性沥青，上表面撒布矿物粒、片料或覆盖聚乙烯膜，下表面撒布细砂或覆盖聚乙烯膜，经一定生产工艺而加工制成的一种中、高档改性沥青可卷曲片状防水卷材。

APP改性沥青防水卷材的特点是：抗拉强度高、延伸率大；具有良好的耐热性；抗老化性能好且施工简单、无污染。

（3）再生橡胶改性沥青防水卷材　再生橡胶改性沥青防水卷材是采用聚酯纤维无纺布或原纸为胎体，浸涂再生橡胶改性沥青，表面涂、撒矿物粉、粒料或覆盖聚乙烯膜所制成的可卷曲的片状防水材料。

再生橡胶改性沥青防水卷材的特点是：耐高、低温性能好，能在－20～80℃之间正常使用；延伸率大，能适应基层局部变形的需要；自重轻、抗老化性能好、耐腐蚀性强；使用寿命长（10～15年）而价格低；施工简单、无污染，可采用冷粘法施工。

（4）废胶粉改性沥青防水卷材　废胶粉改性沥青防水卷材是用350g/m^2 的原纸为胎体，以废胶粉改性沥青为涂盖层，用滑石粉或细砂作撒布防粘隔离层而制成的低档廉价的防水卷材。一般用于Ⅳ级非永久性的建筑防水层，如简易宿舍、简易车间等。

废胶粉改性沥青防水卷材的特点是抗拉强度、低温柔韧性都比纸胎油毡有明显的提高，适用于寒冷地区的一般建筑防水工程。

3. 合成高分子防水卷材

（1）三元乙丙橡胶防水卷材　三元乙丙橡胶防水卷材是以乙烯、丙烯和双环戊二烯三种单体共聚合成的三元乙丙橡胶为主体，掺入适量的丁基橡胶、硫化剂、促进剂、软化剂、补强剂和填充剂等，经过配料、密炼、拉片、过滤、挤出（或压延）成型、硫化、检验、分卷、包装等工序，加工制成的高档防水材料。

三元乙丙橡胶防水卷材的特点是耐老化性能好、使用寿命长；抗拉强度高、延伸率大；耐高、低温性能好；施工简单方便。

（2）聚氯乙烯防水卷材　聚氯乙烯（PVC）防水卷材是以聚氯乙烯树脂为主要原料，加入适量的改型剂、增塑剂、抗氧剂和紫外线吸收剂，经过捏和、混炼、造粒、挤出压延、冷却、分卷、包装等工序而制成的一种高档防水卷材。

聚氯乙烯防水卷材的特点是防水效果好、抗拉强度高；使用寿命长；断裂伸长率大；耐高温、低温性能好；施工简单方便。

（3）氯化聚乙烯防水卷材　氯化聚乙烯防水卷材是以氯化聚乙烯树脂为主要原料，掺入适量的化学助剂和一定量的填充材料，经捏合、塑炼、压延、卷曲、检验、分卷、包装等工序，加工制成的一种中、高档防水卷材。

氯化聚乙烯防水卷材的特点是强度高、延伸率大、弹性好、耐撕裂、耐日光、耐臭氧老化、耐寒、耐高温、耐酸碱、使用寿命长，并且可以冷施工、无污染。

（4）氯化聚乙烯—橡胶共混防水卷材　氯化聚乙烯—橡胶共混防水卷材是以氯化聚乙烯树脂和合成橡胶共混为主体，加入适量的硫化剂、促进剂、稳定剂、软化剂和填充剂等，经过塑炼、混炼、压延（或挤出）成型、硫化、检验、分卷、包装等工序，加工制成的高弹性防水卷材。

氯化聚乙烯—橡胶共混防水卷材的特点是综合防水性能好；具有良好的高温、低温性能；具有良好的粘结性和阻燃性；稳定性好，使用寿命长且施工简单方便。

（5）氯磺化聚乙烯防水卷材　氯磺化聚乙烯防水卷材（CSB）是以氯磺化聚乙烯橡胶为主要原料，掺入适量的软化剂、稳定剂、硫化剂、促进剂、防老化剂、着色剂、填充剂等，经配料、塑炼、混炼、压延或挤出成型、硫化、冷却、检验、分卷、包装等工序，加工制成的一种防水卷材。

氯磺化聚乙烯防水卷材的特点是产品的延伸率较大，弹性好，对基层具有良好的适应性，宜于保证防水工程质量；可以根据不同颜色需要，作成各种不易腿色的防水卷材，起到美化环境的作用；耐高、低温性能好并能保持良好的柔韧性；对酸、碱、盐等化学药品性能稳定，耐腐蚀性优良；可采用冷施工，且施工简便，对环境的污染小。

（6）丁基橡胶防水卷材　丁基橡胶防水卷材是以合成橡胶为主要原料，加入防老化剂、促进剂、填充料等，经过反复混炼后压延而成的一种中、高档高分子防水卷材。

丁基橡胶防水卷材的特点是具有良好的延伸性能和耐高、低温性能，且采用冷粘法施工极为方便。

4. 防水卷材胶结材料

（1）沥青胶　沥青胶又名沥青玛蹄脂，是在沥青中加入填充料，如滑石粉、云母粉、石棉粉、粉煤灰等配制而成。它是沥青油毡和改性沥青类防水材料的粘结材料，主要应用于卷材与基层、卷材与卷材之间的粘结，也可用于水落口、管道根部、女儿墙等易渗部位细部构造处做附加增强嵌缝密封处理。

沥青胶又可以分为冷热两种。前者被称为冷沥青胶或冷玛蹄脂，后者则被称为热沥青胶或热玛蹄脂。两者又均有石油沥青胶及煤沥青胶之分。石油沥青胶适用于粘结石油沥青类卷材，煤沥青胶则适用于粘结煤沥青类卷材。

（2）冷底子油　冷底子油是涂刷在水泥砂浆或混凝土基层以及金属表面上作打底之用的一种基层处理剂。其作用可使基层表面和玛蹄脂、涂料、油膏等中间具有一层胶质薄膜，提高胶结性能。

（3）合成高分子防水卷材的配套胶粘剂　铺贴合成高分子防水卷材时，应根据其不同的品种选用不同的专用胶粘剂，以确保粘结质量。大部分合成高分子防水卷材粘结时，卷材与基层、卷材与卷材（边部搭接缝），还需使用不同的胶粘剂。

5. 防水卷材的质量要求

（1）沥青防水卷材的质量要求　沥青防水卷材的外观质量和物理性能应符合表2-1和表2-2的要求。

表2-1　沥青防水卷材外观质量

项　　目	质量要求
空洞、硌伤	不允许
漏胎、涂盖不均	不允许
折纹、折皱	距卷芯1000mm以外，长度不大于100mm
裂纹	距卷芯1000mm以外，长度不大于10mm
裂口、缺边	边缘裂口小于20mm；缺边长度小于50mm，深度小于20mm，每卷不应超过4处
每卷卷材的接头	不超过1处，较短的一段不应小于2500mm，接头处应加长150mm

表2-2　沥青防水卷材物理性能

项　　目		性能要求	
		350号	500号
纵向拉力 25℃±2℃/N		≥340	≥440
耐热度[(85±2)℃,2h]		不流淌，无集中性气泡	
柔度[(18±2)℃]		绕 ϕ20mm 圆棒无裂纹	绕 ϕ25mm 圆棒无裂纹
不透水性	压力/MPa	≥0.10	≥0.15
	保持时间/min	≥30	≥30

（2）高聚物改性沥青防水卷材质量要求　高聚物改性沥青防水卷材的外观质量和规格应符合表 2-3 和表 2-4 的要求。此外，其物理性能应符合表 2-5 的要求。

表 2-3　高聚物改性沥青防水卷材外观质量

项　目	质量要求	项　目	质量要求
孔洞、缺边、裂口	不允许	撒布材料粒度、颜色	均匀
边缘不整齐	不超过 10mm	每卷卷材的接头	不超过 1 处，较短的一段不应小于 1000mm，接头处应加长 150mm
胎体露白、未浸透	不允许		

表 2-4　高聚物改性沥青防水卷材规格

厚度/mm	宽度/mm	每卷长度/m
2.0	≥1000	15.0～20.0
3.0	≥1000	10.0
4.0	≥1000	7.5
5.0	≥1000	5.0

表 2-5　高聚物改性沥青防水卷材物理性能

项　目		性能要求		
		聚酯毡胎体	波纤胎体	聚乙烯胎体
拉力/（N/50mm）		≥450	纵向≥350 横向≥250	≥100
延伸率		最大拉力时，≥30％	—	断裂时≥200％
耐热度/（℃，2h）		SBS 卷材 90，APP 卷材 110，无滑动、流淌、滴落		PEE 卷材 90，无流淌、起泡
低温柔度/℃		SBS 卷材－18，APP 卷材－5，PEE 卷材－10，3mm 厚 r＝25mm；3s 弯 180℃，无裂纹		
不透水性	压力/MPa	≥0.3	≥0.2	≥0.3
	保持时间/min	≥30		

（3）合成高分子防水卷材质量要求　合成高分子防水卷材的外观质量和物理性能应符合表 2-6 和表 2-7 的要求。此外，其规格应符合表 2-8 的要求。

表 2-6　合成高分子防水卷材外观质量

项　　目	质量要求
折痕	每卷卷材不超过 2 处，总长度不超过 20mm
杂质	大于 0.5mm 颗粒不允许，每 $1m^2$ 不超过 $9mm^2$
胶块	每卷不超过 6 处，每处面积不大于 $4mm^2$
凹痕	每卷不超过 6 处，深度不超过本身厚度的 30%；树脂类深度不超过 15%
每卷卷材的接头	橡胶类每 20m 不超过 1 处，较短的一段不应小于 3000mm，接头处应加长 150mm；树脂类 20m 长度内部允许有接头

表 2-7　合成高分子防水卷材物理性能

项　　目		性能要求			
		硫化橡胶类	非硫化橡胶类	树脂类	纤维增强度
断裂拉伸强度/MPa		≥6	≥3	≥10	≥9
扯断伸长率		≥400%	≥200%	≥200%	≥10%
低温弯折/℃		−30	−20	−20	−20
不透水性	压力/MPa	≥0.3	≥0.2	≥0.3	≥0.3
	保持时间/min	≥30			
加热收缩率		<1.2%	<2.0%	<2.0%	<1.0%
热老化保持率（80℃，168h）	断裂拉伸强度	≥80%			
	扯断伸长率	≥70%			

表 2-8　合成高分子防水卷材规格

厚度/mm	宽度/mm	每卷长度/m
1.0	≥1000	20.0
1.2	≥1000	20.0
1.5	≥1000	20.0
2.0	≥1000	10.0

（4）胶粘剂质量要求　卷材胶粘剂的质量应符合下列规定：

1）改性沥青胶粘剂的粘结剥离强度不应小于 8N/10mm。

2）合成高分子胶粘剂的粘结剥离强度不应小于 15N/10mm，浸水 168h 后的保持率不应小于 70%。

3）双面胶粘带剥离状态下的粘合性不应小于 10N/25mm，浸水 168h 后的保持率不应小于 70%。

2.1.2　卷材防水屋面的构造组成

卷材防水屋面的构造层次（自下而上）一般为：结构层、隔汽层、找坡层、保温层、找平层、防水层、保护层等组成，如图 2-2 所示。

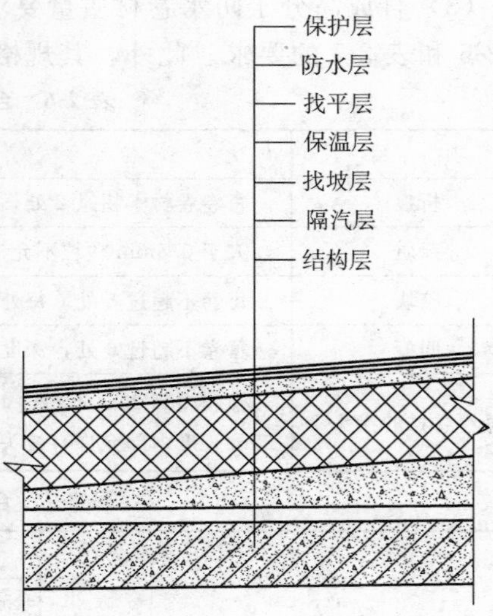

图 2-2 卷材防水屋面构造图

1）结构层。结构层起承重作用，多采用预制屋面板或钢筋混凝土屋面板构成。

2）隔汽层。隔汽层防止室内水蒸气进入保温层内，影响保温效果。

3）找坡层。找坡层找出屋面坡度，以便于排水。

4）保温层。保温层起保温隔热作用，减少屋面的热量传递。

5）找平层。找平层对保温层或结构层进行找平，为铺设防水层做准备。

6）防水层。防水层起防止雨、雪、水向屋面渗漏的作用。

7）保护层。保护层保护防水层面不受或减小因气候变化和检修屋面时被踩踏的破坏。

2.1.3 卷材防水屋面施工方法的分类

1. 按工艺类别分类

卷材防水施工按工艺类别分类及适用范围见表 2-9。

表 2-9 卷材防水施工按工艺类别分类及适用范围

工艺类别	名 称	作 法	适用范围
热施工工艺	热玛蹄脂粘贴法	传统施工方法，边浇玛蹄脂边滚铺油毡，逐层铺贴	石油沥青油毡三毡四油（二毡三油）叠层铺贴
	热熔法	采用火焰加热器融化热熔型防水卷材底部的热熔胶进行粘结	有底层热熔胶的高聚物改性沥青防水材料
	热风焊接法	采用热空气焊枪加热防水卷材搭接缝进行粘贴	热塑性合成高分子防水卷材搭接缝焊接
冷施工工艺	冷玛蹄脂粘贴	采用工厂配置好的冷用沥青胶结材料，施工时不许加热，直接涂刮后粘贴	石油沥青油毡三毡四油（两毡三油）叠层铺贴
	冷粘法	采用胶粘剂进行卷材与基层、卷材与卷材的粘结，不需要加热	合成高分子卷材、高聚物改性沥青防水卷材
	自粘法	采用带有自粘胶的防水卷材，不用热施工，也不需涂刷胶结材料，直接进行粘结	带有自粘胶的合成高分子防水卷材及高聚物改性沥青防水卷材
	复合防水施工法	防水涂料和卷材上下组合使用	—
机械固定工艺	机械钉压法	采用镀锌钢钉或铜钉等固定卷材防水层	多用于木基层上铺设高聚物改性沥青卷材
	压埋法	卷材与基层大部分不粘结，上面采用卵石等压埋，但搭结缝及周边要全粘	用于空铺法、倒置屋面

（1）热施工工艺

1）热玛蹄脂粘贴法施工。

① 清理基层：将基层上的杂物、尘土清扫干净，节点处可用吹风机辅助清理。

② 檐沟防污：为了防止卷材铺贴时热玛蹄脂污染檐口，可在檐口前沿刷上一层较稠的滑石粉浆或粘贴防污塑料纸，待卷材铺贴完毕，将滑石粉上的沥青胶铲除干净或撕去防污塑料纸。

③ 刷冷底子油：冷底子油的作用是增强基层与防水卷材间的粘结，可用喷涂法或涂刷法施工。一般要刷两遍。当用涂刷法时，基层养护完毕，表面干燥并清扫后，涂刷第一遍；待干燥后再刷第二遍。涂刷要均匀，越薄越好，但不得留有空白。涂刷时应顺着风向进行。快挥发性冷底子油刷于基层上的干燥时间为5～10h，视气候情况定。

④ 节点附加层增强处理：按设计要求，事先根据节点的情况，裁剪卷材，铺设增强层。

⑤ 定位、弹线试铺：为了便于掌握卷材铺贴的方向、距离和尺寸，首先应检查卷材有无弯曲，在正式铺贴前要进行试铺工作。试铺时，应在找平层上弹线，以确定卷材的搭接位置。否则卷材铺贴时容易歪斜，涂刷玛蹄脂后就难以纠正，甚至还会造成卷材扭曲、皱褶等缺陷。

⑥ 铺贴卷材：铺贴卷材可采用浇油铺贴、刷油铺贴、刮油铺贴等操作方法。

2）热熔法施工。热熔法铺贴时采用火焰加热器熔化防水卷材底层的热熔胶进行粘贴，常用于SBS改性沥青防水卷材、APP改性沥青防水卷材、氯磺化聚乙烯卷材、热熔橡胶复合防水卷材等与基层的粘结施工。

① 清理基层：剔除基层上的隆起异物，彻底清扫、清除基层表面的灰尘。

② 涂刷基层处理剂：基层处理剂一般采用溶剂型改性沥青防水涂料或橡胶改性沥青胶结料。将基层处理剂均匀涂刷在基层上，且保持厚薄一致。

③ 节点附加增强处理：待基层处理剂干燥后，按设计节点构造图做好节点附加增强处理。

④ 定位、划线：在基层上按规范要求，排布卷材，弹出基准线。

⑤ 热熔粘结：将卷材沥青膜底面朝下，对正粉线，用火焰喷枪对准卷材与基层的结合面，同时加热卷材与基层。喷枪头距加热面约50～100mm，与基层成30°～45°角，当烘烤到沥青熔化，卷材底有光泽并发黑，有一薄的熔层时，即用胶皮压辊滚压密实。如此边烘烤边推压，当端头只剩下300mm左右时，将卷材翻放于隔热板上加热，如图2-3所示。同时加热基层表面，粘贴卷材并压实。

⑥ 搭接缝粘结：搭接缝粘结之前，先熔烧下层卷材上表面搭接宽度内的防粘隔离层。处理时，操作者一手持烫板，一手持喷枪，使喷枪靠近烫板并距卷材50～100mm，边熔烧，边沿搭接线后退，如图2-4所示。为防火焰烧伤卷材其他部位，烫板与喷枪应同步移动。

3）热风焊接法施工。热风焊接法施工是采用热空气加热塑性卷材的粘合面进行卷材接缝粘结的施工方法，卷材与基层间可采用空铺、机械固定、胶粘剂粘结等方法。热风焊接法主要适用于树脂型（塑料）卷材。焊接工艺结合机械固定使防水设防更有效。目前采用焊接工艺的材料有PVC卷材、高密度聚乙烯卷材和低密度聚乙烯卷材。

（2）冷施工工艺

1）冷玛蹄脂粘贴法施工。沥青防水卷材冷玛蹄脂粘贴法施工，除所用的胶结材料为冷玛蹄脂外，其他与卷材热玛蹄脂粘贴施工相同，不另赘述。要注意的是，冷玛蹄脂使用时应搅匀，稠度太大时可加入少量熔剂稀释搅匀，粘贴卷材时，冷玛蹄脂的厚度宜为 0.5～1mm，面层的厚度宜为 1～1.5mm，冷玛蹄脂一般采用刮涂法施工。

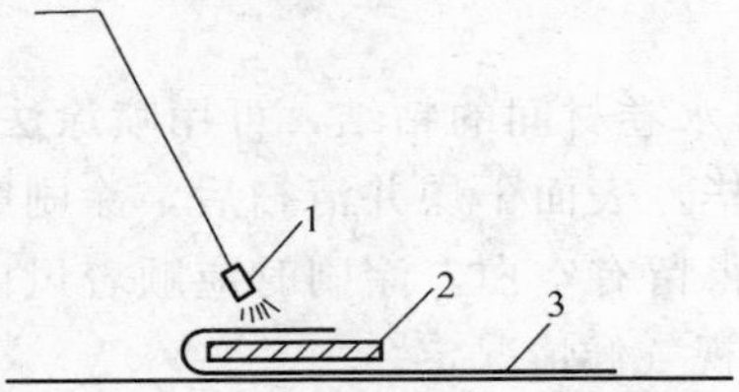

图 2-3　用隔热板加热卷材端头

1—喷枪　2—烫板　3—已铺下层卷材

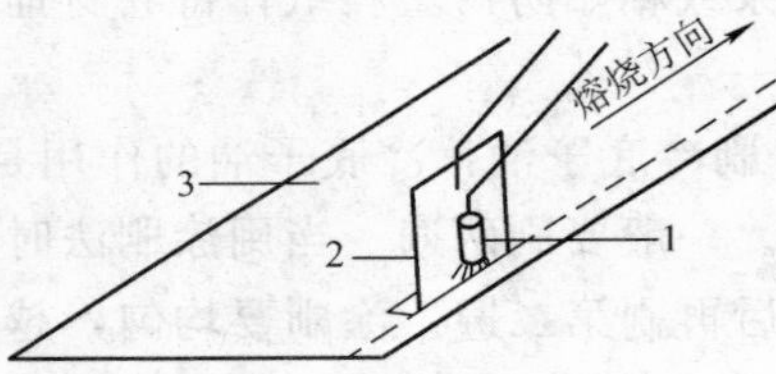

图 2-4　熔烧处理卷材上表面防粘隔离层

1—喷枪　2—烫板　3—已铺下层卷材

2）冷粘法施工。下面以三元乙丙橡胶防水卷材的冷粘贴施工为例进行说明。

① 清理基层：剔除基层上的隆起异物，清除基层上的杂物，清扫干净尘土。因卷材较薄，极易被刺穿，所以必须将基层清除干净。

② 涂布基层处理剂：一般是将聚氨酯防水涂料的甲料、乙料和二甲苯按质量比 1∶1.5∶3配合，搅拌均匀，再用长柄刷蘸取这种混合料，均匀涂刷在干净、干燥的基层表面上，涂刷时不得漏刷，也不应有堆积现象，待基层处理剂固化干燥后（一般 4h 以上），才能铺贴卷材；也可以采用喷浆机压力喷涂含固量为 40%、pH 值为 4、粘度为 10CP（10×10^{-3}Pa·s）的氯丁橡胶乳液处理基层，喷涂时要求厚薄均匀一致，并干燥 12h 以上，方可铺贴卷材。

③ 细部构造复杂部位处理：对水落口、天沟、檐沟、伸出屋面的管道、阴阳角等部位，在大面积铺贴卷材前，必须用合成高分子防水涂料或常温自流化型自粘密封胶带作附加防水层，进行增强处理。

当采用聚氨酯涂膜作附加层时，可将聚氯酯防水涂料的甲料、乙料按 1∶1.5 的比例（质量比）配合，搅拌均匀，再进行均匀刮涂。刮涂的宽度以距中心 22mm 以上为宜，一般须刮涂 2～3 遍，涂膜总厚度以 1.5～2mm 为宜，待涂膜完全固化后方可铺贴卷材（固化时间不少于 24h）。天沟宜粘贴二层卷材。

④ 涂刷基层胶粘剂。先将与卷材相容的专用配套胶粘剂（如氯丁胶粘剂）搅拌均匀，方可进行涂布施工。

基层胶粘剂可涂刷在基层或涂刷在基层和卷材底面。涂刷应均匀，不露底，不堆积。采用空铺法、条粘法、点粘法时，应按规定的位置和面积涂刷。

a. 在卷材表面涂刷胶粘剂：将卷材展开摊铺在平坦干净的基层上，用长把滚刷蘸取专用胶粘剂，均匀涂刷在卷材表面上，涂刷时不得漏涂，也不得堆积，且不能往返多次涂刷。除涂贴女儿墙、阴角部位的第一张起始卷材需满涂外，其余卷材搭接部位的长边和短边各 80mm 处不涂刷基层胶粘剂（图 2-5），涂胶后静置 20～40min 左右，待胶膜基本干燥，指触不粘时，即可进行铺贴施工。

b. 在基层表面涂刷胶粘剂：在卷材表面涂刷胶粘剂的同时，用长把滚刷蘸取胶粘剂，均匀涂刷在基层处理剂已干燥的基层表面上，涂胶后静置 20～40min，待指触基本不粘时，即可进行卷材铺贴施工。

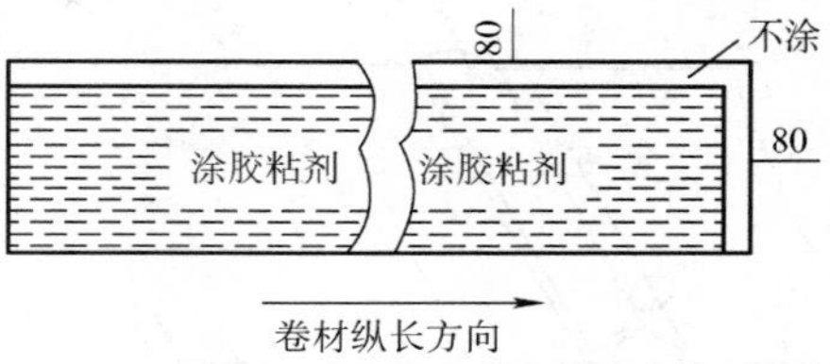

图 2-5　卷材涂胶部位

⑤ 定位、弹基准线。按卷材排布配置，弹出定位线和基准线。

⑥ 粘贴防水卷材。防水卷材及基层分别涂刷基层胶粘剂后，待指触不粘即可进行粘结。操作时，将刷好基层胶粘剂的卷材抬起，翻过来，使刷胶面朝下，将一端粘贴在定位线部位，然后沿着基准线向前粘贴（图 2-6）。粘贴时，卷材不得拉伸，要使卷材在松弛不受拉伸的状态下粘贴在基层上。随即用胶皮压辊用力向前和向两侧滚压，排除空气，使防水卷材与基层粘结牢固，如图 2-7 所示。

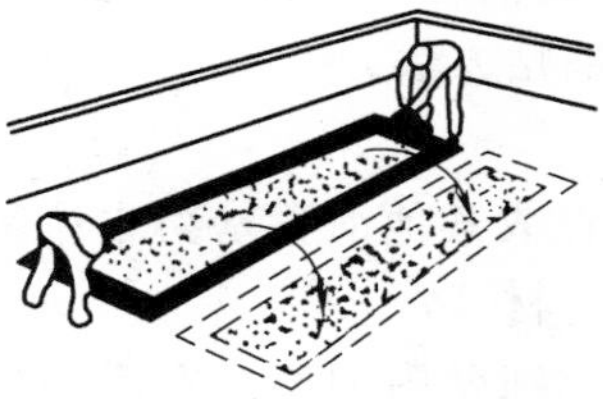

图 2-6　卷材粘结方法

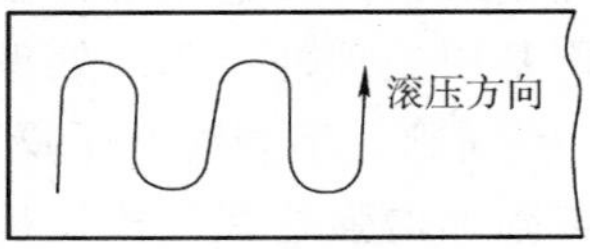

图 2-7　卷材排气滚压方向

⑦ 卷材搭接缝粘结处理。由于已粘贴的卷材长、短边均留出 80mm 空白的卷材搭接边，因此还要用胶粘剂对搭接边做粘结处理。而涂布于卷材的搭接胶粘剂（如丁基橡胶卷材搭接胶粘剂，其粘结剥离强度不应小于 15N/10mm，浸水 168h 后粘结剥离强度保持率不应小于 70%），不具有可立即粘结凝固的性能，需静置 20～40min 待其基本干燥，用手指试压无粘感时方可进行贴压粘结。这样，必须先将搭接卷材的覆盖边作临时固定，即在搭接接头部位每隔 1m 左右涂刷少许基层胶粘剂，待指触基本不粘时，再将接头部位的卷材翻开临时粘结固定（图 2-8）。

接头部位正式固定时，将卷材接缝用的双组分或单组分的专用胶粘剂（如为双组分胶粘剂应按规定比例配合搅拌均匀），用油漆刷均匀涂刷在翻开的卷材接头的两个粘结面上，涂胶量一般以 0.5kg/m^2 左右为宜，涂胶 20～40min 后，待指触基本不粘时，即可一边粘合一边驱除接缝中的空气，粘合时从一端顺卷材长边方向至短边方向进行，粘合后再用手持压辊滚压一遍。凡遇到三层卷材重叠的接头处，必须嵌填密封膏后再行粘合施工。在接缝的边缘再用密封材料（如单组分氯磺化聚乙烯密封膏或双组分聚氨酯密封膏，用量为 0.05～0.1kg/m^2）封严（图 2-9）。

⑧ 蓄水试验。

⑨ 保护层施工。屋面经蓄水试验合格，待防水面层干燥后，按设计立即进行保护层施工，以避免防水层受损。如为上人屋面铺砌块保护层，砌块下面的隔离层，可铺干砂 1～2mm。砌块之间约 10mm 的缝隙用水泥砂浆灌实。铺设时拉通线，控制板面留水坡度、平

整度，使缝隙整齐一致。每隔一定距离（面积不大于 $100m^2$）及女儿墙周围设置伸缩缝。

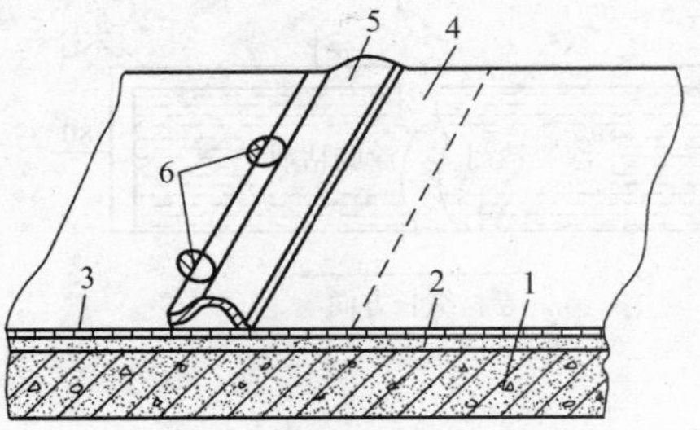

图 2-8　搭接缝部位卷材的临时固定

1—混凝土垫层　2—水泥砂浆找平层

3—卷材防水层　4—卷材搭接缝部位

5—接头部位翻开的卷材　6—胶粘剂临时粘结固定点

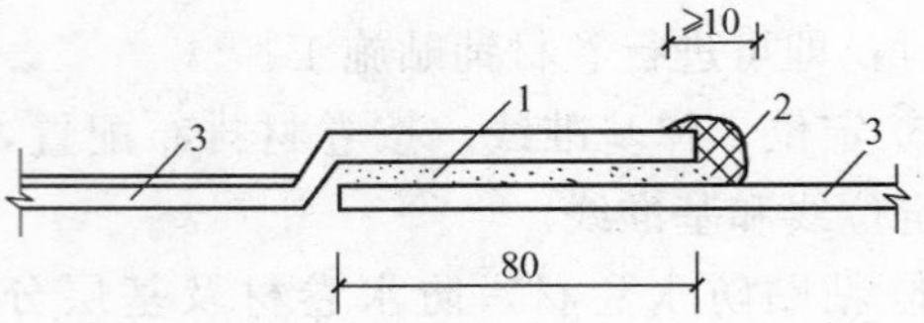

图 2-9　搭接缝密封处理示意图

1—卷材胶粘剂　2—密封材料　3—防水卷材

对于为不上人屋面，如使用配套银粉反光涂料时，涂刷前应将卷材表面清扫干净。

3）自粘法施工。自粘法卷材施工是指自粘贴卷材的铺贴方法。

① 清理基层：同其他施工方法。

② 涂刷基层处理剂：基层处理剂可用稀释的乳化沥青或其他沥青基防水涂料。涂刷要薄而均匀，不漏刷、不凝滞。干燥 6h 后，即可铺贴防水卷材。

③ 节点附加增强处理：按设计要求，在构造节点部位铺贴附加层或在附加层之前，涂刷一遍增强胶粘剂，再在此上作附加层。

④ 定位、弹基准线：按卷材排布位置，弹出定位线、基准线。

⑤ 铺贴大面积自粘型防水卷材：以自粘型彩色三元乙丙橡胶防水卷材为例，三人一组，一人撕纸，一人滚铺卷材，一人随后将卷材压实。铺贴卷材时，应按基准线的位置，缓缓剥开卷材背面的防粘隔离纸，将卷材直接粘贴在基层上，随撕隔离纸，随将卷材向前滚铺。铺贴卷材时，卷材应保持自然松弛状态，不得拉得过紧或过松，不得出现皱褶，每当铺好一段卷材时，应立即用胶皮压辊压实粘牢。自粘型防水卷材铺贴方法如图 2-10 所示。

⑥ 卷材封边：自粘型彩色三元乙丙防水卷材的长、短向的每边有宽 50～70mm 的部分不带自粘胶作为搭接缝，需刷胶封边，以确保卷材搭接缝处能粘结牢固。施工时，将卷材搭接部位翻开，用油漆刷将 CX—404 胶均匀地涂刷在卷材接缝的两个粘结面上，涂胶 20min 后，指触不粘时，随即进行粘贴，粘结后用手持压辊仔细辊压密实，使之粘结牢固。

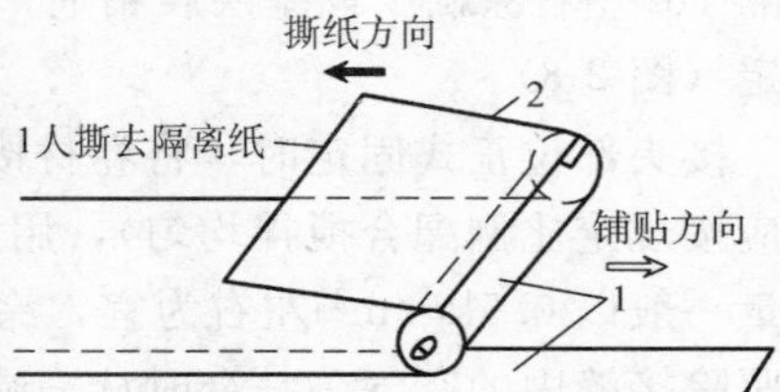

图 2-10　自粘型防水卷材铺贴

1—卷材　2—隔离纸

⑦ 嵌缝：大面卷材铺贴完毕，所有卷材接缝处，应用丙烯酸密封膏仔细嵌缝。嵌缝时，胶缝不得宽窄不一，并做到封闭严实均匀。

⑧ 蓄水试验。

4）复合防水施工。复合防水施工，主要是指涂料和卷材复合使用的一种施工方法。涂料是无接缝的防水涂膜层，但它现场施工，均匀性不好，强度不大；而卷材在工厂生产，均匀性好，强度高，厚度完全可以保证，但接缝施工繁琐，工艺复杂，不能十全十美，如两者上下组合使用，形成复合防水层，弥补了各自的不足，使防水层的设防更可靠。尤其在复杂部位，卷材剪裁接缝多，转角处有涂料配合，能大大提高工程质量。

目前可采用无溶剂聚氨酯涂料或单组分聚氨酯涂料，上面铺贴复合合成高分子防水卷材的作法，聚氨酯涂料既是涂膜层，又是可靠的粘结层。另一种是热熔 SBS 改性沥青涂料，它的粘结力强，涂刮后上部粘贴合成高分子防水卷材，也可粘贴改性沥青卷材。热熔 SBS 改性沥青涂料的固体接近 100%，又不含水分或挥发溶剂，对卷材不侵蚀，固化或冷却后能与卷材牢固地粘结。施工时，热熔涂料应一次性涂厚，按照每幅卷材宽度涂足厚度，并立即展开卷材进行滚铺。铺贴卷材时，应从一端开始粘牢，滚动平铺，及时将卷材下空气挤出，但注意在涂膜固化前不能来回走动踩踏，如需行走应铺垫板，以免表面不平整。待整个大面铺贴完毕，涂料固化时，再粘结搭接缝。聚氨酯涂料一般应在第二天进行搭接缝处理，热熔改性沥青涂料当温度下降后即可进行搭接缝处理。

2. 按卷材与基层的粘结方式分类

(1) 满粘法（图 2-11a） 满粘法是一种传统的施工方法，热熔施工、冷粘施工、自粘施工均可采用满粘法施工。当用于三毡四油沥青防水卷材施工时，每层均有一定厚度的玛蹄脂满粘，可提高防水性能。但如找平层湿度较大或屋面变形较大时，采用满粘法防水层易起鼓、开裂。满粘法适用于屋面面积较小、屋面结构变形较小或找平层干燥等条件。

(2) 空铺法（图 2-11b） 卷材与基层仅在四周一定宽度内粘贴，其余部分不粘贴。铺贴时，在檐口、屋脊和屋面转角处及突出屋面的连接处，卷材与找平层应满粘贴，粘贴宽度不得小于 800mm，卷材与卷材搭接缝应满粘，叠层铺贴时，卷材与卷材之间应满粘。空铺法能减小基层变形对防水层的影响，有利于解决防水层起鼓、开裂的问题。但由于防水层与基层不是全部粘结，一旦渗漏，水会在防水层下窜流且不易找到漏点。空铺法适用于基层易变形和湿度大等情况，大风地区防水层易被大风掀起，因此不宜采用。

(3) 点粘法（图 2-11c） 卷材与基层采用点状粘结，要求每 $1m^2$ 至少有 5 个粘结点，每点面积不小于 100mm×100mm，卷材与卷材搭接处应满粘，防水层周边一定范围内也应与基层满粘。点粘法增大了防水层适应基层变形的能力，有利于解决防水层起鼓、开裂等问题，但操作比较复杂。适用于采用留槽排气不能完全解决防水层起鼓、开裂的无保温层屋面；或温差较大，而基层又十分潮湿的排汽屋面。

(4) 条粘法（图 2-11d） 卷材与基层采用条状粘结，每层卷材与基层粘贴面不少于 2 条，每条宽度不少于 150mm，卷材与卷材搭接缝应满粘，叠层铺贴也应满粘。由于卷材与基层有一部分不粘结，故增大了防水层适应基层变形的能力，有利于防止卷材起鼓、开裂。由于此操作方法比较复杂，部分地方减少一油，影响防水功能。条粘法适用于采用留槽排汽不能解决卷材防水层开裂和起鼓的无保温层屋面；或温差较大，基层又十分潮湿的屋面。

2.1.4 卷材防水屋面的施工

1. 施工准备

(1) 技术准备 施工前首先要熟悉图样，通过熟悉图样内容，了解并领会设计的意图；

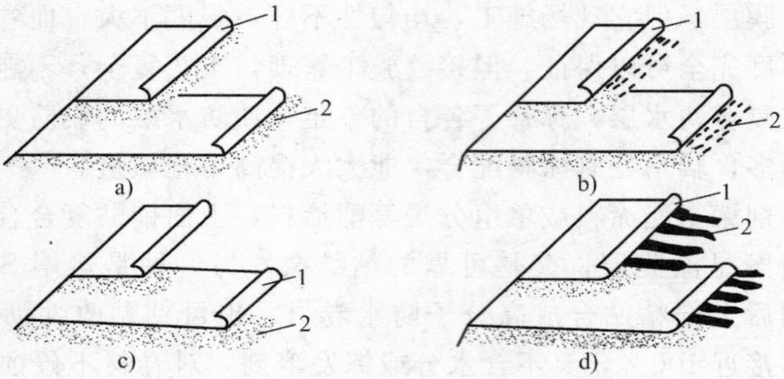

图 2-11　卷材防水层的铺贴方法

a）满粘法　b）空铺法　c）点粘法　d）条粘法

1—首层卷材　2—胶结材料

联系实际分析施工中可能出现的问题。

（2）防水方案的编制　屋面工程的防水设防，应根据建筑物的防水等级、防水耐久年限、气候条件、结构形式和工程实际情况等因素来确定防水设计方案，并应遵循“防排并举，刚柔结合，嵌涂合一，复合防水，多道设防”的总体方针进行设防。

防水工程必须严格遵循国家或行业标准规范。防水工程施工前，施工单位要组织图样会审，通过图样会审，掌握施工图中的细部构造及有关要求，并应编制防水工程施工方案和操作说明。防水方案编制的内容如下：

1）工程概况。工程概况包括工程名称、所在地、施工企业、设计部门、建筑面积、工期要求；屋面防水等级、防水层构造、设防要求、防水材料选用、建筑类型和结构特点、防水层耐用年限；防水材料的种类和技术指标要求等方面。

2）质量目标。质量目标包括质量保证体系；具体质量目标；各工序的质量控制标准；施工记录和资料归档内容与要求等。

3）施工组织与管理。要求明确防水施工组织者和负责人；提供施工操作的班组及资质；防水分工序、层次检查的规定和要求；防水施工技术交底的要求；现场平面布置图等。

4）材料使用要求。包括防水材料名称、类型、品种；防水材料的特点和性能指标、施工注意事项；防水材料的质量要求、抽样复验结果、施工配合比设计；防水材料运输、贮存的规定；使用注意事项。

5）施工操作要求。包括防水施工的准备工作；防水施工程序和技术措施；基层处理要求；节点处理要求；防水施工工艺和做法；工艺特点和具体操作方法；施工技术要求；防水施工的环境条件和气候要求防水层保护的规定；防水施工中各相关工序的衔接要求。

6）安全注意事项。包括工人操作时人身安全、劳动保护和防护措施；防火要求；采用热施工时考虑消防设备和消防通道等及其他有关防水施工安全操作的规定。

2. 卷材防水层施工技术要求

（1）卷材施工顺序与铺贴方向

1）施工顺序。

① 按“先高后底，先远后近”的顺序施工。即高低跨屋面，应先铺高跨屋面，后铺低跨屋面；在同高度大面积的屋面，应先铺离上料点较远的部位，后铺较近部位。这样操作和

运料时，已完工的屋面防水层就不会遭受施工人员的踩踏破坏。

② 卷材大面积铺贴前，应先做好节点密封处理、附加层和屋面排水较集中的部位（如屋面与水落口连接处、檐口、天沟、屋面转角处、板端缝等）的处理、分格缝的空铺条处理等，然后由屋面最低标高处向上施工。铺贴天沟、檐沟卷材时，宜顺天沟、檐沟方向铺贴，从水落口处向分水线方向铺贴，以减少搭接（图 2-12）。

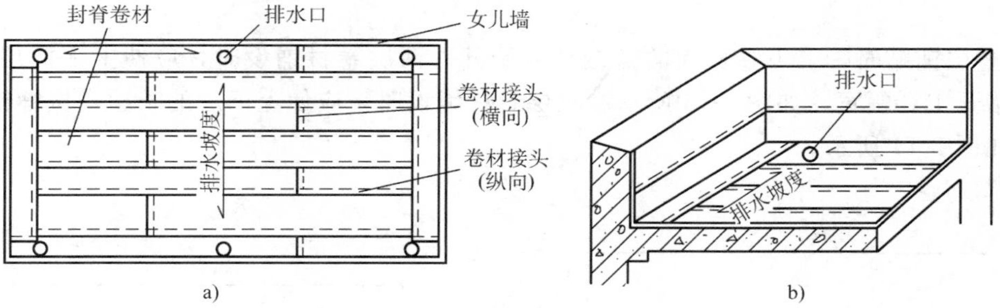

图 2-12 卷材配置示意图

a）平面图 b）剖视图

③ 施工段的划分宜设在屋脊、天沟、变形缝等处。

2）铺贴方向。屋面防水卷材的铺贴方向，应根据屋面的坡度、防水卷材的种类及屋面工作条件确定，详见表 2-10。

表 2-10 卷材铺贴方向

卷材种类	屋面坡度			
	小于 3%	3%～15%	大于 15%或屋面有振动时	大于 25%
沥青防水卷材	平行于屋脊	平行或垂直于屋脊	垂直于屋脊	应采取防止卷材下滑的措施
高聚物改性沥青防水卷材			平行或垂直于屋脊	
合成高分子防水卷材				
叠层铺贴时	上下层卷材不得互相垂直			
铺贴天沟、檐沟卷材时	宜顺天沟、檐沟方向，减少搭接			

(2) 卷材搭接　卷材搭接的方法、宽度和要求，应根据屋面坡度、卷材品种和铺贴方法确定。

1）卷材搭接宽度。卷材防水层搭接缝的搭接宽度与卷材品种和铺贴方法有关，详见表 2-11。

表 2-11 卷材搭接宽度

搭接方向		短边搭接宽度/mm		长边搭接宽度/mm	
铺贴方法		满粘法	空铺法 点粘法 条粘法	满粘法	空铺法 点粘法 条粘法
沥青防水卷材		100	150	70	100
高聚物改性沥青防水卷材		80	150	80	100
合成高分子防水卷材	粘结法	80	100	80	100
	焊接法	50			

2）搭接技术要求。

① 上下层卷材不得相互垂直铺贴。这是由于垂直铺贴的卷材重缝多，容易漏水。

② 平行于屋脊的搭接应顺水流方向搭接；垂直于屋脊的搭接缝应顺当地年最大频率风向搭接。

③ 相邻两幅卷材的接头应相互错开 300mm 以上，以免多层接头重叠而使卷材粘贴不平。

④ 叠层铺贴时，上下卷材间的搭接缝应错开。两层卷材铺设时，应使上下两层的长边搭接缝错开 1/2 幅宽，如图 2-13 所示。三层卷材铺设时，应使上下层的长边搭接缝错开 1/3 幅宽，如图 2-14 所示。

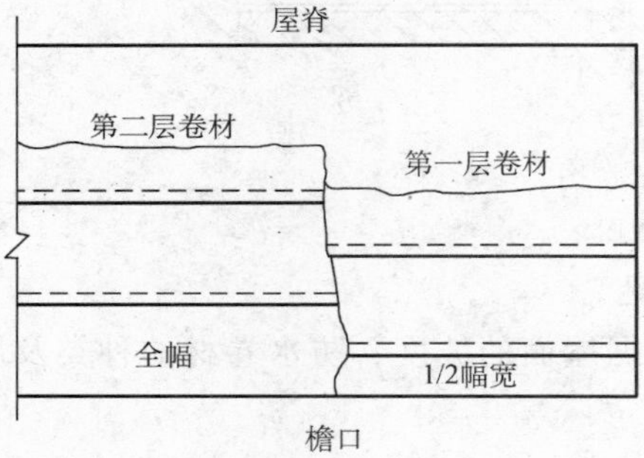

图 2-13 两层卷材铺贴

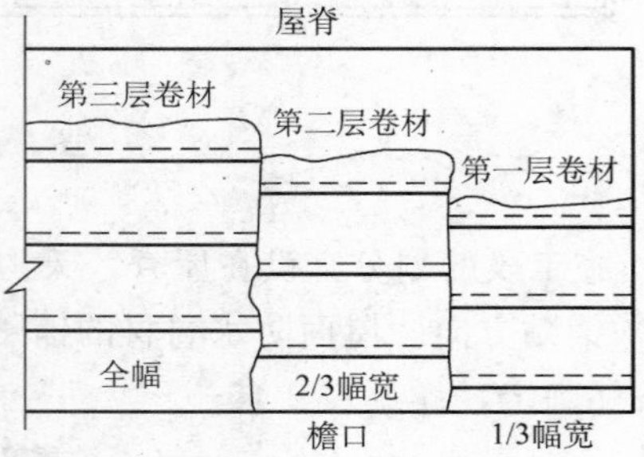

图 2-14 三层卷材铺贴

⑤ 叠层铺设的各层卷材，在天沟与屋面的连接处应采取叉接法搭接，搭接缝应错开；接缝宜留在屋面或天沟侧面，不宜留在沟底。

⑥ 在铺贴卷材时，不得污染檐口的外侧和墙面。

⑦ 高聚物改性沥青防水卷材和合成高分子防水卷材的搭接缝，宜用材料性能相容的密封材料封严。

（3）卷材粘结

1）沥青防水卷材屋面粘结。沥青防水卷材屋面，都采用三毡四油或二毡三油叠层铺贴，用热玛蹄脂或冷玛蹄脂进行粘结，其粘结层的厚度见表 2-12。

表 2-12 玛蹄脂粘结层厚度

粘结部位	粘结层厚度/mm	
	热玛蹄脂	冷玛蹄脂
卷材与基层粘结	1～1.5	0.5～1
卷材与卷材粘结	1～1.5	0.5～1
保护层粒料粘结	2～3	1～1.5

2）高聚物改性沥青防水卷材屋面粘结。高聚物改性沥青防水卷材屋面，一般为单层铺

贴，随其施工工艺不同，有不同的粘结要求，见表2-13。

表2-13 高聚物改性沥青防水卷材粘结技术要求

热熔法	冷粘法	自粘法
1. 幅宽内应均匀加热，熔融至呈光亮和黑色为度 2. 不得过分加热，以免烧穿卷材 3. 热熔后立即滚铺 4. 滚压排气，使之平展、粘牢，不得皱折 5. 搭接部位溢出热熔胶后，随即刮封接口	1. 均匀涂刷胶粘剂，不漏底、不堆积 2. 根据胶粘剂性能及气温，控制涂胶后粘合的最佳时间 3. 滚压、排气、粘牢 4. 溢出的胶粘剂随即刮平封口	1. 基层表面应涂刷基层处理剂 2. 自粘胶底面的隔离纸应全部撕净 3. 滚压、排气、粘牢 4. 搭接部分用热风枪加热，溢出自粘胶随即刮平封口 5. 铺贴立面及大坡面时，应先加热后粘牢

3）合成高分子防水卷材屋面粘结。合成高分子防水卷材屋面一般均为单层铺贴，随其施工工艺不同，有不同的粘结要求，见表2-14。

表2-14 合成高分子防水卷材粘结技术要求

冷粘法	自粘法	热风焊接法
1. 在找平层上均匀涂刷基层处理剂 2. 在基层或基层和卷材底面涂刷配套的胶粘剂 3. 控制胶粘剂涂刷后的粘合时间 4. 粘结时不得用力拉伸卷材，避免卷材铺贴后处于受拉状态 5. 滚压、排气、粘牢 6. 清理干净卷材搭接缝处的搭接面，涂刷接缝专用配套胶粘剂，滚压、排气、粘牢	同高聚物改性沥青防水卷材自粘法的要求	1. 先将卷材结合面清洗干净 2. 卷材铺放平整顺直，搭接尺寸准确 3. 控制热风加热温度和时间 4. 滚压、排气、粘牢 5. 先焊长边搭接缝，后焊短边搭接缝

（4）卷材与基层连接 卷材与基层连接方式有四种：满粘、条粘、点粘、空铺。在工程应用中根据建筑部位、使用条件、施工情况，可以用其一种或两种，在图样上应该注明。

3. 常用防水卷材施工做法

（1）沥青防水卷材施工

1）作业条件。

① 屋面施工前，应掌握施工图的要求，选择防水工程专业队，编制防水工程施工方案。

② 屋面施工应按施工工序进行检验，基层表面必须平整、坚实、干燥、清洁，且不得有起砂、开裂和空鼓等缺陷。

③ 屋面防水层的基层必须施工完毕，经养护、干燥，且坡度应符合设计和施工技术规范的要求，不得有积水现象。

④ 防水层施工前，突出屋面的管根、预埋件、楼板吊环、拖拉绳等处，应做好基层处理；阴阳角、女儿墙、通气囱根、天窗、伸缩缝、变形缝等处，应做成半径为150mm的圆弧或钝角。

⑤ 做好材料、工具和设施的准备。

2）沥青熬制配料。

① 沥青熬制先将沥青破成碎块，放入沥青锅中逐渐均匀加热，加热过程中随时搅拌，

熔化后用笊篱（漏勺）及时捞清杂物，熬至脱水无泡沫时测量温度，建筑石油沥青熬制温度应不高于240℃，使用温度不低于190℃。

② 冷底子油配制。熬制的沥青装入容器内，冷却至110℃，缓慢注入汽油，随注入随搅拌，使其全部溶解为止，配合比（质量比）为汽油70%、石油沥青30%。

③沥青玛𤧛脂配合成分必须由试验室经试验确定配料，每班应检查玛𤧛脂耐热度和柔韧性。

3）基层处理剂的涂刷。涂刷前，首先检查找平层的质量和干燥程度，并加以清扫，符合要求后才可进行，在大面积涂刷前，应用毛刷对屋面节点、周边、拐角等部位先进行处理。

① 喷涂冷底子油。喷涂冷底子油的作用主要是使沥青胶结材料与水泥砂浆或混凝土基层加强粘结。但是，在屋面工程施工中，特别是在多雨地区，找平层往往不易干燥，因此如果需在潮湿的找平层上喷涂冷底子油时，其喷涂作业应在找平层的水泥砂浆凝结至略具强度能够操作时，随即进行。此时，冷底子油在尚未完全结硬的水泥砂浆找平层表面形成一道沥青封闭层，待冷底子油中的溶剂挥发后，沥青就被吸附在基层表面形成一层稳定的沥青薄膜，能与沥青胶结材料牢固粘结。

在潮湿的水泥砂浆找平层上，宜喷涂慢挥发性的冷底子油，由于冷底子油所形成的薄膜能减慢找平层内部水分的蒸发，所以对这种找平层，不必浇水养护。

在水泥基层上涂刷慢挥发性冷底子油的干燥时间，一般为12～48h；快挥发性冷底子油的干燥时间一般为5～10h。当冷底子油干燥后，应立即进行卷材铺贴工作，以防基层浸水。如基层已浸水，必须待基层表面干燥后，才能进行卷材铺贴，以避免卷材防水层产生鼓泡。

涂刷冷底子油前，必须对基层表面进行清扫，将全部杂物、灰土、泥沙等打扫干净：基层面须保持干燥，再涂刷冷底子油。常用的涂刷方法有三种：

浇油法：一人浇冷底子油，一人（或二人）用胶皮刮板涂刮。

刷油法：将两个小棕刷钉在木板上（木板30cm×15cm×1.5cm），然后装上长柄（长1.5m），作为刷冷底子油的刷子。使用时一人浇油，一人用刷子刷开。

喷油法：用喷油器喷油。

三种方法中以喷油器喷油最好。因为这样使用简便，涂刷均匀，不论平面、立墙、拐角，其涂刷冷底子油的要求都能满足。

不论采用何种方法施工，都必须涂刷均匀，不能过厚或过薄，油的消耗量控制在0.1～0.2kg/m²。

② 基层处理剂的涂刷。铺贴高聚物改性沥青卷材和合成高分子卷材所采用的基层处理剂的施工操作与冷底子油基本相同，一般气候条件下基层处理剂干燥时间为4h左右。

4）铺贴卷材。

① 卷材铺贴前，必须将其表面的撒布物（滑石粉等）清除干净，以免影响卷材与沥青胶结材料的粘结。清理卷材的撒布物时，应注意不要损伤卷材，不要在屋面上进行清理。

② 为了便于掌握卷材铺贴方向、距离和尺寸，应在找平层上弹线并进行试铺工作。对于天沟、水落口、立墙转角、穿墙（板）管道处，应按设计要求事先进行裁剪工作。

③ 热粘贴卷材连续铺贴可采用浇油法、刷油法、刮油法和撒油法。一般多采用浇油法，

即用带嘴油壶将热沥青玛碲脂左右来回在卷材前浇油，浇油宽度比卷材每边少约10～20cm，边浇油边滚铺卷材，并使卷材两边有少量玛碲脂挤出。铺贴卷材时，应沿基准线滚铺，以避免铺斜、扭曲等现象。

④ 粘贴沥青防水卷材，每层热玛碲脂的厚度宜为1～1.5mm；冷玛碲脂的厚度宜为0.5～1mm。面层厚度：热玛碲脂宜为2～3mm；冷玛碲脂宜为1～1.5mm。玛碲脂应涂刮均匀，不得过厚或堆积。

⑤ 卷材在铺贴前应保持干燥，其表面的撒布料应预先清扫干净，并避免损伤卷材。

在无保温层的装配式屋面上铺贴沥青防水卷材时，应先在屋面板的端缝处空铺一条宽约300mm的卷材条，使防水层适应屋面板的变形，然后再铺贴屋面卷材。

⑥ 水落口杯应牢固地固定在承重结构上，当采用铸铁制品时，所有零件均应除锈，并涂刷防锈漆。

铺至女儿墙或混凝土檐口的卷材端头应裁齐后压入预留的凹槽内，用压条或垫片钉压固定（最大钉距不应大于900mm），并用密封材料将凹槽封闭严密。在凹槽上部的女儿墙顶部必须加扣金属盖板或铺贴合成高分子卷材，做好防水处理。

天沟、檐沟铺贴卷材应从沟底开始。当沟底过宽，卷材需纵向搭接时，搭接缝应用密封材料封口。

铺贴立面或大坡面卷材时，玛碲脂应满涂，并尽量减少卷材短边搭接。

⑦ 排汽屋面施工时应使排汽道纵横贯通，不得堵塞。卷材铺贴时，应避免玛碲脂流入排汽道内。

采用条粘法、点粘法、空铺法铺贴第一层卷材或打孔卷材时，在檐口、屋脊和屋面的转角处及突出屋面的连接处，卷材应满涂玛碲脂，其宽度不得小于800mm。

⑧ 铺贴卷材时，应随刮涂玛碲脂随铺贴卷材，并展平压实。

选择不同胎体和性能的卷材共同使用时，高性能的卷材应放在面层。

5）应注意的质量问题。

① 屋面积水。有泛水的屋面、檐沟，因泛水过小，不平顺；基层应按设计或规定做好泛水，油毡卷材铺贴后，屋面坡度、平整度应符合屋面工程技术规范的要求。

② 屋面渗漏。屋面防水层铺贴质量有缺陷，防水层铺贴中及铺贴后成品保护不好，损坏防水层，应采取措施加强保护。

③ 防水层空鼓。基层未干燥，铺贴压实不均，窝住空气；控制基层含水率，操作时注意压实，排出空气。

（2）高聚物改性沥青防水卷材施工　高聚物改性沥青防水卷材的收头处理，水落口、天沟、檐沟、檐口等部位的施工，以及排气屋面施工，均与沥青防水卷材施工相同。立面或大坡面铺贴高聚物改性沥青防水卷材时，应采用满粘法，并宜减少短边搭接。

1）作业条件。

① 施工前应审核图样，编制防水工程施工方案，并进行技术交底；屋面防水必须由专业队施工，持证上岗。

② 铺贴防水层的基层表面，应将尘土、杂物彻底清除干净。

③ 基层坡度应符合设计要求，表面应顺平，阴阳角处应做成圆弧形，基层表面必须干

燥，含水率不大于 9%。

④ 卷材及配套卷材必须验收合格，规格、技术性能必须符合设计要求及标注的规定。存放易燃材料应避开火源。

2）施工方法。

① 冷粘法施工。冷粘法铺贴高聚物改性沥青防水卷材，是指用高聚物改性沥青胶粘剂或冷玛蹄脂粘贴于涂有冷底子油的屋面基层上的粘贴方法。

高聚物改性沥青防水卷材施工不同于沥青防水卷材多层做法，通常只是单层或双层设防，因此每幅卷材铺贴必须位置准确，搭接宽度符合要求。其施工应符合以下要求：

a. 根据防水工程的具体情况，确定卷材的铺贴顺序和铺贴方向，并在基层上弹出基准线，然后沿基准线铺贴卷材。

b. 复杂部位如管根、水落口、烟囱底部等易发生渗漏的部位，可在其中心 200mm 左右范围先均匀涂刷一遍改性沥青胶粘剂，厚度 1mm 左右；涂胶后随即粘贴一层聚酯纤维无纺布，并在无纺布上再涂刷一遍厚度为 1mm 左右的改性沥青胶粘剂，使其干燥后形成一层无接缝的整体防水涂膜增强层。

c. 铺贴卷材时，可按卷材的配置方案，边涂刷胶粘剂，边滚铺卷材，并用压辊滚压排除卷材下面的空气，使其粘结牢固。改性沥青胶粘剂涂刷应均匀，不漏低、不堆积。空铺法、条粘法、点粘法，应按规定位置与面积涂刷胶粘剂。

d. 搭接缝部位，最好采用热风机或火焰加热器（热熔焊接卷材的专用工具）或汽油喷灯加热。与接缝卷材表面熔至光亮黑色时，即可进行粘合（图 2-15 和图 2-16），封闭严密。采用冷粘法时，接缝口应用密封材料封严，宽度不应小于 10mm。

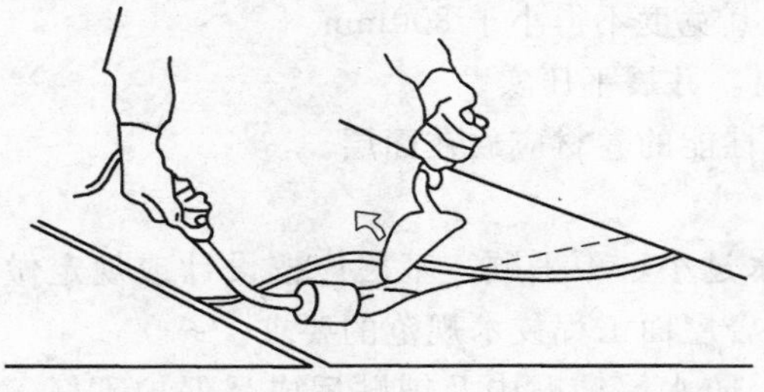

图 2-15　搭接缝熔焊粘结示意图

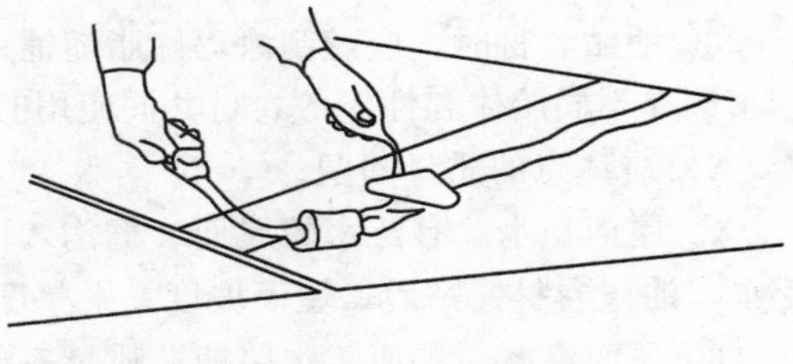

图 2-16　接缝熔焊粘结后再用火焰及抹子在接缝边缘上均匀地加热抹压一遍

② 热熔法施工。热熔法施工时应注意以下事项：

a. 幅宽内应均匀加热，烘烤时间不宜过长，防止烧坏面层材料。

b. 热熔后立即滚铺，滚压排气，使之平展、粘牢、无褶皱。

c. 滚压时，以卷材边缘溢出少量的热熔胶为宜，溢出的热溶胶应随即刮封接口。

d. 整个防水层粘贴完毕，所有搭接缝用密封材料予以严密封涂。

e. 防水层完工后，要求做蓄水试验。

f. 蓄水试验合格后，按设计要求进行保护层施工。

（3）自粘贴改性沥青卷材施工　自粘贴卷材施工法是指自粘型卷材的铺贴方法，施工的特点是不需涂刷胶粘剂。自粘型卷材在工厂生产过程中，底面涂上了一层高性能的胶粘剂，胶粘剂表面敷有一层隔离纸。施工中剥去隔离纸，就可以直接铺贴。

自粘贴改性沥青卷材施工方法与自粘型高分子卷材施工方法相似。但对于搭接缝的处理，为了保证接缝粘结性能，搭接部位提倡用热风枪加热，尤其在温度较低时施工，这一措施更为必要。施工注意要点如下：

1）铺贴卷材前，基层表面应均匀涂刷基层处理剂，干燥后及时铺贴卷材。

2）铺贴卷材时，应将自粘胶底面隔离纸撕净。

3）卷材滚铺时，高聚物改性沥青防水卷材要稍拉紧一点，不能太松弛。应排除卷材下面的空气，并辊压以使粘结牢固。

4）搭接缝粘贴。

① 自粘型卷材上表面有一层防粘层（聚乙烯薄膜或其他材料），在铺贴卷材前，应将相邻卷材待搭接部位上表面的防粘层先熔化掉，以使搭接缝能粘贴牢固。操作时用手持汽油喷灯沿搭接缝线熔烧待搭接卷材表面的防粘层。

② 粘结搭接缝时，应掀开搭接部位的卷材，用扁头热风枪加热搭接卷材底面的胶粘剂并逐渐前移。另一人随其后，把加热后的搭接部位卷材用棉布由里向外予以排气，并抹压平整。最后紧随一人用手持压辊滚压搭接部位，使搭接缝粘贴密实。

③ 加热时应注意控制好加热温度，其控制标准为手持压辊压过搭接卷材后，使搭接边末端胶粘剂稍有外溢。

④ 搭接缝粘贴密实后，所有搭接缝均用密封材料封边，宽度应不小于10mm。

⑤ 铺贴立面、大坡面卷材时，可采用加热方法使自粘卷材与基层粘结牢固，必要时还应加钉固定。

（4）合成高分子防水卷材施工　合成高分子防水卷材与沥青油毡相比，具有重量轻，延伸率大，低温柔性好，色彩丰富，以及施工简便（冷施工）等特点，因此近几年合成高分子卷材得到很大发展，并在施工中得到广泛应用。

1）作业条件。

① 施工前审核图样，编制屋面防水施工方案，并进行技术交底。屋面防水工程必须由专业施工队持证上岗。

② 铺贴防水层的基层必须施工完毕，并经养护、干燥。防水层施工前应将基层表面清扫干净，同时进行基层验收，合格后方可进行防水层施工。

③ 基层坡度应符合设计要求，不得有空鼓、开裂、起砂、脱皮等缺陷；基层含水率不大于9%。

④ 防水层施工前按设计要求准备好卷材及配套材料，存放和操作应远离火源，防止发生事故。

2）冷粘贴合成高分子卷材施工。冷粘贴施工是合成高分子卷材的主要施工方法。该方法采用胶粘剂粘贴合成高分子卷材于已涂刷基层处理剂的基层上，施工工艺和改性沥青卷材冷粘法相似。

合成高分子卷材，大多可用于屋面单层防水，卷材的厚度宜为1.2～2mm。各种合成高分子卷材的冷粘贴施工除了由于配套胶粘剂引起的差异外，大致相同。

各种合成高分子卷材冷粘贴施工操作工艺要点基本一致，具体可见前述三元乙丙橡胶卷材冷粘法施工工艺。

3）自粘型合成高分子防水卷材施工。自粘型合成高分子防水卷材是在工厂生产过程中，在卷材底面涂敷一层自粘胶，自粘胶表面敷一层隔离纸，铺贴时只要撕下隔离纸，就可以直接粘贴于涂刷了基层处理剂的基层上。这种方法解决了因涂刷胶结剂不均匀而影响卷材铺贴的质量问题，并使卷材铺贴施工工艺简化，提高了施工效率。

其施工工艺见前述自粘法施工。

4）热风焊接合成高分子卷材施工。热风焊接法一般适用热塑型合成高分子防水卷材的接缝施工。由于合成高分子卷材粘结性差，采用胶粘剂粘结可靠性差，所以在与基层粘结时，采用胶粘剂，而接缝处采用热风焊接法施工，可确保防水层搭接缝的可靠。

热风焊接合成高分子卷材施工除搭接缝外，其他要求与合成高分子卷材冷粘法完全一致。

2.1.5 卷材防水屋面的质量标准、成品保护及安全环保措施

1. 沥青防水卷材屋面

(1) 质量标准

1）主控项目。

① 沥青防水卷材和胶结材料的品种、标号及玛蹄脂配合比，必须符合设计要求和屋面工程技术规范规定。

检验方法：检查防水队的资质证明、人员上岗证、材料的出厂合格证及复验报告。

② 沥青防水卷材屋面防水层，严禁有渗漏现象。

检验方法：检查隐蔽工程验收记录及雨后检查或淋水、蓄水检验记录。

2）一般项目。

① 沥青卷材防水层的表面平整度应符合排水要求，无倒坡现象。

② 沥青防水卷材铺贴的质量要求：冷底子油应涂刷均匀，铺贴方法、压接顺序和搭接长度符合屋面工程技术规范的规定，粘贴牢固，无滑移、翘边、起泡、皱折等缺陷；防水卷材的铺贴方向正确、搭接宽度误差不大于10mm，可用眼观察及尺量。

③ 泛水、檐口及变形缝的做法应符合屋面工程技术规范的规定，粘贴牢固、封盖严密；油毡卷材附加层、泛水立面收头等，应符合设计要求及屋面工程技术规范的规定。

④ 沥青防水卷材屋面保护层的施工质量要求。

a. 绿豆砂保护层：粒径符合屋面工程技术规范的规定，筛洗干净撒铺均匀，预热干燥，粘结牢固，表面清洁。

b. 块体材料保护层：表面洁净，图案清晰，色泽一致，接缝均匀，周边直顺，板块无裂缝、缺棱掉角等现象；坡度符合设计要求，不倒泛水、不积水，管根结合严密牢固、无渗漏。立面结合与收头处高度一致，结合牢固，出墙厚度适宜。

c. 整体保护层：表面密实光洁、无裂纹、脱皮、麻面、起砂等现象；不倒泛水、不积水，坡度符合设计要求；管根结合、立面结合、收头结合牢固，无渗漏；水泥砂浆保护层表面应压光，并设1m×1m的分格缝（缝宽、缝深宜为10mm，内填沥青砂浆或镶缝膏）。

检验方法：观察和尺量检查。

⑤ 排气屋面。排气管道纵横贯通，无堵塞，排气孔安装牢固、位置正确、封闭严密。

⑥ 水落口及变形缝、檐口的施工质量要求。水落口安装牢固、平正，标高符合设计要

求；变形缝、檐口锌磺底漆，外面再按设计要求刷面漆。

3）允许偏差项目。

允许偏差项目见表2-15。

表2-15 沥青防水卷材屋面允许偏差

项次	项目	允许偏差	检查方法
1	卷材搭接宽度	−10mm	尺量检查
2	玛蹄脂软化点	±5℃	检查铺贴时的测温记录
3	沥青胶结材料使用温度	−10℃	

（2）成品保护

1）施工过程中应防止损坏已做好的保温层、找平层、防水层、保护层。防水层施工中及施工后不准穿硬底鞋在屋面上行走。

2）施工屋面运送材料的手推车支腿应用麻布包扎，不得在屋面上堆重物，防止将已做好的屋面损坏。

3）防水层施工时应采取措施防止污染墙面、檐口及门窗等。

4）屋面施工中应及时清理杂物，不得有杂物堵塞水落口、天沟等。要保护排气帽，不得堵塞和损坏。

5）屋面各构造层应及时进行施工，特别是保护层应与防水层连续施工，以保证防水层不被破坏。

（3）安全环保措施

1）城市市区不得使用沥青油毡防水；郊区使用时，施工前必须经当地环保部门审批。

2）必须在施工前做好施工方案，做好文字及口头安全技术交底。

3）油毡、沥青均为易燃品，存放及施工中严禁明火；熬制沥青时，必须备齐防火设施及工具。

4）铺贴卷材时，人应站在上风向；操作者必须戴好口罩、袖套、鞋盖、布手套等劳保用品。

2. 高聚物改性沥青防水卷材屋面

（1）质量标准

1）主控项目。

① 高聚物改性沥青防水卷材及胶粘材料的品种、牌号及胶粘剂的配合比，必须符合设计要求和有关规定标准的规定。

检验方法：检查防水材料及铺料的出厂合格证和质量检验报告及现场抽样复验报告。

② 卷材防水层及其变形缝、天沟、沟檐、檐口、泛水、水落口、预埋件等处的细部做法，必须符合设计要求和屋面工程技术规范的规定。

检验方法：观察检查和检查隐蔽工程验收记录。

③ 卷材防水层严禁有渗漏或积水现象。

检验方法：检查雨后或淋水、蓄水检验记录。

2）一般项目。

① 铺贴卷材防水层的搭接缝应粘（焊）牢、密封，不得有皱折、翘边和鼓泡等缺陷；防水层的收头应与基层粘结并固定，封口严密，不得翘边。阴阳角处呈圆弧或钝角。

② 底胶涂刷均匀，不得有漏刷和麻点等缺陷。

③ 卷材防水层铺贴、搭接、收头应符合设计要求和屋面工程技术规范的规定，且粘结牢固，无空鼓、滑移、翘边、起泡、皱折、损伤等缺陷。

④ 卷材防水层上撒布材料和浅色涂料保护层时应铺撒和涂刷均匀、粘结牢固、颜色均匀；如为上人屋面，保护层施工应符合设计要求。

⑤ 水泥砂浆、块材或细石混凝土与卷材防水层间应设置隔离层；刚性保护层的分格缝留置应符合设计要求。

⑥ 卷材的铺贴方向应正确，卷材防水屋面搭接宽度的允许偏差见表 2-16，检查方法：观察和尺量检查。

表 2-16　高聚物改性沥青防水卷材防水屋面搭接宽度允许偏差

项目	允许偏差	检查方法
卷材搭接宽度偏差	−10mm	尺量检查

（2）成品保护

1）已铺贴好的卷材防水层，应采取措施进行保护，严禁在防水层上进行施工作业和运输，并应及时做防水层的保护层。

2）穿过屋面、墙面防水层处的管位，防水层施工完毕后不得再变更和损坏。

3）屋面变形缝、水落口等处，施工中应进行临时塞堵和挡盖，以防落杂物，屋面应及时清理，施工完后将临时堵塞、挡盖物及时清除，保证管内畅通。

4）屋面施工时不得污染墙面、檐口侧面及其他已施工完的成品。

（3）安全环保措施

1）施工前必须做好施工方案，做好文字及口头安全技术交底。

2）改性沥青卷材及辅助材料均为易燃品，存放及施工中注意防火，必须备齐防火设施及工具。

3）改性沥青卷材及辅助材料均有毒素，操作者必须戴好口罩、袖套、手套等劳保用品。

3. 合成高分子防水卷材屋面

（1）质量标准

1）主控项目。

① 所有卷材及其配套材料，必须符合设计要求。

检验方法：检查所有材料应有出厂合格证、质量检验报告和现场抽样复验报告。

② 卷材防水层不得有渗漏或积水现象。

检验方法：应通过淋（蓄）水检验。

③ 卷材防水层在天沟、檐口、檐沟、水落口、泛水、变形缝和伸出屋面管道的防水构造，必须符合设计要求。

2）一般项目。

① 卷材防水层的搭接缝应粘（焊）结牢固，密封严密，不得有皱折、翘边和鼓泡等缺陷；防水层的收头应与基层粘结并固定牢固，封口严密，不得翘边。

② 卷材防水层上的撒布材料和浅色涂料保护层应铺撒或涂刷均匀，粘结牢固；水泥砂浆、块材或细石混凝土保护层与卷材防水层间应设置隔离层；刚性保护层的分格缝留置应符合设计要求。

③ 排汽屋面的排汽道应纵横贯通，不得堵塞。排汽管应安装牢固，位置正确，封闭严密。

④ 卷材的铺贴方向应正确，卷材搭接宽度的允许偏差为－10mm。

（2）成品保护

1）施工人员应认真保护已经做好的防水层，严防施工机具等把防水层戳破；施工人员不允许穿带钉子的鞋在卷材防水层上走动。

2）穿过屋面的管道，应在防水层施工以前进行，卷材施工后不应在屋面上进行其他工种的作业。如果必须上人操作时，应采取有效措施，防止卷材受损。

3）屋面工程完工后，应将屋面上所有剩余材料和建筑垃圾等清除干净，防止堵塞水落口或造成天沟、屋面积水。

4）施工时必须严格避免基层处理剂、各种胶粘剂和着色剂等材料污染已经做好饰面的墙壁、檐口等部位。

5）水落口处应认真清理，保持排水畅通，以免天沟积水。

（3）安全环保措施

1）防水工程施工前，应编制安全技术措施，书面向全体操作人员进行安全技术交底工作，并办理签字手续备查。

2）施工过程中，应有专人负责督促，严格按照安全规程进行各项操作，合理使用劳动保护用品，操作人员不得赤脚或穿短袖衣服进行工作，防止胶粘液溅泼和污染，应将袖口和裤脚扎紧，应戴手套，不得直接接触油溶型胶泥油膏。接触有毒材料应戴口罩并加强通风。施工时禁止穿戴高跟鞋、带钉鞋、光滑底面的塑料鞋和拖鞋，以确保上下屋面或在屋面上行走及上下脚手架的安全。

3）患有皮肤病、支气管炎、结核病、眼病以及对胶泥油膏有过敏的人员，不得参加操作。

4）操作时应注意风向，防止下风操作以免人员中毒、受伤。在较恶劣条件下，操作人员应戴防毒面具。

5）运输线路要畅通，各项运输设施应牢固可靠，屋面孔洞及檐口应有安全防护措施。

6）为确保施工安全，对有电气设备的屋面工程，在防水层施工时，应将电源临时切断或采取安全措施，对施工照明用电，应使用36V安全电压，对其他施工电源也应安装触电保护器，以防发生触电事故。

7）操作现场禁止吸烟。严禁在卷材或胶泥油膏防水层的上方进行电、气焊工作，以防引起火灾和损伤防水层。

8）必须切实做好防火工作，具备必要且充足的消防器材，一旦发生火灾严禁用水灭火。

9）施工现场及作业面的周围不得存放易燃易爆物品。

[能力训练]

训练项目　高聚物改性沥青防水卷材的热熔法施工

（1）目的　了解卷材施工常用的一些工程材料，掌握卷材施工的基本方法。

（2）能力及标准要求　掌握防水卷材的基本知识，提高使用热熔法施工工具的能力，达到初级防水工的技术标准。

（3）准备

1）场地准备。在实习车间里用砖砌筑一处建筑物的模拟屋顶。

2）材料准备。

① 卷材：按设计规定要求优选高聚物改性沥青防水卷材，其外观质量、规格、型号及物理性能应符合有关要求。

② 基层底涂料：基层底涂料呈黑褐色，易于涂刷，涂料能渗入基层毛细孔隙，隔绝基层水汽上升和增强与基层的粘结力。

③ 接缝密封剂：用于搭接缝口的密封剂。

④ 浅色涂料：外露防水施工时防水层的保护层。

⑤ 汽油、金属压条、水泥钢钉、金属箍等材料：用于稀释底涂料、末端卷材收头固定等。

⑥ 施工机具及防护用品：热熔法施工所用机具主要有喷灯、高压吹风机、剪刀、铁抹子、灭火器等。热熔法施工所用防护用品主要有防火工作服、安全帽、手套、口罩、软底胶鞋等。

（4）步骤

1）基层处理。热熔法施工的基层应平整、坚实、干燥，突出屋面结构的连接处以及转角处的圆弧半径等构造应符合规定要求。

2）涂刷底涂料。将底涂料搅拌均匀，用长把滚刷均匀有序地涂刷在找平层表面。如采用单层卷材作冷粘剂，在找平层表面形成一层厚度为1～2mm的整体涂膜防水层。

3）防水节点复杂部位增强处理。底涂料干燥后，点燃手持单头喷枪，烘烤附加卷材，按卷材防水屋面施工的方法对阴阳角、水落口、天沟、檐沟、伸出屋面的管道等细部构造以及防水节点进行增强处理。

4）弹基准线。弹基准线前，先确定卷材的铺贴方法、方向、顺序和搭接宽度，然后根据铺贴方向和搭接宽度在铺贴起始位置弹基准线，边弹边铺，直至铺完。

5）铺贴卷材。如果卷材与基层采用点粘或条粘时，应按规定面积进行热熔粘结，一般平屋面的粘结面积应大于30%，坡屋面的粘结面积应大于70%。条粘法施工时，每幅卷材的每边粘贴宽度应不小于150mm，卷材与卷材的搭接部分应满粘；立面或大坡面施工时，应采用满粘法。点粘、条粘施工时，可采用汽油喷灯或手提喷枪粘贴；满粘法施工时，大面卷材可采用移动乙炔群枪烘烤粘贴。

卷材铺贴时，先由熟练的操作工打开卷材的端头，拉到有女儿墙立面的凹槽上口或对准弹好的位置线，再将卷材退到女儿墙1m左右的平面处，然后将拉出的卷材端头倒卷回来经过加热烘烤铺贴女儿墙的根部，再调转方向，向前继续铺贴。铺贴紧密配合加热的速度和卷材的热熔情况，缓缓地将卷材沿所弹的边线向前推滚。

铺贴复杂部位及基层表面不平整处，要扩大烘烤基层面，加热卷材面，使卷材处于柔软状态，以便使卷材与基层粘贴平整、严实、牢固。

（5）注意事项

1）热熔法施工时，加热器与卷材面的距离应适中，加热应均匀、充分和适度，这是保证防水层质量的关键。因此，要由一名技术熟练、责任心强的操作工负责。由他手持加热器或用液化气多头火焰喷枪、汽油喷灯等，点燃后将火焰调至蓝色，将加热器火焰喷头对准卷材与基层的交界面。持枪人要注意喷枪头位置、火焰方向和操作手势。喷枪头与卷材面积保持50～100mm的距离，与基层成30°～45°角为宜。切忌慢火烘烤或用强火在一处久烤不动。

2）应随时调整喷头、喷枪、喷灯的移动速度和火焰大小，应随时注意观察卷材底面沥青层的熔化状态，当出现发亮发黑的沥青熔融层，而又不流淌时，即可迅速推展卷材进行滚铺，并用压辊用力滚压，以排除卷材与基层的空气，使之粘结牢固，平整服贴。加热和推滚要默契配合，这是热熔粘贴卷材的关键之一。

3）热熔法施工时，卷材边缘应有热胶溢出，这是防止卷材起鼓的技术措施。同时将溢出的熔胶用刮板刮到接缝处，收边密封是确保防水层质量的关键。

4）采用热熔法施工时，碰到雨天、雪天严禁施工；露水、冰霜未干燥前不宜铺贴；五级以上大风不得施工。气温低于－10℃不宜施工。

（6）讨论　为什么卷材铺贴的屋面基层要求平整、坚实、干燥？

课题2　涂膜防水屋面

2.2.1　涂膜防水屋面的材料及质量要求

涂膜防水是指在具有一定防水能力的结构层表面上，涂刷一定厚度的防水涂料，经过常温胶联固化后，形成一层具有一定坚韧性的防水涂膜的方法。

防水涂料一般按涂料的类型和涂料的成膜物质的主要成分进行分类。

1. 按涂料类型分类

（1）溶剂型　在这类涂料中，作为主要成膜物质的高分子材料溶解于有机溶剂中，成为溶液。高分子材料以分子状态存在于溶液（涂料）中。

（2）水乳型　这类涂料作为主要成膜物质的高分子材料以极微小的颗粒（而不是成分子状态）稳定悬浮（而不是溶解）在水中，成为乳液状涂料。

（3）反应型　在这类涂料中，作为主要的成膜物质的高分子材料是以预聚物液态形式存在，多以双组分或单组分构成涂料，几乎不含溶剂。

2. 按成膜物质的主要成分分类

防水涂料按成膜物质的分类系统如图2-17所示。

2.2.2　涂膜防水屋面的适用范围及条件

涂膜防水屋面主要适用于防水等级为Ⅲ级、Ⅳ级的屋面防水，也可用作Ⅰ级、Ⅱ级屋面多道防水设防中的一道防水层。涂膜防水屋面的适用范围及厚度规定见表2-17。

2.2.3　涂膜防水屋面的施工

1. 施工准备

（1）技术准备

1）会审图样，掌握和了解设计意图；收集有关该品种涂膜防水的有关资料。

2）编制屋面防水工程施工方案。

3）向操作人员进行技术交底或培训。

4）确定质量目标和检验要求。

5）提高施工记录的内容要求。

6）掌握天气预报资料。

- 防水涂料
  - 沥青类
    - （溶剂型） 沥青涂料等
    - （水乳型） 石灰膏乳化沥青、水性石棉沥青、乳化沥青、粘土乳化沥青等
  - 高聚物改性沥青类（也称橡胶沥青类）
    - （溶剂型） 氯丁橡胶沥青类、再生橡胶沥青类等
    - （水乳型） 水乳型氯丁橡胶沥青类、水乳型再生橡胶沥青类等
  - 合成高分子类
    - 合成树脂类
      - 单组分型
        - （溶剂型） 丙烯酸酯类等
        - （水乳型） 丙烯酸酯类等
      - 双组分型（反应型）
        - 环氧树脂类等
        - 焦油环氧树脂类等
    - 合成橡胶类
      - 单组分型
        - （溶剂型）氯磺化聚乙烯橡胶类、氯丁橡胶类等
        - （水乳型）氯丁胶乳、丁苯胶乳、丙烯酸酯胶乳、硅橡胶类等
        - （反应型）氯氨酯类等
      - 双组分型：（反应型）聚氯酯类、焦油聚氨酯类、沥青聚氯酯类、聚硫橡胶类、硅橡胶类等
  - 聚合物水泥类
  - 水泥类

图 2-17 防水涂料分类系统图

表 2-17 涂膜防水屋面的适用范围及厚度规定

防水涂料类别	屋面防水等级	使用条件	厚度规定/mm
沥青基防水	Ⅲ级	单独使用	≥8
	Ⅲ级	复合使用	≥4
	Ⅳ级	单独使用	≥4
高聚物改性沥青防水涂料	Ⅱ级	作为一道防水层	≥3
	Ⅲ级	单独使用	≥3
	Ⅲ级	复合使用	≥1.5
	Ⅳ级	单独使用	≥3
合成高分子防水涂料	Ⅰ级	只能作为一道防水层	≥2
	Ⅱ级	作为一道防水层	≥2
	Ⅲ级	单独使用	≥2
	Ⅲ级	复合使用	≥1

（2） 材料准备

1）涂膜材料及配套材料的数量、存放库房和安全防护用品的准备。

2）现场涂料经抽样复验，技术性能符合质量标准。

3）防水涂料及配套材料的进场数量能满足屋面防水工程的使用。

（3） 施工现场条件准备

1）现场贮料仓库符合要求，设施完善。

2）找平层已检查验收，质量合格，含水率符合要求。

3）消防设施齐全，安全设施可靠，劳保用品已能满足施工操作需要。

4）屋面上安设的一些设施已安装完毕并经验收通过。

5）天气预报近期无雨、雪、雾和 5 级及其以上大风天气，符合水乳型涂料（包括沥青基及合成高分子防水涂料）施工环境温度 5～35℃和溶剂型涂料的施工环境温度－5～35℃范围内。

2. 涂膜防水屋面施工要求

（1） 涂膜防水屋面构造层次　涂膜防水屋面是在屋面基层上涂刷防水涂料，经固化后形

成一层有一定厚度和弹性的整体涂膜，从而达到防水目的的一种防水屋面形式。具体做法视屋面构造和涂料本身性能要求而定，典型的构造层次如图2-18所示，具体施工有哪些层次，根据设计要求确定。

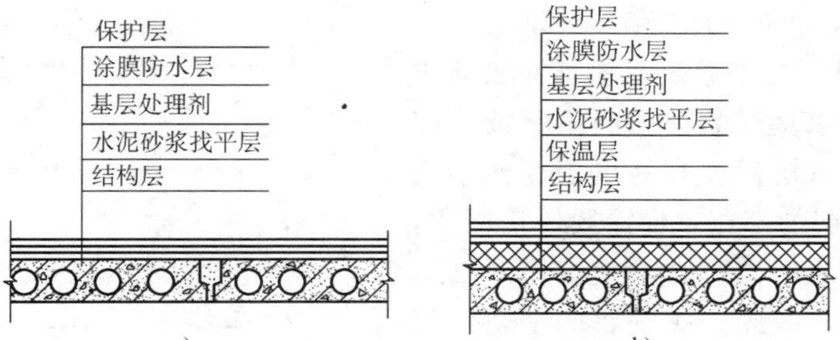

图2-18　涂膜防水屋面构造图

a）无保温层涂膜屋面　b）有保温层涂膜屋面

（2）涂膜防水屋面施工方法及适用范围　见表2-18。

表2-18　涂膜防水屋面施工方法及适用范围

施工方法	具体做法	适用范围
抹涂施工	涂料用刮板刮平后，待其表面收水而尚未结膜时，再用铁抹子压实抹光	用于流平性差的沥青基厚质防水涂抹施工
刷涂施工	用棕刷、长柄刷、圆滚刷蘸防水涂料进行涂刷	用于涂刷立面防水层和节点部位细部处理
刮涂施工	用胶皮刮板涂布防水涂料，先将防水涂料倒在基层上，用刮板来回涂刮，使其厚薄均匀	用于粘度较大的高聚物改性沥青防水涂料和合成高分子防水涂料在大面积上的施工
喷涂施工	将防水涂料倒入设备内，通过喷枪将防水涂料均匀喷出	用于粘度较小的高聚物改性沥青防水涂料和合成高分子防水涂料的大面积施工

（3）涂膜防水屋面施工工序　见图2-19。

（4）涂膜防水施工气候条件要求　涂料施工时，对气温的要求很高，不同的涂料对气温的要求也不同。某些溶剂型防水涂料在5℃以下时因溶剂挥发得很慢，使成膜时间延长；水乳型涂料在10℃以下，水分就不宜蒸发干燥，特别是有些厚质涂料，在低温下仅在表面形成一层薄膜，气温降到0℃时，涂层内部水分结冰，就有将涂膜冻胀破坏的危险。相反，如果气温过高，涂料中的溶剂很快挥发，涂料变稠，使施工操作困难，质量也就不易保证。所以，水溶性高聚物改性沥青防水涂料和水溶型合成高分子防水涂料的施工气温不低于5℃；溶剂型改性沥青防水涂料和溶剂型合成高分子防水涂料的施工气温不低于－5℃。

3. 涂膜防水屋面各层次施工

（1）基层要求　基层是防水层赖以存在的基础，与卷材防水层相比，涂膜防水对基层的要求更为严格。基层必须坚实、平整、清洁、干燥，无严重滴漏水，同时表面不得有大于0.3mm的裂缝。因此，涂膜施工前必须对基层进行严格的检查。

1）屋面坡度。屋面坡度过于平缓，容易造成积水，使涂膜长期浸泡在水中，一些水乳型的涂膜就可能出现“再乳化”现象，降低防水层的功能。屋面防水是一个完整的概念，它必须与排水相结合，只有在不积水的情况下，屋面才具有可靠性和耐久性。

采用涂膜防水的屋面坡度一般规定为：上人屋面在1%以上；不上人屋面在2%以上。

2）平整度。基层的平整度是保证涂膜防水层质量的关键。如果基层表面凹凸不平或局部隆起，在做涂膜防水层时就容易出现厚薄不均这样会导致基层凸起的部位，使涂膜厚度减薄，影响了耐久性；基层凹陷部位，使涂膜厚度增厚，容易产生裂纹。因此，找平层的平整度用2m长尺检查，缝隙不应超过5mm。

3）基层强度。基层强度一般应不小于5MPa。表面疏松、不清洁或强度太低，裂缝过大，都容易使涂膜与基层粘结不牢。

基层强度的测试通常可采用砂浆或混凝土试块在压力机上进行。它代表的是基层的实际强度而不是基层砂浆或混凝土的设计强度。

4）干燥程度。基层的干燥程度直接影响涂膜与基层的结合。如果基层不充分干燥，涂料渗不进去，施工后在水蒸气的压力下，就会使防水层与基层剥离、起鼓。特别是外露的防水层一旦发生起鼓，由于昼夜温差变化大，温差变形使防水层反复伸缩，产生疲劳，从而加速老化，起鼓范围也逐渐扩大。

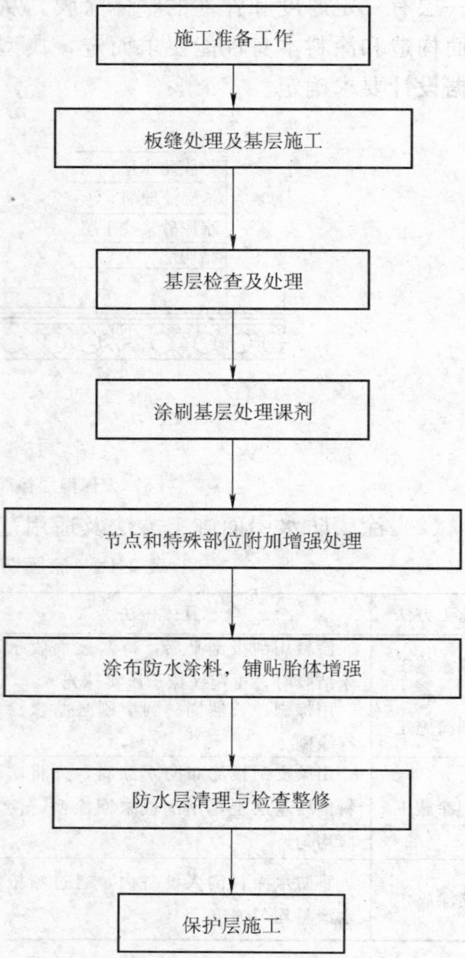

图 2-19　涂膜防水屋面施工工序

5）含水率。基层含水率的大小，对不同类型的涂膜有着不同程度的影响。一般来说，溶剂型防水涂料对基层含水率的要求要比水乳型防水涂料严格。溶剂型防水涂料必须在干燥的基层上施工，以避免产生涂膜鼓泡的质量问题。

（2）找平层施工

1）找平层的质量要求。找平层的质量要求见表 2-19。

表 2-19　找平层的质量要求

项次	质量要求
1	找平层必须具有足够的强度，以保证与防水涂膜粘结牢固，不致因找平层损坏而导致涂膜损坏
2	找平层的坡度必须与设计排水坡度一致
3	找平层表面必须平整，对于薄质的防水涂膜，一般要求表面平整度误差不超过3mm；对于厚质防水涂膜，其平整度误差不宜超过5mm
4	找平层不宜起砂、起皮、空鼓、开裂，而且表面应光滑

2）水泥砂浆找平层施工。

① 应选择气温高于0℃并在水泥砂浆终凝前不会下雨的天气施工。

② 根据设计规定和现场材料由试验室确定水泥砂浆的配合比以及减水剂、抗裂剂等外加剂的掺量。

③ 检查、修补基层：检查屋面板安装是否牢固，局部是否有凹凸不平。凸出部分应凿去，凹坑较大处应用细石混凝土填平。检查保温层的厚度是否符合设计要求；排水坡度是否符合设计要求，如存在问题应及时处理，以消除隐患。

④ 清理基层，润湿表面：基层表面应清理干净。清理后，应洒水湿润，洒水不宜过多，以免造成积水，特别是基层为保温层，以免保温层吸水过多，降低保温性能。

⑤ 刷素水泥浆：在铺抹水泥砂浆前，先在基层上均匀涂刷一遍素水泥浆，以便找平层与基层更好地粘结。

⑥ 做灰饼、冲筋：根据设计的坡度要求，用与找平层相同的水泥砂浆做灰饼、冲筋。屋面大面上可四周拉线，天沟、檐沟由分水岭向水落口拉线。冲筋间距一般以1.0～1.5m为宜，应保证坡度准确。

⑦ 安放分格条：在基层上先画出分格缝定位线，板端的分格缝应与板缝对齐。然后沿定位线安放分格缝小木条。小木条安放要平直、连续，高度与找平层平齐，宽度应符合设计要求，无设计规定时，一般以20mm宽度为宜。木条上宽下窄，以便从找平层中顺利取出。取木条所造成的缺陷，应立即修复。

⑧ 铺抹水泥砂浆：由远而近，逐个方格浇筑水泥砂浆。铺满一格后，用2m长方木刮平，用木抹子压实泛浆或用微振器振抹。待砂浆收水后，再用铁抹子压光一遍。天沟等处找平层厚度超过20mm时，一般应先用C20细石混凝土垫铺，然后再用水泥砂浆抹面。

⑨ 找平层养护：找平层铺抹12h后，应及时洒水或刷冷底子油进行养护，尤其是高温季节，应防止水分蒸发过快，以免造成干裂、起砂、起皮和强度降低现象。对于保温层上的找平层，切不可洒水过多，以免渗入保温层，造成保温层含水率过高，降低保温性能，并会引起涂膜层起鼓。养护初期2～3d内尤为重要，切不可使砂浆脱水。

3）沥青砂浆找平层施工。

① 沥青砂浆的配制：沥青砂浆的矿物填充料，宜采用石灰石粉或白云石粉，细度为65%～80%，通过0.074mm的筛孔，砂子宜用粒径在2mm以内级配良好且洁净的天然砂或人工砂。调制砂浆时，先将矿物粉和砂子烘干加热至120～140℃，再按规定质量倒入已熬制脱水并已达规定温度的沥青中去，并不断搅拌均匀，使其颜色一致并且具有适当的操作稠度为止。沥青砂浆拌制和碾压时的温度必须严格控制，拌好的砂浆应尽快用完，以免降低温度。装盛砂浆的容器，应有较好的保温性能，如木箱等。

② 检查并清理基层：检查屋面板安装是否牢固，局部是否有凹凸不平。凸出部分应凿去，凹坑较大处应用细石混凝土填平，检查保温层厚薄是否符合设计要求，排水坡度是否符合设计要求，如发现问题应及时处理，以消除隐患。表面的杂物、灰尘、污垢等均应清除干净，保持基层表面干净。

③ 刷冷底子油：基层干燥后，满涂冷底子油1～2道，涂刷要薄而均匀，不得有气泡和

空白，涂刷后要保持表面清洁。

④ 安放分格条：在基层上先画出分格缝的定位线，板端的分格缝应与板缝对齐，分格缝间距一般按设计确定，无设计规定时，每 3～4m 设置一道分格缝。然后沿定位线安放分格条。小木条要平直、连续，高度与找平层同高，宽度应符合设计要求，宽度应符合设计要求，无设计规定时，一般取宽度为 20mm 为宜。木条上宽狭窄，以便从找平层中取出。取木条时所造成的缺陷，应立即修复。

⑤ 铺设沥青砂浆：待冷底子油干燥后，即可铺抹沥青砂浆，其虚铺厚度约为压实厚度的 1.3～1.4 倍。铺设时宜采用倒铺法，避免操作人员在已铺砂浆上踩踏。待砂浆刮平后，即用火滚进行滚压，滚压至平整、密实，表面没有蜂窝，不出现压痕为止。为了保持滚筒清洁不粘附沥青，表面可涂刷柴油，滚筒内的炉火及灰烬不允许外泄到沥青砂浆上，滚压不到之处，应用烙铁烫压平整，施工完毕，短期内应避免在上面踩踏。

(3) 保护层施工　在涂膜防水层上应设置保护层，其目的是为了避免阳光直射，以免防水涂膜过早老化；另外，因一些防水层较薄，做上刚性保护层后，可以提高防水涂膜的耐穿刺、耐外力损伤的能力，从而提高涂膜防水层的合理使用年限。

保护层材料可采用细砂、云母、蛭石、浅色涂料；也可采用水泥砂浆或块材等刚性保护层。但要注意的是当采用水泥砂浆或块材保护层时，应在防水涂膜与保护层之间设置隔离层，以防止因伸缩变形将涂膜防水层破坏而造成渗透；另外刚性保护层与女儿墙之间应预留空隙，并嵌填密封材料，以防刚性保护层因温差胀缩而将女儿墙推裂。

4. 涂膜防水层施工工艺

(1) 防水涂料的涂布方法　防水涂料的涂布有喷涂施工、刷涂施工、抹涂施工、刮涂施工等。

1) 喷涂施工。喷涂施工是利用压力或压缩空气将防水涂料涂布于防水基层面上的机械方法，其特点是：涂膜质量好、工效高、劳动强度低，适用于大面积作业，如屋面防水工程、地下防水工程等，而在厕浴间防水工程中应用不多。

① 喷涂施工工艺。

a. 将涂料调至施工所需粘度，装入贮料罐或压力供料筒中，关闭所有开关。

b. 打开空气压缩机，将空气压力调节到施工压力。施工压力一般为 0.4～0.8MPa。

c. 作业时，要握稳喷枪，涂料出口要与受喷面垂直，喷枪移动时应与受喷面平行。喷枪移动速度应适宜并保持匀速，一般为 400～600mm/min。

d. 喷嘴至受面的距离一般应控制在 400～600mm，以便喷涂均匀。

e. 喷涂行走路线如图 2-20 所示。喷枪移动的范围不能太大，一般直线喷涂 800～1000mm 后，拐弯 180°向后喷下一行。根据施工条件可选择横向或竖向往返喷涂。

f. 第一行与第二行喷涂面的重叠宽度，一般应控制在喷涂宽度的 1/3～1/2，以使涂层厚度比较一致。

g. 每一涂层一般要求两遍成活，横向喷涂一遍，再竖向喷涂一遍。两遍喷涂的时间间隔由防水涂料的品种及喷涂厚度而定。

h. 如有喷枪喷不到的地方，应用油刷刷涂。

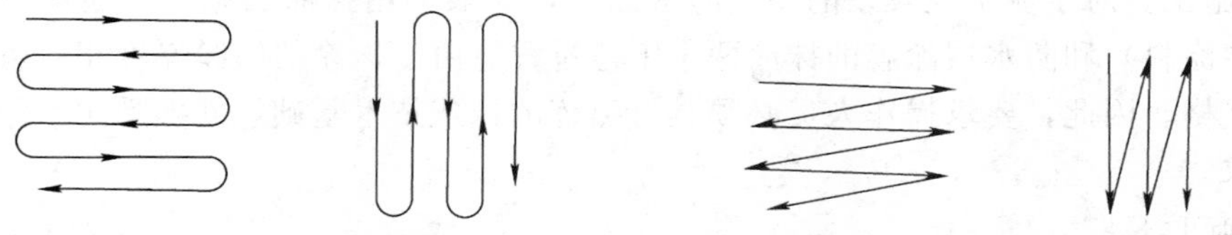

图 2-20 喷涂行走路线图

a）正确的喷涂行走路线 b）不正确的喷涂行走路线

② 喷涂施工注意事项。

a. 涂料的稠度要适中，过稠不便施工，过稀则遮盖力差，影响涂层厚度，而且容易流淌。

b. 根据喷涂的时间需要，可适量加入缓凝剂或促凝剂，以调节防水涂料的固化时间。

c. 涂料应搅拌均匀。如果发现不洁现象，要用 120 目铜丝筛过或 200 目细绢筛筛滤。涂料在使用过程中应不断搅拌。

d. 涂料压力应适当，一般根据防水涂料的品种、涂膜厚度等因素确定。

e. 对不需喷涂的部位应用纸或其他物体将其遮盖，以免在喷涂过程中受污染。

2）刷涂施工。用刷子涂刷一般采用蘸刷法，也可边倒涂料边用刷子刷匀，涂布垂直面层的涂料时，最好采用蘸刷法。涂刷应均匀一致，倒料时要注意控制涂料均匀倒洒，不可在一处倒得过多，否则涂料难以刷开，造成涂膜厚薄不均匀现象。涂刷时不能将气泡裹进涂层中，如遇到气泡应立即清除。涂刷遍数必须按事先试验确定的遍数进行。

涂布时应先涂立面，后涂平面。在立面或平面涂布时，可采用分条或按顺序进行。分条进行时，每条宽度应与胎体增强材料宽度一致，以免操作人员踩踏刚涂好的涂层。

前一遍涂料干燥后，方可进行下一道涂膜的涂刷。涂刷前应将前一遍涂膜表面的灰尘、杂物等清理干净，同时还应检查前一遍涂层是否有缺陷，如气泡、露底、漏刷，胎体材料皱折、翘边、杂物混入涂层等不良现象，如果存在上述问题，应先进行修补，再涂布下一道涂料。

基层处理剂（冷底子油）涂刷要用力，涂层应薄而均匀。后续涂层的涂刷，材料用量控制要严格，用力要均匀，涂层厚薄要一致，仔细认真涂刷。各道涂层之间的涂刷方向应相互垂直，以提高防水层的整体性和均匀性。涂层间的接茬处，在每遍涂刷时应退茬 50～100mm，在接茬时也应超过 50～100mm，以免接茬不严造成渗漏。

涂刷施工质量要求涂膜厚薄要一致，平整光滑，无明显接茬。施工操作中不应出现流淌、皱纹、漏底、刷花和起泡等弊病。

特殊部位需按设计要求进行增强处理，即在细部节点（如地漏、立管周围、阴阳角）加铺有胎体增强材料的附加层。一般先涂刷一层涂料，随即铺贴事先剪好的胎体增强材料，用软刷反复刷均，贴实无褶皱，干燥后再刷一遍防水涂料。地漏、立管周围与基层交接处应先用密封材料密封，再加铺有二层胎体增强材料的附加层，附加层涂膜伸入地漏杯的深度不应少于 50mm。

3）抹涂施工。对于流平性较差的厚质防水涂料，一般采用抹涂法施工，通常包括结合层涂布（底层涂料）和防水层涂膜的抹涂两个工艺过程。由于抹涂的涂膜厚度相对较薄，工艺要求比较严格。因此，要求操作人员必须具有熟练的抹灰技术基础，并熟悉防水涂料的性能和工艺要求。

① 抹涂施工工艺。

a. 涂布底层防水涂料。采用机械喷涂或人工涂刷方法，在基层表面涂布一层与防水层配套的底层防水涂料。要求涂布均匀，不得漏涂。其目的是填满基层表面的细小空洞和微裂缝，并增加基层与防水层的粘结力。

b. 抹涂防水层涂料。待底层防水涂料干燥后，便可进行防水层涂料抹涂施工。使用抹灰工具（如抹子、压子、阴阳角抿子等）抹涂防水材料。一般情况下只抹涂一遍即可。

结合层的涂布可采用机械喷涂或人工刷涂方法，在基层表面涂布一层与防水层配套的底层防水涂料。为填满基层表面的细微孔缝和增强基层与防水层的粘结力，要求涂布均匀，不得漏涂。

防水层涂抹施工需待底层防水涂料干燥后进行。使用抹灰工具（抹子、压子、阴阳角抿子等）抹涂防水涂料，一般涂抹一遍成活。

对于墙角抹涂防水涂料，一般应由上而下，自左向右，顺一个方向边涂实边抹平，做到表面平整、密实。并应留有粗糙面，以便再抹涂保护层。墙面接茬应留在地面上，一般靠墙30mm。只做墙面防水修补时，墙面与地面交界的阴阳角应做成圆弧形。

地面防水层涂抹时，在与墙面交界的阴阳角接茬处，需做成圆弧形以增加涂层厚度。涂抹时应由墙根向地面中间顺一个方向边推平边压实，使整个平正面平整，并应留有粗糙面，以利保护层施工。地面防水层的涂抹施工尽可能一次成活，不留接茬或施工缝。

当基层平整度较差时，可增加一遍刮涂涂层，即在已涂布底层涂料的面上刮涂一遍涂料，其厚度越薄越好。这样既可改变平整度，又可增加底层涂料与面层涂料的粘结性能。

c. 抹涂保护层。待防水层涂抹干燥后，根据防水层设计要求抹涂保护层。

② 抹涂施工注意事项。

a. 抹涂防水层施工时，不宜回收落地灰，以免使用污染后的涂料，影响涂膜防水效果。

b. 抹涂层的厚度应根据防水设防要求确定，而且要求涂层厚薄均匀。

c. 工具和防水涂料应及时检查，如发现不洁净或掺入杂物时应及时清除或不用。

d. 涂料刮平后，待表面收水尚未结膜时，用铁抹子进行压实抹光。抹压时间应适当，过早抹压，起不到作用；过晚抹压，会使涂料粘住抹子，出现月牙形抹痕。

e. 防水层涂抹完毕，待干燥后方可进行保护层施工。

4）刮涂施工。刮涂就是利用刮刀，将厚质防水涂料均匀地刮涂在防水基层上，形成厚度符合设计要求的防水涂膜。刮涂常用的工具有牛角刀、油灰刀、橡皮刮刀等。

① 刮涂施工的施工工艺。

a. 刮涂时应用力按刀，使刮刀与被涂面的倾斜角为50～60°，按刀要用力均匀。

b. 涂层厚度控制采用预先在刮板上固定铁丝（或木条）或在屋面上做好标志的方法。

c. 刮涂时只能来回刮1～2次，不能往返多次涂刮，否则将会出现“皮干里不干”现象。

d. 遇有圆、菱形基面，可用橡皮刮刀进行刮涂；立面部位涂层应在平面涂层施工前进行，根据涂料的流平性好坏确定刮涂遍数。流平性好的涂料应按照多遍薄刮的原则进行，以免产生流坠现象，使上部涂层变薄，下部涂层遍厚，影响防水的质量。

e. 为了加快施工进度，可采用分条间隔施工，待先批涂层干燥后，再抹后批空白处。分条宽度一般为 0.8～1.0m，一遍抹压操作，并与胎体增强材料宽度相一致。

f. 待前一遍涂料完全干燥后可进行下一遍涂料施工。一般以脚踩不粘脚、不下陷（或下陷能回弹）时才进行下一道涂层施工，干燥时间不宜少于 12h。

g. 当涂膜出现气泡、皱折水平、凹陷、刮痕等情况，应立即进行修补。布好后才能进行下一道涂膜施工。

② 涂刮施工注意事项。

a. 防水涂料使用前应特别注意搅拌均匀，以免厚质防水涂料内有较多的填充料，如搅拌不均匀，不仅涂刮困难，而且未搅均匀的颗粒杂质残留在涂层中，将成为隐患。

b. 为了增强防水层与基层的结合力，可在基层上先涂刷一遍基层处理剂。当使用某些渗透力强的防水涂料，可不涂刷基层处理剂。

c. 防水涂料的稠度一般根据施工条件、厚度要求等因素确定。

d. 待前一遍涂料完全干燥，缺陷修补完毕并干燥后，才能进行下一遍涂料施工。后一遍涂料的刮涂方向应与前一遍刮涂方向垂直。

e. 防水涂层施工完毕，应注意养护和成品保护层。

（2）胎体增强材料的铺贴　为了增强防水涂层的抗拉强度和防止涂层下坠，可在涂层中增加胎体增强材料，其做法一般在防水涂层设计时确定。铺贴第一层胎体增强材料，可在头遍涂料涂刷后或第二遍涂料涂刷时或第三遍涂料涂刷前进行。施工方法分为湿铺法和干铺法两种。

1）湿铺法工艺。就是边倒料、边涂刷、边铺贴的操作方法。施工时，先在已干燥的涂层上，用刷子或刮板将刚倒的涂料刷涂均匀或刮平，然后将成卷的胎体增强材料平放于涂层上，逐渐推滚铺贴于刚涂刷的涂层面上，用滚刷滚压一遍或用刮板刮压一遍，亦可用抹子压一遍，务必使胎体材料的网眼（或毡面上）充满涂料，使上下两层涂料结合良好。待干燥后继续进行下一遍涂料施工。湿铺法的操作工序少，但技术要求较高。

2）干铺法工艺。是在上道涂层干燥后，用稀释涂料将胎体增强材料先粘贴于前一遍涂层面上，再在上面满刮一遍涂料，使涂料渗透网眼与上一层涂层结合。也可边铺贴胎体增强材料，边在已展平的胎体材料面上用橡皮刮板满刮一遍涂料。待干燥后继续进行下一遍涂料施工。

对于渗透性较差的防水涂料与较密实的胎体材料配套使用时，不宜采用干铺法施工。

（3）防水涂料施工工艺　涂抹防水涂料根据其涂膜厚度分为薄质防水涂料和厚质防水涂料两种。涂膜总厚度在 3mm 以内的涂料为薄质防水涂料；涂膜总厚度在 3mm 以上的涂料为厚质涂料。薄质防水涂料和厚质防水涂料在其施工工艺上有一定差异。

1）薄质防水涂料施工工艺。薄质防水涂料一般为反应型、水乳型或溶剂型的高聚物改性沥青防水涂料和合成高分子防水涂料。我国目前常用的薄质防水涂料有：再生橡胶沥青防水涂料、氯丁橡胶沥青防水涂料、丁基橡胶改性沥青防水涂料、SBS 橡胶沥青防水涂料、聚氨酯防水涂料、焦油聚氨酯防水涂料、硅橡胶防水涂料、丙烯酸酯防水涂料等。

对于不同品种的防水涂料其性能、涂刷遍数和涂刷时间间隔均有所不同。薄质防水涂料的施工主要用刷涂法和刮涂法，结合层涂料可以用喷涂或滚涂法施工。

① 操作工艺流程。如图 2-21 和图 2-22 所示。

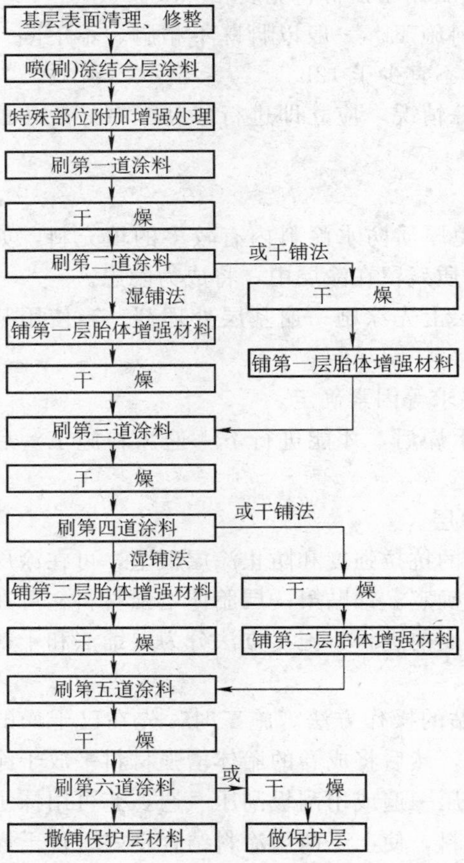

图 2-21　水乳型或溶剂型薄质防水涂料二布六涂施工工艺

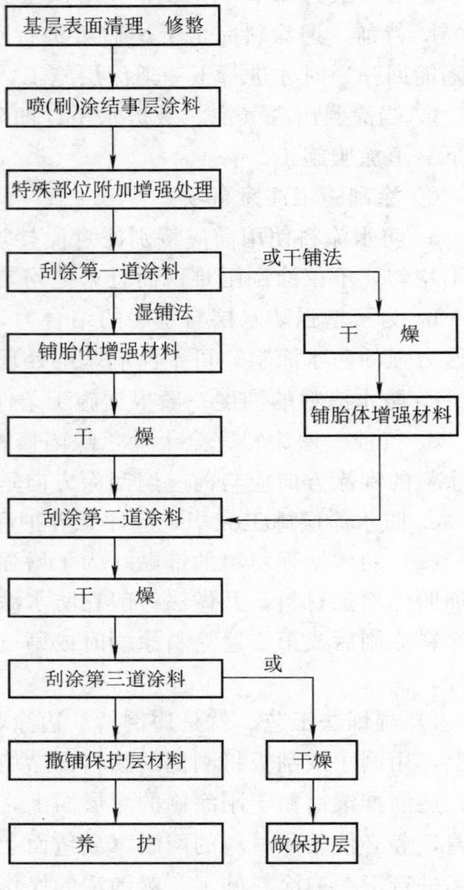

图 2-22　反应型薄质防水涂料一布三涂施工工艺

② 配料和搅拌。防水涂料分为单组分和双组分两种类型。

单组分涂料一般用铁桶或塑料桶密封包装，桶盖开启后用搅拌器将其充分搅拌，并用滤布将杂质、结膜皮等滤去后即可使用。最简便的搅拌方法是：在使用前将涂料桶反复滚动，使桶内涂料混合均匀，达到浓度一致。最理想的搅拌方法是：将桶装涂料倒入开口的大容器内，用机械搅拌均匀后使用。对未用完的涂料，应加盖封严，桶内如有少量结膜现象，应清除或过滤后使用。

双组分防水涂料，每分涂料必须在配料前先搅拌均匀。配料应严格按照厂家提供的配合比现场配制，不得任意改变配合比。配料应计量准确，其误差不得超出±5%范围。涂料混合时，应先将主剂放入搅拌器内，然后放入固化剂并立即搅拌，搅拌 3～5min，使之充分均匀，颜色均匀一致。如果涂料的稠度太大涂布困难时，可根据厂家提供的品种和掺量适当掺入稀释剂。配料时要注意，每次配量应根据涂布施工速度和涂料的固化时间确定。所使用的机械搅拌器应功率大，但旋转速度不宜太高，以免旋转速度快将空气裹入，涂刷时涂膜容易起泡。

③ 涂层厚度控制。涂层厚度是影响防水质量的关键问题之一，一般在涂抹防水施工前，必须根据设计要求的每 m^2 涂料用量、涂膜厚度及涂料材性，事先试验确定每道涂料的涂刷厚度以及每个涂层需要涂刷的遍（道）数。一般要求面层至少要刷涂两遍以上，合成高分子涂料还要求底层涂层的厚度应有 1mm 后方能铺设胎体增强材料。

④ 涂刷间隔时间控制。在涂刷厚度及用量试验的同时，还应测定每遍涂层的间隔时间。各种防水涂料都有不同的干燥时间，干燥有表面干燥和实干之分。后一遍涂料的施工必须等前一遍涂料实干后才可进行，否则单组分涂料的底层水分或溶剂被封固在上层涂膜下不能及时挥发，而双组分涂料因尚未完全固化，从而形不成有一定强度的防水涂膜，而且后一遍在涂刷时容易将前一遍涂膜破坏，形成起皮、起皱等现象。

薄质涂料每遍涂层，表干时实际上已经达到实干，因此可用实干时间来控制涂刷的间隔时间。涂抹的干燥时间与气候有较大关系，气温高，干燥就快；空气干燥、湿度小，且有风时，干燥也快，因此涂刷的间隔时间还应根据气候条件来确定。

⑤ 施工操作方法。

a. 基层处理。

基层要求平整、密实、干燥或基本干燥（根据涂料品种要求），不得有酥松、起砂、起皮、裂缝和凹凸不平等现象，如有必须经过处理，同时表面应处理干净，不得有浮灰、杂物和油污等。

结合层涂料，又叫基层处理剂。在涂料涂布前，先喷（刷）涂一道较稀的涂料，以增强涂料与基层的粘结。结合层涂料的使用应与涂层涂料配套使用。若使用水乳型防水涂料，可用掺 0.2%～0.5%（质量分数）乳化剂的水溶液或软化水将涂料稀释，其配合比为防水涂料：乳化剂溶液（或软水）＝1：（0.5～1.0）（质量比）。如无软化水，可用冷开水代替，切忌使用一般水（天然水或自来水）。若使用溶剂型防水涂料，由于其渗透能力比水乳型防水涂料强，可直接用涂料薄涂一道。若涂料较稠，可用相应的稀释剂稀释后再使用。对于高聚物改性沥青防水涂料，可用煤油：30 号石油沥青＝60：40（质量比）的沥青溶液作为结合层涂料。结合层涂料应喷涂或刷涂。刷涂时要用力薄涂，使涂料进入基层的毛细孔中，使之与基层牢固结合。

b. 特殊部位附加增强层处理。

在大面积涂料涂布前，先按设计要求做好特殊部位附加增强层，即在屋面细部节点（如水落管、檐沟、女儿墙根部、阴阳角、立管周围等）加铺有胎体增强材料的附加层。首先在该部位涂刷一遍涂料，随即铺贴事先裁剪好的胎体增强材料，用软刷反复干刷、贴实，干燥后再涂刷一道防水涂料。水落口与檐沟交接处应先用密封材料密封，再加铺有两层胎体增强材料的附加层，附加层涂膜伸入水落口杯的深度不应少于 50mm。在板端处应设置缓冲层，缓冲层用宽 200～300mm 的聚乙烯薄膜扑空铺在板缝上，然后再增铺有胎体增强材料的空铺附加层。

c. 大面积涂布。

涂层涂刷可用棕刷、长柄刷、圆辊刷、塑料或胶皮或胶皮刮板等人工涂布，也可用机械喷涂。

涂布立面应采用涂刷法，使之涂刷均匀一致，涂布平面时宜采用涂刮法。涂刷遍数、间隔时间、用量必须按事先试验确定的数据进行，切不可为了省事、省力而一遍涂刷过厚。

d. 铺设胎体增强材料。

在涂料第二遍涂刷时或第三遍涂刷前，即可加铺胎体增强材料。胎体增强材料应尽量顺屋脊方向铺贴，以方便施工，提高劳动效率。

胎体增强材料可以选用单一品种，也可选用玻璃纤维布与聚酯毡混合使用。混用时，应在上层采用玻璃纤维布，下层使用聚酯毡。铺布时，切忌拉伸过紧，否则胎体增强材料与防水涂料在干燥成膜时，会有较大的收缩；但也不宜过松，过松时涂面会出现皱折，使网眼中的涂膜极易破碎而失去防水能力。

第一层胎体增强材料应越过屋脊 400mm，第二层越过 200mm，搭接缝应压平，否则容易进水。胎体增强材料长边搭接不少于 50mm，短边搭接不少于 70mm，搭接缝应顺流水方向或年最大频率风向（即主导风向）。采用二层胎体增强材料时，上下层不得互相垂直，其搭接缝应错开，其错开间距不少于幅宽的 1/3。

胎体增强材料铺设后，应严格检查表面有无缺陷或搭接不良等现象，如有应及时修补完整，使它形成一个完整的防水层，然后才可在上面继续涂刷涂料。面层涂料应至少涂刷两遍以上，以增加涂膜的耐久性。如面层作粒料保护层，则可在涂刷最后一遍涂料时，随即撒铺覆盖粒料。

为了防止收头部位出现翘边现象，所有收头均应用密封材料封边，封边宽度不得小于 10mm。收头处有胎体增强材料时，应将其剪齐，如有凹槽则应将其嵌入槽内，用密封材料嵌严，不得有翘边、皱折和露白等现象。如未预留凹槽时，可待涂抹固化后，将合成高分子卷材用压条钉压作为盖板，盖板与立墙间用密封材料封固。

2）厚质防水涂料施工工艺。我国目前常用的厚质防水涂料有：水性石棉油膏防水涂料、石灰膏乳化沥青防水涂料、膨润土乳化沥青防水涂料、焦油塑料油膏稀释涂料和聚氯乙烯胶泥等。厚质防水涂料一般采用抹涂法或刮涂法施工，主要以冷施工为主，但塑料油膏和聚氯乙烯胶泥需加热塑化后涂刮。厚质防水涂料的涂膜厚度一般为 4～8mm，有纯涂层，也有铺衬一层或二层胎体增强材料。其施工工艺和对基层的要求与薄质涂料的要求基本相同。

① 操作工艺流程。以一布二涂为例，如图 2-23 所示。

② 施工操作方法。

a. 特殊部位附加增强处理。水落口、天沟、檐沟、泛水及板缝等特殊部位，常采用涂料增厚处理，即刮涂 2～3mm 厚的涂料，其宽度时具体情况而定，也可按（一布二涂）构造做好增强处理。

b. 大面积涂布。厚质防水涂料施工时，应将涂料充分搅拌均匀，清除杂质，采用刮涂法施工。涂布时，一般先将涂料直接倒在基层上，用胶皮刮板来回刮涂，使它厚薄均匀一致，不漏底，表面平整，涂层内不产生气泡。涂层总厚度 4～8mm，分二至三遍刮涂。对流平性差的涂料刮平后，待表面收水尚未结膜时，用铁抹子进行压实抹光，抹压时间应适当，过早起不到抹光作用；过晚会使涂料粘住抹子，出现月牙形抹痕。可采用分条间隔的操作方法控制抹压时间，加快施工进度。

每层涂料刮涂前，必须检查下涂层表面是否有气泡、皱折、凹坑、刮痕等弊病，如有应先修补完整，然后才能进行上涂层的施工。第二遍涂料的刮涂方向应与上一遍互相垂直。

立面部位涂层应在平面涂刮前进行，并视涂料流平性能好坏而确定涂布次数，流平性好的涂料应薄而多次涂刮，否则会产生流坠现象。

c. 铺设胎体增强材料。当屋面坡度小于15%时，胎体增强材料应平行屋脊方向铺设；屋面坡度大于15%，则应垂直屋脊方向铺设，铺设时应从底处向上操作。

胎体增强材料可采用湿铺法或干铺法施工。湿铺法是在头遍涂层表面刮平后，立即铺贴胎体增强材料。干铺法是待头遍涂料干燥后铺贴胎体增强材料。

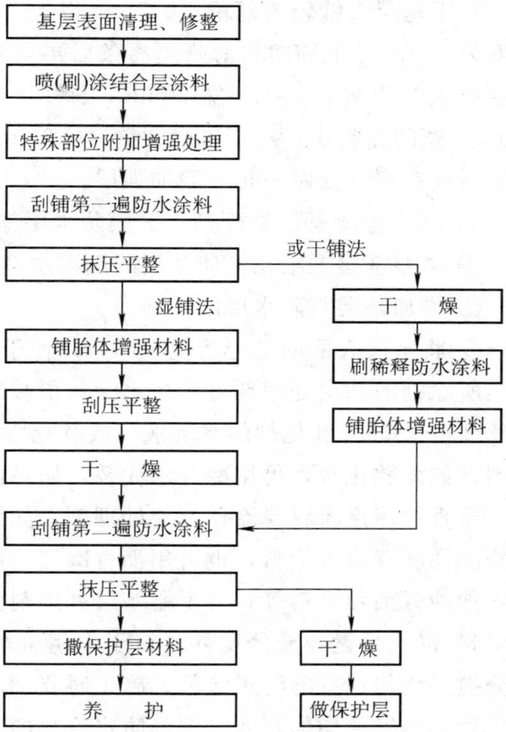

图2-23 厚质防水涂料的施工工艺流程图

d. 收头处理。胎体增强材料细部构造要求与收头处理与薄质防水涂料的相关内容一致。

（4）涂膜防水屋面施工要点

1）合理选择防水材料。

①了解所选用防水涂料的基本特性和施工特点，并根据设计要求和操作规程先试作样板，以确定涂膜实际厚度和涂刷遍数、次序、涂布时间间隔、单位平方米涂料总用量等参数，经质检部门鉴定合格后，再进行正式大面积施工。

② 注意涂料与胎体增强材料的配套，如果酸碱值（pH值）<7的酸性防水涂料应选用低碱或中碱的玻璃纤维产品；若酸碱值（pH值）>7的碱性涂料则应选用无碱玻璃纤维布，以免强碱防水涂料将中低碱玻璃纤维布腐蚀，使其强度降低。

2）基层要求严格。基层是防水层赖以存在的基础，与卷材防水层相比，涂膜防水对基层的要求更为严格。

对基层必须进行认真检查和必要的处理，要求基层表面平整、光洁、干燥，不得有酥松、起砂、起皮等现象。强度和坡度符合设计要求。

如果找平层平整度超过规定要求，则应将凸起部位铲平，低凹处用掺入15%的108胶水泥砂浆补抹或用108胶水泥砂浆涂刷；起砂、起皮处应将表面清除，用掺入15%的108胶水泥砂浆涂刷，并抹压光。

对于基层裂缝较大部位（0.3mm 以上），可在裂缝处用密封材料刮缝，其厚度为 2mm，宽度为 30mm，上铺塑料薄膜隔离条后再增强涂布；裂缝宽度超过 0.5mm 时，应沿裂缝找平层凿成 V 形缝，其上口宽 20mm，深 15～20mm，清扫干净，缝中嵌密封材料，再沿缝做 100mm 宽的涂料层；对于细微裂缝（0.3mm 以下）处，可刮嵌密封材料，然后增强涂布防水涂料或在裂缝处做一布二涂加强层。

3）认真涂刷基层处理剂。涂膜防水层施工前，应在基层上涂刷基层处理剂，其目的是：

① 堵塞基层毛细孔，使基层的潮湿水蒸气不宜向上渗透至防水层，减少防水层起鼓。

② 增加基层与防水层的粘结力。

③ 将基层表面的尘土清洗干净，以便于粘结。

所涂刷的基层处理剂可用防水涂料稀释后使用。如使用水乳型防水材料，则可用该涂料掺 0.2%～0.3%乳化剂的水乳液（或软化水）稀释（质量配比 1：（0.5～1.0））作基层处理剂，如无软化水，可用冷开水代替，切忌使用一般天然水或自来水；若使用溶剂型防水涂料，可直接用该涂料薄涂作基层处理剂，如涂料太稠，可用相应的溶剂稀释后使用；若为高聚物改性沥青防水涂料，也可用沥青冷底子油作为基层处理剂；有些浸润性和渗透性强的涂料，如油膏稀释涂料等，可不刷基层处理剂而直接施工。

4）准确计量，充分搅拌。对于多组分防水涂料，施工时应按规定的配合比准确计量，充分搅拌均匀；有的防水涂料，施工时要加入稀释剂、促凝剂，以调节其稠度和凝固时间。掺入后必须搅拌均匀，才能保证防水涂料的技术性能达到要求。特别是某些水乳型涂料，由于内部含有较多纤维状或粉粒状填充料，如搅拌不均匀，不仅涂布困难，而且会使没有拌匀的颗粒杂质残留在涂层中，成为渗漏的隐患。

5）薄涂多遍，确保厚度。确保涂抹防水层的厚度是涂抹防水屋面最主要的技术要求。过薄，会降低屋面整体防水效果，缩短防水层耐用年限；过厚，将在一定意义上造成浪费。过去用涂刷遍数或每平方米用量来要求涂膜防水层的质量，但往往由于一些经济上的因素，使防水涂料中的固含量大大减少，虽然做到规定的涂刷遍数或用量，但成膜的厚度并不厚，所以在新规范中用涂膜厚度来作为评定防水层质量的技术指标。

在涂料涂刷时，无论是厚质防水涂料还是薄质防水涂料均不得一次涂成，因为厚质防水涂料若是一次成膜，涂抹收缩和水分蒸发后易产生开裂；而薄质涂膜很难一次涂成规定的厚度。所以，防水涂料应分层分遍涂布，待前一道涂层干造成膜后，方可涂后一道涂料。各种防水涂料都有不同的干燥时间，干燥有表面干和实干之分，在施工前必须根据气候条件，经试验确定每遍涂刷的间隔时间和涂料用量。

6）铺设胎体增强材料。在涂料第二遍涂刷时或第三遍涂刷前，即可加铺胎体增强材料。胎体增强材料的铺贴方向应视屋面坡度而定。新规范规定：屋面坡度小于 15%时，可平行于屋脊铺设；屋面坡度大于 15%时，应垂直于屋脊方向铺设。其胎体长边搭接宽度不得小于 50mm，短边搭接宽度不得小于 70mm。

若采用二层胎体增强材料时，上下层不得互相垂直铺设，搭接缝应错开，其间距不应小于幅宽的 1/3。

7）涂刷方向与接茬。防水涂层涂刷致密是保证质量的关键。要求各遍涂膜的涂刷方向应相互垂直，使上下遍涂层互相覆盖严密，避免产生直通的针眼气孔，提高防水层的整体性和均匀性。

涂层间的接茬，在每遍涂布时应退茬50～100mm，接茬时也应超过50～100mm，避免在接茬处涂层薄弱，发生渗漏。

双组分涂料的施工，必须严格按产品说明书规定的配合比，按实际使用量分批调配，并在规定时间内用完，其他涂料应根据当时气温、湿度及施工方法等条件，调整涂料的施工粘度或稠度，并应由专人负责调配。

8）收头处理。在涂膜防水层的收头处应多边涂刷防水涂料或用密封材料封严。泛水处的涂膜宜直接涂布至女儿墙的压顶下，在压顶上部也做防水处理，避免泛水处或压顶的抹灰层开裂，造成屋面渗漏。

收头处的胎体增强材料应裁剪整齐，粘结牢固，不得有翘边、皱折、露白等现象，否则应先处理后再行涂封。

9）涂布顺序合理。涂膜防水的施工顺序必须按照“先高后低、先远后近、先檐口后屋脊、先细部节点后大面”的原则进行，涂布走向一般为顺屋脊走向。大面积屋面应分段进行施工，使工段划分一般按结构变形缝。

10）加强成品保护。整个防水施工完成后，应有不少于7d的自然养护期，以使涂膜具有足够的粘结强度和抗裂性。养护期间不得上人行走或在其上操作、直接堆放物品，以免刺穿或损坏涂层。

11）保护层。保护层材料可采用细砂、云母、蛭石、浅色涂料；也可采用水泥砂浆或块材等刚性保护层。但要注意的是当水泥砂浆或块材保护层时，应在防水涂膜与保护层之间设置隔离层。

12）施工环境要求。施工环境必须符合所选涂料的施工环境要求，环境温度不得低于涂料正常成膜温度，相对湿度也应符合涂料施工的相应要求。施工期间，应注意气候的变化，不宜在烈日曝晒下施工，如在实干时间内可能遇大风、雨雪及风砂等天气则不应施工。

2.2.4 涂膜防水屋面的质量标准、安全环保措施

1. 质量标准

（1）主控项目

1）防水涂料、胎体增强材料、密封材料和其他材料必须符合质量标准合设计要求。施工现场应按规定对进场的材料进行抽样复验。

2）防水屋面施工完后，应经雨后或持续淋水24h的检验。若具备作蓄水检验的屋面，应做蓄水检验，蓄水时间不小于24h。必须做到无渗漏、不积水。

3）沟、檐沟必须保证纵向找坡符合设计要求。

4）细部防水构造（如：天沟、檐沟、檐口、水落口、泛水、变形缝和伸出屋面的管道）必须严格按照设计要求施工，必须做到全部无渗漏。

（2）一般项目

1）涂膜防水层。

① 涂膜防水层应表面平整、涂布均匀，不得有流淌、皱折、鼓泡、裸露胎体增强材料

和翘边等质量缺陷，发现问题，应及时修复。

② 涂膜防水层与基层应粘结牢固。

2）涂膜防水层的平均厚度应符合规定和设计要求，涂膜最小厚度不应小于设计厚度的80%。采用针测法或取样量测方式检验涂膜厚度。

3）涂膜保护层。

① 涂膜防水层上采用细砂等粒料做保护层时，应在涂布最后一遍涂料时，边涂布边均匀铺撒，使相互间粘结牢固，覆盖均匀严密，不露底。

② 涂膜防水层上采用浅色涂料做保护层时，应在涂膜干燥固化后做保护层涂布，使相互间粘结牢固，覆盖均匀严密，不露底。

③ 防水涂膜上采用水泥砂浆、块材或细石混凝土做保护层时，应严格按照设计要求设置隔离层。块材保护层应铺砌平整，勾缝严密，分格缝的留设应准确。

④ 刚性保护层的分格缝留置应符合设计要求，做到留设准确，不松动。

2. 安全环保措施

1）溶剂型防水涂料易燃有毒，应存放于阴凉、通风、无强烈日光直晒、无火源的库房内，并备有消防器材。

2）使用溶剂型防水涂料时，施工现场周围严禁烟火，应具备有消防器材。施工人员应着工作服、工作鞋、带手套。操作时若皮肤沾上涂料，应及时用沾有相应溶剂的棉纱擦除，再用肥皂和清水洗净。

[能力训练]

训练项目　水性石棉沥青防水涂料施工

（1）目的　了解防水涂料的特性，掌握一般防水涂料的施工方法。

（2）能力及标准要求　具备使用常用施工工具的能力，能够达到防水初级工的操作水平。

（3）准备

1）场地准备：在实习车间里用砖砌筑一个建筑物的模仿屋面。

2）材料准备：水性石棉沥青涂料、胎体增强材料（如化纤无纺布或玻纤布等）、密封材料（橡胶改性沥青嵌缝膏、聚氯乙烯塑料油膏等）、保护材料［涂料类保护层材料——水乳型涂膜反光涂料、浆状保护层材料——采用水泥、石灰膏与涂料调制、配合比为0.5∶1∶3（质量比），撒布材料——细砂、云母或蛭石等］，保护层材料为涂料类，浆状；撒布材料根据工程情况任选一种。

3）工具准备：施工所用工具有长柄滚刷、油漆刷、长柄毛刷（短毛组合宽排刷：毛宽600mm，高30mm，厚20mm）、小料桶、开刀、剪刀、铁勺、扫帚、高压吹风机、铁锹、铁抹子、小平铲等。

（4）步骤

1）清理找平层。沥青基涂膜防水屋面板、找平层应符合涂膜防水屋面对屋面板找平层的要求。施工前，将找平层清扫干净，低凹部位用掺入水泥质量20%的108胶水泥砂浆或聚醋酸乙烯乳液调制的水泥腻子填充顺平。用高压吹风机将找平层表面的尘土吹净或用墩布将尘土拖净，也可用棉纱将尘土擦净。

2）涂刷冷底子油。将水性石棉沥青防水涂料与水以1∶1（质量比）的比例混合稀释。涂层应薄，覆盖应完全，静置自然干燥。

3）细部构造增强处理。在涂布大面积防水层前，应按细部构造防水做法的要求，对天沟、水落口、变形缝、阴阳角等部位进行一布二涂、二布三涂附加增强处理，下一遍涂层应待前一遍涂层干燥后再涂布。

4）涂布防水层。基层表面冷底子油涂层应呈洁净面层，待附加层涂膜干燥后，即可涂布防水层。水性沥青涂膜防水层可由一布二涂或二布三至四涂构成。

涂刷时，用长柄滚刷蘸满涂料，按先立面后平面的顺序在基层表面满涂第一遍，立面部位可分两次涂刷，第一遍干燥后，再刷第二遍。

第一遍涂层干燥后，即可在涂膜表面按基准线铺贴胎体增强材料。边铺贴，边将涂料倒在胎体材料表面，进行第二遍涂布，第二遍涂层厚薄应均匀，胎体材料铺贴应密实平整，待涂层干燥后，其厚度可达4mm。如此涂刷铺贴，可以一直完成至二布四涂的防水层。总之，在胎体上涂布涂料，应使涂料洇透胎体，覆盖完全，涂层均匀，表面平整，不得有胎体外露现象。

5）涂膜防水层末端收头处理。在屋面的转角及立面的涂层，收头时应薄涂多遍，防止出现流淌和堆积现象。

6）涂刷浅色涂料防护层。即在黑色涂膜防水层表面可涂刷铝基反光隔热涂料，丙烯酸酯浅色罩面涂料或其他装饰涂料等作为涂膜的保护层。涂刷时都应均匀，不得漏涂。

涂刷浅色浆状材料保护层，以质量比，按水性石棉沥青涂料∶石灰膏∶水泥＝3∶1∶0.5的比例混合搅拌成浆状，均匀涂布在防水层表面，固化后即成保护层。可涂刷二遍，以达到更好的效果。亦可随即撒布过筛的细砂，构成复合保护层。

铺撒散料保护层，将水性石棉沥青防水涂料加适量的水搅拌均匀，在涂膜防水层上薄涂一遍已拌匀的稀释涂料，随即撒铺细砂、云母或蛭石，轻轻扫平，次日扫去未粘住部分。

以上三种不上人屋面的保护层作法，可根据要求任选一种。

（5）注意事项　水性石棉沥青防水涂料严禁在雨天、雪天施工；五级风及其以上时或预计涂膜固化前要下雨时不得施工；气温低于10℃或高于35℃时不宜施工。

（6）讨论　水性石棉沥青防水涂料施工对基层含水率有没有要求？

课题3　刚性防水屋面

刚性防水屋面是用刚性混凝土板块或由刚性板块与柔性接头材料复合而成的防水屋面。

2.3.1　刚性防水层的原材料

1. 水泥

防水层的细石混凝土宜用普通硅酸盐水泥；当采用矿渣硅酸盐水泥时应采取减少泌水性的措施；水泥强度等级不宜低于32.5级，并不得使用火山灰质水泥。

2. 石子

石子的最大粒径不宜超过15mm，含泥量不应大于1%。

3. 砂子

细集料应采用中砂或粗砂，含泥量不应大于2%。

4. 拌和用水

应用不含有害物质的洁净水。

5. 金属材料

防水层内配置的钢筋宜采用冷拔低碳钢丝，目的是为了提高混凝土的抗裂度和限制裂缝的宽度。

6. 外加剂

在刚性防水层的混凝土或砂浆中掺用外加剂，可提高和易性，有利于施工操作，还可以增强混凝土的密实度，提高混凝土的抗渗性能。

7. 密封材料

采用弹性或弹塑性材料，材料质量应符合产品的质量标准及设计要求。

8. 块体

块体是块体防水层的防水主体，块体应无裂纹、无石灰颗粒、无灰浆泥面、无缺棱掉角，质地密实，表面平整。

2.3.2 刚性防水屋面的分类及适用范围

1. 普通细石防水混凝土

适用于Ⅲ级屋面防水或Ⅰ、Ⅱ级屋面中的一道防水层，不适用于设有松散材料保温层及受较大振动或冲击的屋面及坡度大于15%的建筑屋面。

2. 补偿收缩混凝土防水层

适用于Ⅲ级屋面防水或Ⅰ、Ⅱ级屋面中的一道防水层，不适用于设有松散材料保温层及较大振动或冲击的屋面及坡度大于15%的建筑屋面。

3. 块体刚性防水层

可用于屋面防水等级为Ⅲ级的建筑及无振动的工业建筑和小跨度建筑，不适用于Ⅰ、Ⅱ级屋面防水及屋面刚度小或有振动的厂房以及大跨度的建筑。

4. 预应力混凝土防水层

适用于屋面防水等级为Ⅲ级的建筑或Ⅰ、Ⅱ级屋面中的一道防水层。

5. 钢纤维混凝土防水层

使用时间短，还处于研究、试点、推广阶段，有良好的发展前景。

6. 外加剂防水混凝土防水层

适用于Ⅲ级屋面防水或Ⅰ、Ⅱ级屋面中的一道防水层，不适用于设有松散保温层及受较大振动或冲击的屋面及坡度大于15%的建筑屋面。

7. 粉状憎水材料防水层

适用于坡度不大于10%的一般民用建筑或用作刚性防水层的隔离层以及多道设防中的一道防水层。

8. 白灰炉渣屋面

一般用于村镇建筑的平屋顶。

2.3.3　刚性防水屋面的施工

1. 施工准备

(1) 材料准备

1) 混凝土材料。按设计要求备齐水泥、砂、石子及外加剂等。现浇细石混凝土防水层应按水灰比不大于0.55、水泥用量不小于330kg/m^3、砂率35%～40%、灰砂比1∶2～1∶2.5（质量比）的原则备料，外加剂按使用说明书推荐参考用量的上限值备料。各种材料应按工程需要用量一次备足，保证混凝土连续一次浇捣完成。

2) 钢筋。按设计要求，如设计无特殊要求时，可采用乙级冷拔低碳钢丝，直径4mm，钢丝使用前应调直。

3) 嵌缝材料。宜采用改性沥青基密封材料或合成高分子密封材料，也可采用其他油膏或胶泥。北方地区应选用抗冻性较好的嵌缝材料。

4) 当防水层采用块体或粉状材料时，亦应按工程一次备足各种材料，以保证防水层连续施工。

5) 进场的各种材料除检查出厂质量证明文件外，还应抽样复验其物理技术性能，要求材料的规格、外观质量和物理技术性能必须符合设计要求。

(2) 现场条件准备

1) 现场堆放场地应选择能遮挡雨雪、无热源的仓库，并按材料品种分别堆放。

2) 对易燃材料应挂牌标识，严禁烟火。

3) 现浇结构层混凝土振捣压平后，待终凝前用铁抹子抹平，以便于隔离层施工。

4) 预应力混凝土预制屋面板的安装应符合施工要求，牢靠稳固，不得有松动现象，板缝大小一致，相邻板面高差不大于10mm，如高差较大时应用1∶2.5（质量比）水泥砂浆局部找平。板缝清理干净并洒水充分湿润，随即用细石混凝土灌缝并插捣密实，有条件时灌缝细石混凝土易掺微膨胀剂，以提高整体刚度，灌缝高度与板面平齐，板底应用板条填缝，不得用废泥浆纸袋、编织袋、碎砖等填缝底。

5) 伸出屋面的各种管道、预埋件等安装就位、埋设要妥当。高低跨屋面的建筑或屋面上设备间的结构及装饰施工等，都必须在防水层施工前进行。

6) 所有施工用的机械设备已经试运转正常，能够投入使用。

7) 掌握天气预报，24h内气温不低于+5℃，否则应采取冬期施工技术措施，亦应不宜高于32℃，36h内无雨，施工期间无五级及其以上大风。

2. 刚性防水屋面各层次施工

(1) 各层次基本要求

1) 刚性防水屋面的结构层宜为整体现浇混凝土。当采用整体预制混凝土屋面板时，应用细石混凝土灌缝，其强度等级不应小于C20，并宜掺微膨胀剂。当屋面板板缝宽度大于40mm或上窄下宽时，板缝内应设置构造钢筋，灌缝宽度与板面平齐，板端缝应进行密封处理。

2) 细石混凝土防水层与基层之间宜设隔离层，隔离层可采用纸筋灰、低强度等级砂浆、干铺卷材等。

3) 普通细石混凝土和补偿收缩混凝土防水层应设置分隔缝，其纵横间距不宜大于6m，分隔缝内应嵌填密封材料。

4）刚性防水屋面的坡度宜为2%～3%，并应采用结构找坡。细石混凝土防水层的厚度不应小于40mm，并应配置直径为ϕ4～6mm，间距为100～200mm的双向钢筋网片（宜采用冷拔低碳钢丝）。钢筋网片在分隔缝处应断开，其保护层厚度不应小于10mm。

（2）结构层施工要求

1）现浇整体钢筋混凝土屋面基层表面平整、坚实，局部不平处用1∶2.5（质量比）水泥砂浆或聚合物水泥浆填平抹实。

2）刚性防水层的排水坡度一般应为2%～3%，宜采用结构找平。如采用建筑找平，找坡材料应用水泥砂浆或轻质砂浆，以减轻屋面荷载。

3）装配式屋面板安装就位后，先将板缝内残渣剔除，再用高压水冲洗干净。对较宽的板缝，灌缝时宜用板条托底，如图2-24所示。灌缝材料可用细石混凝土，也可用细石混凝土与其他防水材料组成第一道防水线，不得用草纸、纸袋、木块、碎砖、垃圾等物填塞。

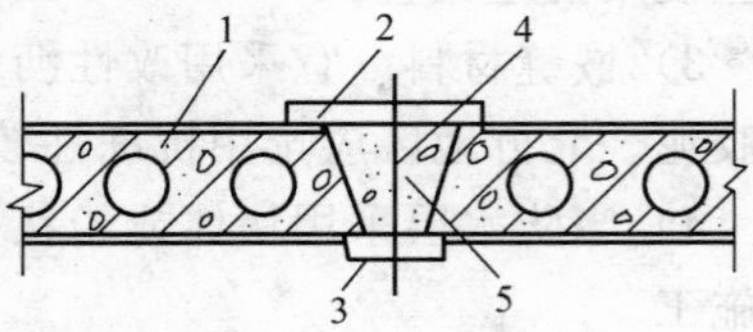

图2-24 预制板缝托底板条

1—预制板 2—木方 3—托底板条 4—铁丝 5—灌缝混凝土

（3）细部节点处理 有室内伸出屋面的水管、通风道、排气管等的安装，屋面上部设备的基础、高低跨屋面的高跨建筑或屋面上设备间的结构及装修施工等，都必须在防水层施工前进行。

3. 混凝土刚性防水层施工

（1）普通细石混凝土刚性防水层施工 由细石混凝土或掺入减水剂、防水剂等非膨胀性外加剂的细石混凝土浇筑成的防水混凝土统称之为普通细石混凝土防水层。用于屋面时，称之为普通细石混凝土防水屋面。

1）工艺流程。如图2-25所示。

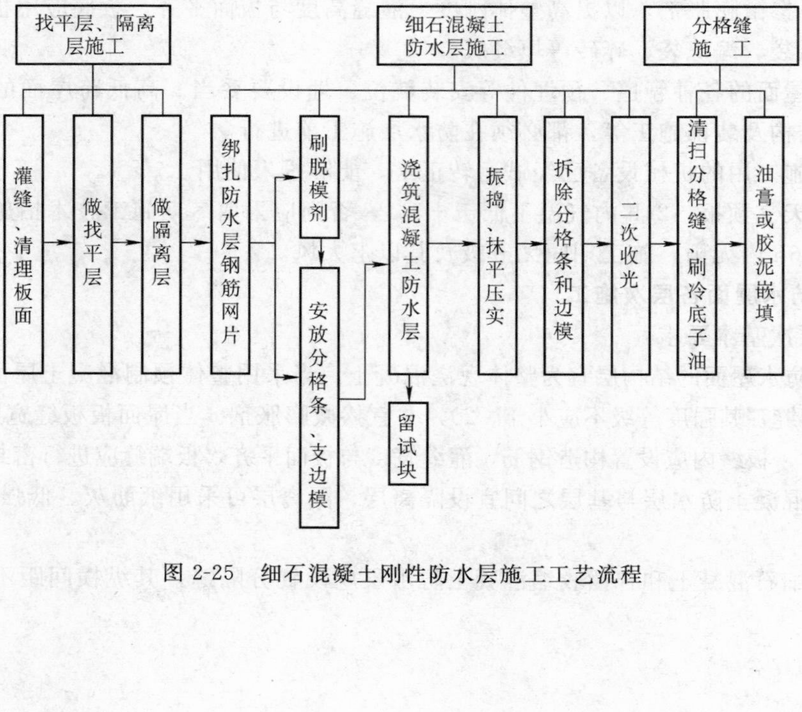

图2-25 细石混凝土刚性防水层施工工艺流程

2）找平层、隔离层施工。由于温差、干缩、荷载作用等因素，结构层会发生变形、开裂而导致防水层产生裂缝。因此，在防水层和基层间应设置隔离层，使两层之间不粘结，防水层可以自由伸缩，减少结构层变形对防水层的不利影响。

① 粘土砂浆或灰砂浆找平层、隔离层。

a. 粘土砂浆配合比为：石灰膏∶砂∶粘土＝1∶2.4∶3.6（质量比），白灰砂浆配合比为：石灰膏∶砂＝1∶4（质量比）。

b. 砂浆铺抹前，将板面清扫干净，洒水湿润，但不得积水，然后铺抹粘涂砂浆或白灰砂浆层，厚度一般为20mm，要求厚度一致，抹平压光并养护。

c. 待砂浆层基本干燥并有一定强度（手压无痕）后，方可进行防水层施工。

② 水泥砂浆找平层与毡砂隔离层。

a. 清扫板面并洒水湿润，但不得积水。

b. 铺设1∶3水泥砂浆找平层，厚度15～20mm，压实抹光并养护。

c. 待水泥砂浆干燥后，上铺经筛分的干砂一层，厚度4～8mm，铺开刮平，用50kg的滚筒来回滚压几遍，将砂压实。

d. 砂垫层上再铺油毡一层，油毡接缝处用热沥青粘合，形成平整的粘面。沥青厚度应均匀，不得成坨。

e. 对现浇钢筋混凝土层面，当表面较平整时，可不作水泥砂浆找平层，而直接铺砂垫层。

③ 石灰砂浆找平层及纸筋灰（或麻刀灰）隔离层。

a. 石灰砂浆配合比为：石灰膏∶砂＝1∶3（质量比），搅拌成干稠状，铺抹20mm厚，压实抹光并养护。

b. 防水层施工前1～2d，将纸筋灰或麻刀灰均匀地抹在找平层上，厚度一般为2～3mm，抹平压光。

c. 待纸筋灰或麻刀灰基本干燥后，即进行防水层施工。

④ 油毡隔离层。

a. 1∶3水泥砂浆找平层，厚15～20mm，压实抹光。

b. 找平层干燥后，直接干铺一层油毡做隔离层，用沥青和防水胶粘牢，表面涂刷两道石灰水和一道掺加10％水泥（质量分数）的石灰浆。

c. 防止油毡在夏季高温时流淌，避免沥青浸入防水层底面而粘牢，影响隔离效果。

⑤ 纸筋灰（或麻刀灰）找平隔离层。

a. 纸筋灰或麻刀灰应在防水层施工前1～2d施工，厚度一般为10～20mm。

b. 找平隔离层厚度应均匀一致，压实抹光，待其基本干燥后即应进行防水层施工，以免纸筋灰、麻刀灰遇水被冲走。

⑥ 水泥砂浆找平层与毡砂隔离层。

a. 清扫板面并洒水湿润，但不得积水。

b. 铺设1∶3（质量比）水泥砂浆找平层，厚度15～20mm，压实抹光并养护。

c. 待水泥砂浆干燥后，上铺经筛分的干砂一层，厚度4～8mm，铺开刮平，用50kg的滚筒来回压几遍，将砂压实。

d. 然后再铺油毡一层，油毡接缝处用热沥青粘合，形成平整的粘合面。

e. 沥青厚度应均匀，不得成坨。

⑦ 水泥砂浆找平层上铺薄膜隔离层。

a. 清理板面，用 1∶3（质量比）水泥砂浆作找平层，并加强养护。

b. 待找平层七成干后，在上面铺设事先准备好的整体聚乙烯薄膜隔离层。薄膜用宽 2m、厚 0.14～0.15mm 的透明料。

c. 薄膜顺落水方向拼缝，要用电热压拼缝，压缝可设 2～3 道，拼缝处薄膜搭接宽度 30～50mm。薄膜应一直铺到圈梁外边缘。

3）防水层施工。

① 绑扎钢筋网片。

a. 钢筋（或钢丝）要调直，不得有弯曲、锈蚀和油污。

b. 钢筋网片可绑扎或点焊成型，绑扎钢筋端头应做弯钩，搭接长度必须大于 30 倍钢筋直径，冷拔低碳钢丝的搭接长度必须大于 250mm。绑扎网片的铁丝应弯到主筋下，防止丝头露出混凝土表面引起锈蚀，形成渗漏点。焊接成型时搭接长度不应小于 25 倍钢筋直径。同一截面内，钢筋接头不得超过钢筋面积的 1/4。

c. 钢筋网片的位置应处于防水层的中偏上，但保护层厚度不应小于 15mm。

d. 分隔缝处钢筋应断开，使防水层在该处能自由伸缩。

e. 钢筋直径、间距应满足设计要求，当设计无明确要求时，可采用 $\phi^{b}4$@150～200。

为保证钢筋位置准确，可先在隔离层上满铺钢筋，然后绑扎成型，再按分格缝位置剪切断并弯钩。

② 浇筑防水层混凝土。混凝土搅拌时应按设计配合比投料，原材料必须称量准确。运送混凝土的器具应严密，不得漏浆，运送过程中应防止混凝土分层离析，料车不能直接在找平层、隔离层和已绑扎好的钢筋网片上行走。

混凝土的浇捣应按先远后近、先高后低的顺序，逐个分格进行。一个分格缝内的混凝土必须一次浇捣完成，严禁留施工缝。

手推车内混凝土应先倒在铁板上，再用铁锹铺设，不能直接往隔离层上倾倒。如用浇灌斗吊运时，倾倒高度不应高于 1m，且宜分散倒于屋面，不能过于集中。

混凝土铺设前应先标出浇筑厚度，再用靠尺刮铺平整，保证防水层的厚度一致。铺设时边铺边提钢筋网片，使其处于正确位置，不得贴靠屋面或有露筋现象。盖缝式分格缝上部的反口直立部分和屋面泛水也应和防水块同时浇筑，不留施工缝。

混凝土从搅拌出料至浇筑完成的时间间隔时间不宜超过 2h。

③ 混凝土振捣、收光和养护。

a. 细石混凝土防水层宜用高频平板振捣器振倒，捣实后再用 40～50kg，长 600mm 左右的铁滚筒十字交叉地来回滚压 5～6 遍至混凝土密实，使表面泛浆为止。

b. 混凝土振捣、滚压泛浆后，按设计厚度要求用木抹抹平压实，使表面平整。在浇捣过程中，用 2m 直尺随时检查，并把表面刮平。

c. 待混凝土收水初凝后，用铁抹子进行第一次抹光，并用水泥砂浆修整分格缝，使之平直整齐。

d. 终凝前进行第二次抹光，使混凝土表面平整、光滑、无抹痕。抹光时不得在表面洒水、洒干水泥或加水泥浆。必要时还应进行第三次抹光。

e. 混凝土终凝（一般在浇筑后12～14h）后，必须立即进行养护。一般可采用覆盖草袋、草帘、锯末等再浇水养护或涂刷养护剂，有条件时采用蓄水养护，蓄水深度50mm左右。养护时间不少于14d，养护期间禁止上人踩踏。

4）分格缝施工。分格缝的嵌填应待防水层混凝土干燥并达到设计强度后进行，其作法大致有盖缝式、灌缝式和嵌缝式三种。其中盖缝式只适用于屋脊分格缝和顺水流方向的分格缝。分隔缝施工步骤如下：

① 浇筑防水层时，分格缝两侧做成高出防水表面约120～150mm的直立反口。

② 防水层混凝土硬化后，用清缝机或钢丝刷清理分格缝内的浮砂、尘土等物，再用吹尘器吹干净。

③ 缝内用沥青砂浆或水泥砂浆填实。

④ 用粘土盖瓦盖缝。盖瓦只能单边用水泥纸筋灰填实，不能两边填实，以免盖瓦粘结过牢，使防水层当热胀冷缩时被拉裂。盖瓦应从下而上进行，每片瓦搭接尺寸不少于30mm，檐口处伸出亦不少于30mm。

当反口高度较低时，可在反口顶部坐灰，使盖瓦离开防水层表面一定距离。

灌缝和嵌缝施工参见密封防水施工部分。

（2）现浇混凝土防水层施工

1）工艺流程如图2-26所示。

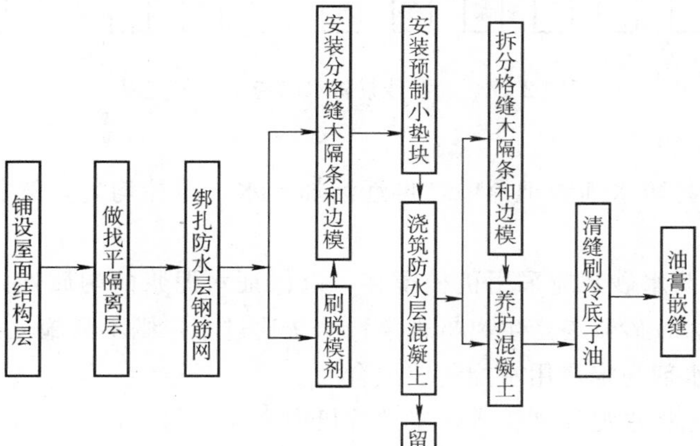

图2-26　现浇混凝土防水层施工工艺流程

2）浇筑混凝土前，应将隔离层表面浮渣、杂物清除干净，检查其平整度和排水坡度，标出混凝土浇筑厚度，厚度不宜小于40mm。

3）混凝土浇筑应按先远后近、先高后低的原则进行。在一个分隔缝范围内的混凝土，必须一次浇筑完成，不得留施工缝。

4）混凝土宜用机械振捣，捣实后再用滚筒（40～50kg，长600mm左右）来回滚压，直至表面泛浆，泛浆后按设计厚度和坡度要求压实。铺设、振捣、滚压时，要确保钢筋位置的准确。

5）屋面泛水应严格按照设计要求施工，如设计无明确要求时，墙体迎水面的泛水高度应不小于24cm，非迎水面可适当低些，以不小于18cm为宜；通气管等迎水面不小于15cm，非迎水面不小于12cm。

6）混凝土初凝后，取出分格缝隔板，用铁抹子第二次压实抹光，并用水泥砂浆修补分格缝边缘的缺损部分，做到表面平整，不起砂。抹压时不得采用洒干水泥或干砂浆的方法。

7）混凝土防水层应避免在高温烈日下进行，施工适宜气温为5～35℃。

8）混凝土终凝后，必须立即进行湿养护，养护至少14d，养护期间严禁上人。

4. 水泥砂浆防水层施工

水泥砂浆防水分普通水泥砂浆防水和聚合物水泥砂浆防水两类。

（1）普通水泥砂浆防水层施工

1）施工工艺流程。普通水泥砂浆防水层的施工工艺流程如图2-27所示。

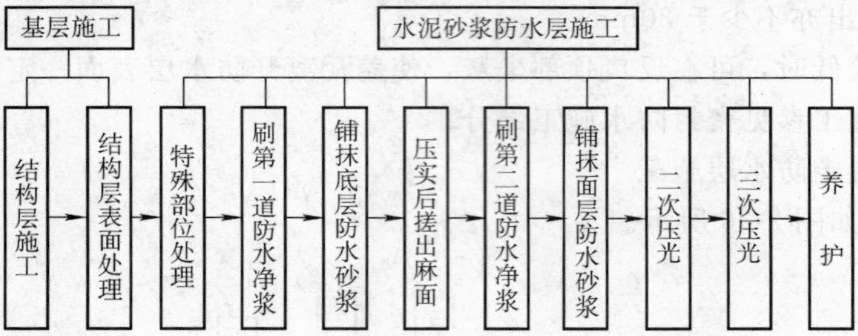

图2-27　水泥砂浆防水层施工工艺流程

2）砂浆的制备。

① 防水净浆：将防水剂置于桶中，再逐渐加入水，搅拌均匀，然后加入水泥，反复拌匀。

② 防水砂浆：防水砂浆应采用机械搅拌，以保证水泥浆的匀质性。拌制时要严格掌握水灰比，水灰比过大，砂浆易产生离析现象；水灰比过小，则不易施工。

施工时应将防水剂与定量用水配制成混合液。

拌制砂浆时，先将水泥和砂投入砂浆搅拌机内干拌均匀（色泽一致），然后加入混合液，搅拌1～2min即可。

每次拌制的防水净浆和防水砂浆应在初凝前用完。

3）防水层施工。

① 结构层施工。结构层宜采用现浇钢筋混凝土结构。当设计为预制板时，板缝必须用C20以上细石混凝土嵌填密实，并适当配筋，板端应留设分格缝，并嵌填密实材料。

② 板面处理。板面有凹凸不平或蜂窝麻面孔洞时，应先用比结构混凝土高一强度等级的混凝土或水泥砂浆填平或修补，表面疏松的石子、浮渣等应先清除干净，以保证防水层和基层牢固结合。

③ 特殊部位处理。

a. 天沟、檐口及女儿墙泛水等处的阴阳角均应做成圆弧。阳角半径一般为10mm，阴角半径一般为50mm。

b. 穿过防水层的管道周围应剔成深30mm、宽20mm左右的沟槽，并把埋入基层部位的管道表面铁锈清除干净，然后用水冲洗沟槽，用布擦去积水，随即用防水砂浆修补填平。

④ 刷第一道防水净浆。

a. 水泥净浆涂抹厚度为1～2mm。

b. 如基层为现浇钢筋混凝土，最好在混凝土收水后随即施工。否则应在混凝土终凝前用硬钢丝刷刷去表面浮浆，并将表面扫毛。铺设前先将表面清理干净并浇水冲洗。

c. 若基层为预制板，铺抹前应先冲洗干净、充分湿润，但不得积水。

d. 水泥砂浆涂刷要均匀，不得漏底或滞留过多。

⑤ 铺抹底层防水砂浆。涂刷第一道防水净浆后，即可铺抹底层砂浆。

a. 底层砂浆分两遍铺抹，每遍厚5～7mm。

b. 抹头遍时，砂浆刮平后应用力抹压，使之与基层结构成整体，在终凝前用木抹子均匀搓成毛面。

c. 头遍砂浆阴干后抹第二遍，第二遍也应抹实搓毛。

⑥ 刷第二道防水净浆。底层砂浆硬结（12h）后，涂刷第二道防水净浆，厚1～2mm，均匀涂刷。

⑦ 铺抹面层防水砂浆、压实抹光。

a. 面层防水砂浆亦分两遍抹压，每遍厚5～7mm。头遍砂浆应压实、搓毛。

b. 头遍砂浆阴干后再抹第二遍，用刮尺刮平后，紧接着用铁抹子拍实、搓平、压光。

c. 砂浆开始初凝时用铁抹子进行第二次压实压光。

d. 砂浆终凝前进行第三遍压光。

⑧ 养护。在砂浆终凝后8～12h，表面呈灰白色时即可开始养护。养护方式可采用覆盖草帘、锯末等淋水养护，养护初期宜用喷壶洒水，防止冲坏砂浆。有条件时宜采用蓄水养护。养护时间不少于14d，养护时环境温度不应低于5℃。

（2）聚合物水泥砂浆防水层施工（以有机硅防水砂浆为例）

1）有机硅防水砂浆制备。

① 材料要求：水泥采用32.5级普通硅酸盐水泥，砂子采用颗粒坚硬、表面粗糙、洁净的中砂，有机硅防水剂采用相对密度1.21～1.25、pH值为12，水采用一般饮用水。

② 砂浆制备：用防水剂与水混合均匀制成硅水，将水泥、砂干拌均匀后，加入硅水拌匀即可。

2）防水层施工。

① 清理基层：排除积水，将表面的油污、浮土、泥浆清理干净，并用水冲洗干净。表面如果有裂缝、掉角、凹凸不平时，应先用水泥砂浆或108胶聚合物水泥浆进行修补。

② 抹结合层净浆：在基层上抹厚2～3mm有机硅水泥净浆作为结合层，待初凝后进行下道工序。

③ 铺抹底层砂浆：底层砂浆厚度10mm，用木抹子抹平压实，初凝时戳成麻面。

④ 铺抹面层砂浆：厚度约 10mm，初凝时赶光压实，戳成麻面待做保护层。

⑤ 做保护层：抹不掺防水剂的砂浆厚 2～3mm，表面压实收光，不留抹痕。

⑥ 养护：按正常方法养护，养护时间 14d。

2.3.4 刚性防水屋面的质量标准、成品保护与安全环保措施

1. 质量标准

(1) 细石混凝土刚性防水层

1) 检查数量：按屋面面积每 100m^2 抽查一次，每处 10m^2，每一层面不应少于 3 处。

2) 主控项目。

① 所使用的原材料、外加剂、混凝土配合比及防水性能，必须符合设计要求和规程的规定。采用检查产品的出厂合格证、混凝土配合比和试验报告等方法进行检查。

② 钢筋的品种、规格、位置及保护层厚度，必须符合设计要求和规程规定。采用检查钢筋隐蔽验收记录和观察检查等方法进行检查。

③ 防水层完工后严禁有渗漏现象。可采用蓄水高 30～100mm，持续 24h 观察的方法进行检查。

3) 一般项目。

① 细石混凝土防水层的坡度，必须符合排水要求，不积水，可用坡度尺检查或浇水观察。

② 细石混凝土防水层的外观质量应厚度一致、表面平整、压实抹光、无裂缝、起壳、起砂等缺陷。

③ 泛水、檐口、分格缝及溢水口标高等做法应符合设计和规程规定；泛水、檐口做法正确，分格缝的设置位置和间距符合要求，分格缝和檐口平直，溢水口标高正确；可检查隐蔽工程验收记录及观察检查。

4) 实测项目。

细石混凝土屋面的允许偏差应符合表 2-20 要求。

表 2-20 细石混凝土屋面的允许偏差

项 目	允许偏差/mm	检 验 方 法
平整度	±5	用 2m 直尺和楔形塞尺检查
分格缝位置	±20	尺量检查
泛水高度	≥120	尺量检查

(2) 密封材料

1) 检查数量：按每 50m 检查一处，每处 5m 且不少于 3 处。

2) 主控项目。

① 密封材料的质量必须符合设计要求。可采用检查产品的合格证、配合比和现场抽样复验的方法进行检查。

② 密封材料嵌填必须密实、连续、饱满，粘结牢固，无气泡、开裂、鼓泡、下塌或脱落等缺陷；厚度符合设计和规程要求。

③ 嵌填的密封材料表面应平滑，缝边应顺直，无凹凸不平现象。

3）一般项目。

① 密封材料嵌缝的板缝基层应表面平整密实，无松动、露筋、起砂等缺陷，干燥干净，并涂刷基层处理剂。

② 嵌缝后的保护层粘结牢固，覆盖严密，保护层盖过嵌缝两边各不少于 20mm。

4）实测项目。密封防水接缝宽度的允许偏差为±10%，接缝深度为宽度的 0.5～0.7 倍。

2. 成品保护

1）刚性防水层混凝土浇筑完，应按要求进行养护，养护期间不准上人，其他工种不得进入，养护期过后也要注意成品保护。分格缝填塞时，注意不要污染屋面。

2）雨水口等部位安装临时堵头要保护好，以防灌入杂物，造成堵塞。

3）不得在已完成屋面上拌合砂浆及堆放杂物。

3. 安全环保措施

1）屋面四周无女儿墙处按要求搭设防护栏或防护脚手架。

2）浇筑混凝土时混凝土不得集中堆放。

3）水泥、砂、石、混凝土等材料运输过程不得随处遗洒，应及时清扫撒落的材料，保持现场环境整洁。

4）混凝土振捣器使用前必须经电工检验确认合格后方可使用。开关箱必须装设漏电保护器，插头应完好无损，电源线不得破皮漏电，操作者必须穿绝缘鞋（胶鞋）、戴绝缘手套。

[能力训练]

训练项目 细石混凝土防水层的施工

(1) 目的 掌握细石混凝土防水层的施工工艺，掌握钢筋绑扎的基本技能，学会混凝土施工机具的使用方法。

(2) 能力及标准要求 要求具有识读工程施工图的能力，具有钢筋绑扎工具的使用能力，具有混凝土配合比计算、搅拌、浇筑能力，达到初级技工的技术标准。

(3) 准备

1）在实习车间砌一间简易砖混房屋。

2）看施工图了解该刚性防水屋面的构造要求，如混凝土强度、钢筋规格及网格间距、选用油膏、分格缝大小、是否找坡、隔离层做法。做好操作要求和关键问题的技术交底。

3）检查基层是否符合要求，板缝处理，节点处理是否符合质量要求。

4）材料准备。分格条板的制作，钢筋（$\phi4$～$\phi6$ 冷拔低碳钢丝）进行下料，有条件的可以点焊成网片，外加剂准备进料，砂浆垫块，其他如水泥、砂、石进料、嵌缝密封材料的置备等。

5）施工机具设备的配置。如搅拌机，计量器具、小型平板振动器、滚筒（40～50kg，长 600mm 左右）、铁压板（250mm×300mm）自制），还有操作用的一些其他工具。

(4) 步骤 施工准备→做找平层的隔离层→支撑分格条周边模板→安放已刷隔离剂的分格条板→绑扎钢筋网片→浇防水层细石混凝土厚 30mm→放置网片→再浇面层细石混凝土厚

10mm 支撑模板并与分格条上口平（同时做试块）→压光混凝土二次（初凝）→晾干→取出分格条→覆盖养护（天天浇水，至少 14d）→清理分格缝及刷粘结处理剂→嵌油膏→缝上加防水层→清扫屋面完成施工。

1）清理基层。待屋面板接缝部位浇灌的细石混凝土达到强度要求后，即可将屋面板表面的砂浆疙瘩、浮渣、杂物等清除干净，要求基层光洁。

2）铺设隔离层。用纸筋灰、麻刀灰、低强度等级砂浆及低档油毡卷材，薄膜平铺于基层作为隔离层，不得留有空白处。隔离层表面必须抹压平整，坡度应符合设计要求。隔离层铺设后，必须待其干燥硬结后才能浇筑刚性防水层。也可在屋面找平层的基层上空铺一层油毡或厚 0.25～0.40mm 的聚乙烯薄膜作隔离层。

3）绑扎钢筋网。根据设计要求布置和绑扎钢筋网。对于上人屋面，可采用 ϕ5mm～ϕ6mm 冷拔低碳钢丝，间距 100～150mm，双向布筋；对于非上人屋面，可采用 ϕ4mm～ϕ5mm 冷拔低碳钢丝，间距 200mm×200mm 双向布筋。钢筋的连接可采用绑扎连接。绑扎时搭接长度必须大于 30 倍钢筋直径，且不小于 250mm，其绑扎扣的铁丝尾部要向下，切不可露出表面。同一截面内，接头不得超过钢筋断面积的 1/4。分格缝处的钢筋应切断，切断位置应准确。其安放位置以居中偏上为宜，可用砂浆垫块定位，也可以先浇一层厚 25～30mm 的混凝土放置钢筋网，再继续浇筑厚 10～15mm 的细石混凝土面层。

4）浇筑混凝土。混凝土的浇筑应按先远后近、先高后低的顺序进行。每个分格板块内的混凝土应一次浇筑完成，混凝土宜采用平板式振捣器振捣密实，再用滚筒来回滚压，直至表面出现浮浆，随后抹平压实。抹压时，应随抹随取出分格缝木条及凹槽木条，取时不能崩掉混凝土棱角，如不能及时取出，则要等养护结束干燥几天，待分格条收缩后取出。

5）养护。混凝土浇筑 12～24h 后进行养护，表面呈灰白色时进行养护较为适宜。养护时间不少于 14d。养护初期屋面不得上人。养护时可覆盖湿草帘、湿锯末并及时洒水。气温低于 5℃时，应采用蓄热保温养护，必要时进行增温养护。

6）细部构造防水处理。养护结束，即可对檐沟、女儿墙、变形缝、管道根部等细部构造部位按刚性防水屋面的细部构作法作收头处理。

7）分格缝及凹槽防水处理。分格缝及凹槽的防水处理可按清理分格峰、填塞背衬材料、涂刷基层处理剂、嵌填密封材料和铺贴盖缝卷材等步骤进行施工。

（5）注意事项

1）刚性防水层施工气温宜为 5～35℃，应避免在负温度或烈日暴晒下施工。温度过低，强度增长缓慢，在负温下施工，容易受冻；温度过高，水分蒸发很快，易出现干缩裂缝。

2）屋面刚性防水层的施工必须在房屋沉降基本稳定后，且在屋面板缝浇筑好一个月后进行；对于穿过防水层的管道，管线或需要安装天线、爬梯等设施的屋面，应事先预留或事先一次安装就位，其位置要准确，安装要牢固，并在其周围按设计要求嵌填密封材料，严禁在混凝土防水层施工完毕后再开凿孔洞，人为地破坏防水层。

（6）讨论

1）细石混凝土防水层中设置钢筋网片的目的是什么？

2）在混凝土中可否加入防水剂？

课题4　瓦材防水屋面

2.4.1　瓦材的分类及适用范围

1. 瓦材的分类

瓦材是建筑的传统屋面防水工程所采用的防水材料。它包括平瓦、波形瓦和压型钢板等，如图2-28所示。

- 瓦材
  - 平瓦
    - 粘土平瓦及其脊瓦
    - 水泥平瓦及其脊瓦
  - 油毡瓦
  - 波形瓦
    - 石棉水泥波形瓦
      - 普通石棉水泥波瓦
      - 钢丝网石棉水泥波瓦
    - 纤维水泥波形瓦
    - 玻璃钢波形瓦
      - 全透明波瓦
      - 半透明波瓦
    - 塑料波形瓦
      - 红泥塑胶彩色波瓦
      - 聚乙烯塑料波瓦
      - 聚丙烯塑料波瓦
  - 压型钢板
    - 波形、平板形镀锌薄钢板
    - 带肋镀铝锌钢板、铅板

图2-28　瓦材的分类

2. 瓦材防水屋面的适用范围

1）平瓦屋面适用于防水等级为Ⅱ级、Ⅲ级、Ⅳ级，屋面坡度为20%～50%的屋面防水，它可铺设于木基层或钢筋混凝土基层上。广泛应用于农村住宅建筑、别墅仓库等民用建筑屋面。

2）油毡瓦屋面适用于防水等级为Ⅲ级、Ⅳ级，屋面坡度不小于20%的屋面防水，它可铺设于木基层或钢筋混凝土基层上。它较多应用于仓库、住宅改建等工程屋面。

3）波形瓦屋面适用于防水等级为Ⅳ级非保温工业厂房、库棚和临时性建筑的屋面防水，它可直接铺设于檩条上。

4）压型钢板屋面适用于防水等级为Ⅱ级的保温层或非保温工业厂房、库棚、展览馆、体育馆以及施工房、售货亭等移动式、组合式活动房。它可直接铺设于檩条上。

5）在大风或地震区，应采取措施使瓦与屋面基层固定牢固，以防瓦被风刮起或受震脱落。

6）瓦屋面完工后，应避免屋面受物体冲击，严禁任意上人或堆放物件。

2.4.2 瓦材屋面的材料及质量要求

1. 平瓦

平瓦的种类繁多，主要为粘土平瓦、水泥平瓦，其他有各地就地取材生产的水泥炉渣平瓦、炉渣平瓦、煤矸石平瓦、硅酸盐平瓦等。

2. 油毡瓦

油毡瓦是以玻璃嵌维毡为胎基，经浸涂石油沥青后，一面覆盖彩色矿物粒料，另一面洒以隔离材料所制成的瓦状屋面防水片材。

3. 波形瓦

（1）石棉水泥波形瓦　分普通石棉水泥波形瓦和钢丝网石棉水泥波形瓦，前者适用于一般屋面，后者用于高温、振动或防爆屋面。石棉水泥波形瓦及其脊瓦分为大波、中波和小波三种。波形瓦形状如图 2-29 所示。

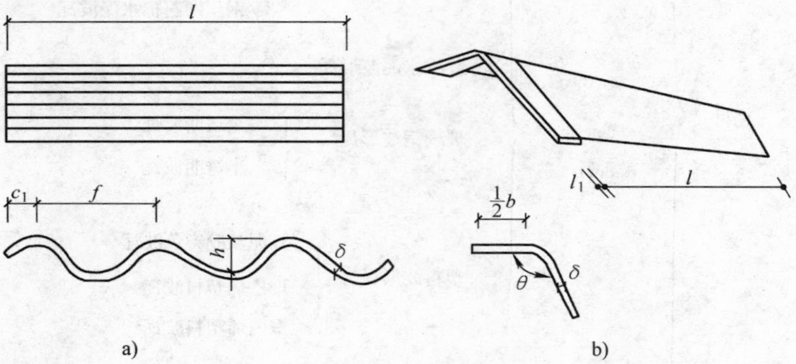

图 2-29　石棉水泥波形瓦及其脊瓦

a）波形瓦　b）脊瓦

l—瓦长　b—瓦宽　δ—瓦厚　l_1—搭接长　f—波距　h—波高　c_1—边距　θ—角度

（2）纤维水泥波形瓦　分直型波瓦、弧形波瓦和半波瓦等，适用于一般屋面。

（3）玻璃钢波形瓦　分全透明波瓦、半透明波瓦两种，适用于有透光要求的屋面。

（4）塑料波形瓦　分红泥塑胶彩色波瓦、聚乙烯塑料波瓦和聚丙烯塑料波瓦等品种，颜色有红、蓝、绿、白等，适用于有彩色要求的屋面。

4. 压型钢板

（1）镀锌平板和波形薄钢板　以镀锌量达 381g/m²，表面呈锌皮结晶的花纹，平洁光滑，无裂纹、绣斑及黑点者为合格。使用时应经风化或涂刷专用底漆（锌磺类或硫化底漆等）后，再涂刷罩面漆两度。

（2）彩色压型钢板　即在镀锌钢板表面上与高速连续化机组上经化学预处理、初涂、精涂等工艺精制而成，板厚 0.5～1.6mm，屋面板常用形式有 W 形、V 形和带肋型，如图 2-30所示。

压型钢板长度可以根据工程需要定制，尽量避免板材搭接。

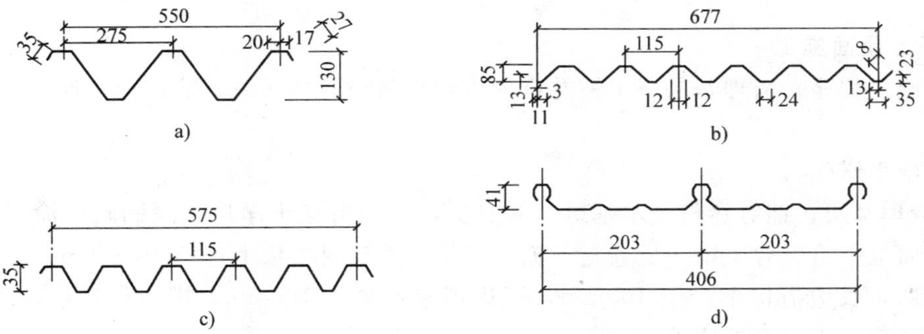

图 2-30 彩色压型钢板截面图

a）W—550 型板 b）V—115N 型板 c）V—115 型板 d）带肋型

（3）彩色压型保温夹心板 即将内外层彩色压型钢板与中间层自熄性硬质聚氨酯泡沫或聚苯乙烯泡沫塑料保温料，通过自动成型机，用高强度胶粘剂将三者粘合，经加压、修边、开槽、落料而成板材。屋面板有效宽度 1000mm，长度根据工程需要定制，一般不大于 12m，在运输、吊装许可条件下大于 12m。

5. 瓦材运输与贮存

1）平瓦及其脊瓦每块均应用草绳花缠包扎；运输时应轻拿轻放，不得抛扔碰撞；存放时应堆垛整齐，侧放紧靠，堆放高度不得超过 5 层，脊瓦呈人字形堆放。

2）油毡瓦应以 21 片为一包装捆；运输时应平放于车厢板上，高度不超过 15 捆，并用雨布遮盖，防止雨淋、日晒和受潮；存放时按不同颜色和不同等级的瓦，分别堆放于库内，库内温度不得高于 45℃，库内保持干燥、通风，严禁接近火源，存放期不应超过 1 年。

3）波形瓦及其脊瓦应用编织袋成叠包装；运输时应轻装轻卸；存放堆场应平整有垫，双张花弧或井字堆垛。脊瓦可侧立平垛堆放。玻璃钢瓦应用草袋等软物垫衬，竖立堆放、严禁横搁。

4）压型钢板应用钢带包装；运输时钢板应置于垫木上，并用绳索固定；搬运装卸宜稳起轻落；存放时场地应平坦、坚实，周边排水通畅，堆放应分层，每隔 3～5m 加设垫木。

5）各种瓦进场后应进行外观检查，并按有关规定进行抽样复验。

6. 瓦材质量要求

1）平瓦及其脊瓦应边缘整齐，表面光洁，不得有分层、裂纹和露砂等缺陷。平瓦的瓦爪与瓦槽的尺寸应配合适当。

2）油毡瓦应边缘整齐、切槽清晰、厚薄均匀；表面应无孔洞、楞伤、裂纹、折皱和气泡等缺陷。

3）波形瓦及其脊瓦应边缘整齐、表面光洁，不得有起层、断裂和掉角等缺陷。

4）压型钢板应边缘整齐、表面光滑、色泽均匀、外形规则，不得有扭曲、脱膜和锈蚀等缺陷。

所有各种瓦和脊瓦的规格、技术性能，均应符合国家现行规范和企业标准的规定。进场后应进行外观检查和抽样复验，其技术性能指标必须全部合格方可使用。

2.4.3 瓦材防水屋面的施工

1. 平瓦屋面施工

(1) 施工程序　清理基层→干铺卷材→钉顺水条→钉挂瓦条→铺瓦→检查验收→淋水试验。

(2) 施工操作

1) 清理基层、铺钉卷材。木基层上的灰尘，杂物清除干净后，涂刷防火涂料两度，干燥后自下而上平行屋脊干铺一层卷材。檐口卷材应盖过封檐板上边口 10～20mm；卷材搭接顺水流方向，长边搭接不少于 100mm，短边搭接不少于 150mm，搭边要钉住，不得翘边；要求铺平铺直，不得有缺边坡洞。

2) 钉顺水条。干铺卷材后用顺水条垂直屋脊方向钉住，间距不大于 500mm，顺水条一般为 25mm×25mm，要求顺水条表面平整。

3) 钉挂瓦条。

① 在顺水条上拉通线钉挂瓦条，其间距应根据瓦的尺寸和屋面坡面的长度经计算确定，粘土平瓦一般间距为 280～330mm。

② 檐口第一根挂瓦条，要保证瓦头出檐（或出封檐板外）50～70mm，上下排平瓦的瓦头和瓦尾的搭扣长度为 50～70mm；屋脊处两个坡面上最上两根挂瓦条，要保证挂瓦后两个瓦尾的间距在搭盖脊瓦时，脊瓦搭接瓦尾的宽度每边不少于 40mm。

③ 挂瓦条截面一般为 30mm×30mm，长度一般不小于三根椽条间距。挂瓦条必须平直，上棱成一直线，接头在椽条上，定制牢固，不得漏钉，接头要错开，同一椽条上不得有三个接头；钉制檐口条或封檐板时，要比挂瓦条高 20～30mm，以保证檐口第一块瓦的平直；钉挂瓦条一般从檐口开始逐步向上至屋脊，钉置时要随时检查挂瓦条的间距尺寸一致。

现浇钢筋混凝土屋面板基层时，在基层找平后，按挂瓦条间距弹出挂瓦条位置线，按 500mm 间距打 1.5 号水泥钉，拉 $\phi4$ 钢筋与水泥钉绑扎，然后嵌引条抹 1∶2.5 水泥砂浆（加 107 胶）做出挂瓦条，挂瓦条每 1.5m 留出 20mm 缝隙，以防胀缩。

现浇钢筋混凝土屋面板基层及砂浆挂瓦条宜涂刷一层防涂料或批抹防水净浆一道，以提高屋面防水能力。

4) 铺瓦。

① 铺瓦前要选瓦。凡缺边、掉角、裂缝、砂眼、翘曲不平、张口缺爪的瓦，不得使用。通过铺瓦预排，山墙或天沟处如有半瓦，应预先锯好。

② 上瓦要自上而下两坡同时对称，严禁单坡上瓦，以防屋架受力不均导致变形。挂瓦宜采用“一步九块瓦”方法。上瓦时九块平瓦整齐捆成一摞，均匀平稳地摆放在屋面上，位置应相互交错。

③ 应从两坡的檐口同时对称开始。每坡屋面从左侧山头向右侧山头推进。屋面端头用半瓦错缝。瓦要与挂瓦条挂牢，瓦爪与瓦槽要搭接紧密，并保证搭接长度。檐口瓦要用镀锌铁丝拴牢于檐口挂瓦条上。当屋面坡度大于 50%、大风和地震地区，每片瓦均需用镀锌铁丝固定于挂瓦条上。瓦搭接要避开主导风向，以防漏水。檐口要铺成一条直线，瓦头挑出檐口长度 50～70mm。天沟处的瓦要根据宽度及斜度弹线锯料，沟边瓦要按设计规定伸出天沟

内 50～70mm。靠近屋脊瓦处的第一排瓦应用水泥石灰砂浆固定牢。但切忌灰浆突出瓦外，以防此处渗漏。整坡瓦面应平整，行列横平竖直，无翘角和张口现象。

④ 脊瓦要在平瓦挂完后拉线铺放。接口须顺主导风向。扣脊瓦要用 1∶2.5 石灰麻刀砂浆铺坐平实，其搭接缝用水泥石灰砂浆嵌填，缝口平直，砂浆严密。铺好的屋脊斜脊表观平直无起伏现象。

⑤ 在泥背或钢筋混凝土基层上铺放平瓦时，前后坡应自下而上同时对称、分别分两层铺抹，待第一层干燥后再抹铺第二层，随抹随铺平瓦。

2. 油毡瓦屋面施工

（1）施工工序　基层清理→铺钉垫毡→铺钉油毡瓦→检查验收→淋水试验。

（2）施工操作

1）油毡瓦铺设对基层的要求。油毡瓦脊层应平整，以保证油毡瓦施工后屋面的平整。不论在木基层上，还是在混凝土基层上，都应先铺一层沥青防水卷材垫毡，从檐口往上用油毡钉；为防止钉帽外露锈蚀而影响固定，钉帽必须盖在油毡下面，垫毡搭接宽度不应小于 50mm，并应顺水接茬。

2）油毡瓦的固定方法。油毡瓦是轻而薄的片状材料，瓦片之间相互搭接点粘。为防止大风将油毡瓦掀起，必须将油毡瓦紧贴基层，以使瓦面平整。油毡瓦在木基层上可用油毡钉固定，在混凝土基层上可用射钉与玛蹄脂粘结固定，如图 2-31 所示。

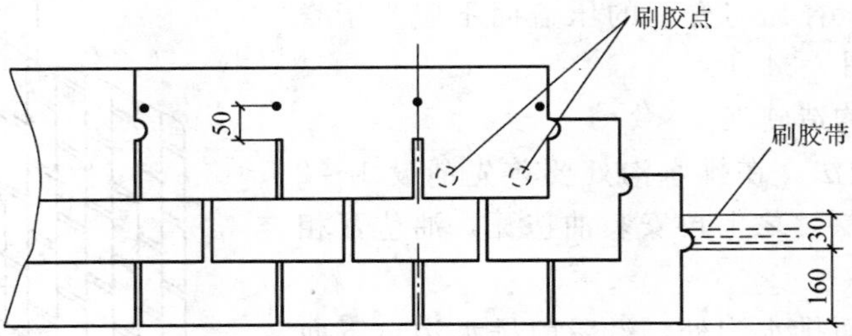

图 2-31　油毡瓦的施工方法

油毡瓦铺设时，在基层上应先铺一层沥青防水卷材垫毡，从檐口往上用油毡钉，钉帽应盖在垫毡下面，垫毡搭接宽度不应小于 50mm。铺设檐口垫层的方法如图 2-32 所示。

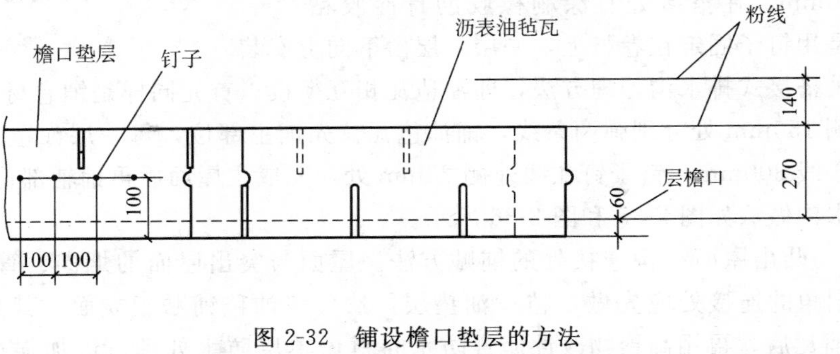

图 2-32　铺设檐口垫层的方法

（3）油毡瓦的铺设方法　油毡瓦应自檐口向上（屋脊）铺设，为防止瓦片错动或因爬水而引起渗漏，应按照层层搭盖的方法进行铺钉。第一层瓦应与檐口平行，切槽必须向上指向屋脊，再用油毡钉固定。第二层油毡瓦应与第一层叠合，但切槽向下指向檐口。第三层油毡瓦应压在第二层上，并露出切槽 125mm。油毡瓦之间的对缝上下层不应重合。

每片油毡瓦不应少于 4 个钉，当屋面坡度大于 50%时，应增加油毡钉固定。钉法如图 2-33 所示。

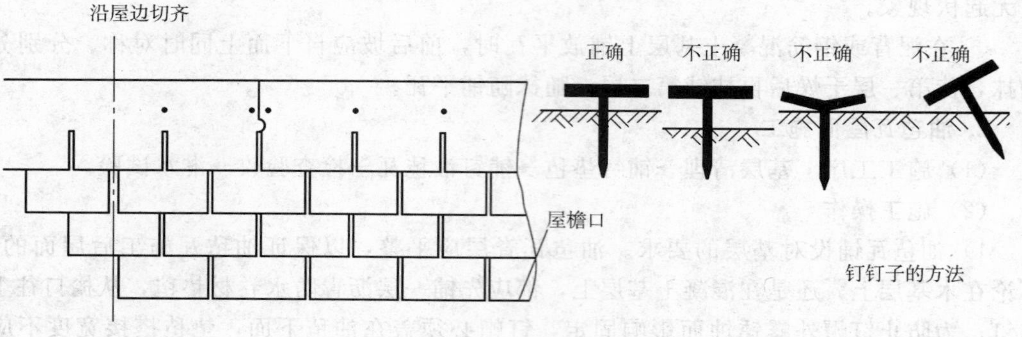

图 2-33　油毡瓦的施工方法

(4) 脊瓦的铺设方法　铺设脊瓦时，应将油毡瓦沿切槽剪开，分成四块作为脊瓦，并用两个油毡钉固定。脊瓦应顺年最大频率风向搭接，并应搭盖住两坡油毡瓦接缝的 1/3。脊瓦与脊瓦的压盖面不应小于脊瓦面积的 1/2，如图 2-34 所示。

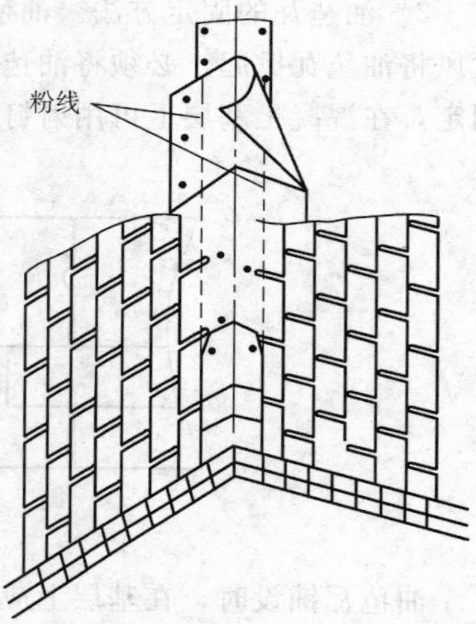

图 2-34　脊瓦的铺设方法

(5) 屋面细部构造施工

1) 排水沟的做法。在排水沟处要首先铺设 1～2 层卷材做附加防水层。之上再安装油毡瓦，油毡瓦相互覆盖“编织”。

对于暴露的屋面排水沟处，沿屋面排水沟自下向上铺一层宽为 500mm 防水卷材，在卷材两边相距 25mm 处钉钉子进行固定。在屋面檐口处切齐防水卷材。需要纵向搭接时，上面一层与下面一层的搭接宽度不少于 200mm，在搭接处宜涂刷橡胶沥青冷胶粘剂。油毡瓦是用钉子固定在卷材上，一层一层由下向上安装。

还有一种搭接式排水沟处理方法，即油毡瓦相互衔接。首先同样是铺卷材，随后在排水沟中心线两侧 150mm 处分别弹两条线，铺油毡瓦首先铺主部位，每一层油毡瓦都要铺过屋面排水沟中心线 300mm，钉子钉在线外侧 25mm 处，完成主屋面后再铺辅部位。

几种排水沟做法如图 2-35 和图 2-36 所示。

2) 屋面与凸出屋面结构连接处的铺贴方法。屋面与突出屋面的烟囱、管道、出气孔、出入口等阴阳角的连接处应先做二毡三油垫层，然后将油毡铺贴于立面，其高度不应小于 250mm。待铺瓦后，再用高聚物改性沥青防水卷材做单层防水处理，以加强这些部位的防水措施。

在女儿墙泛水处，油毡瓦可沿基层与女儿墙的八字坡铺贴，然后用镀锌薄钢板覆盖，钉入墙内预埋木砖或用射钉固定。油毡瓦和镀锌薄钢板的泛水上口与墙间的缝隙应用密封材料封严。

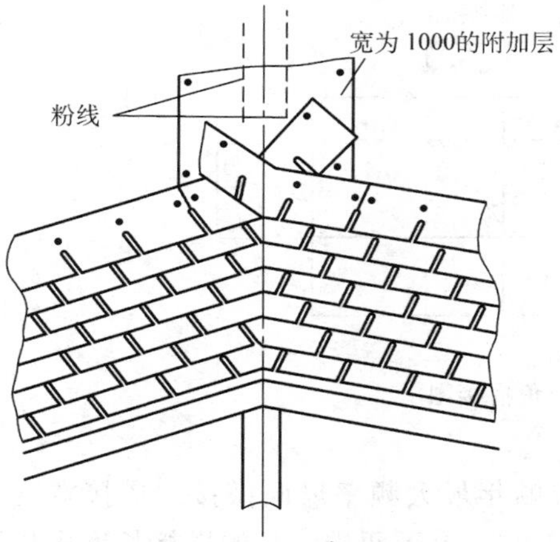

图 2-35 “编织”型屋面排水沟的施工方法

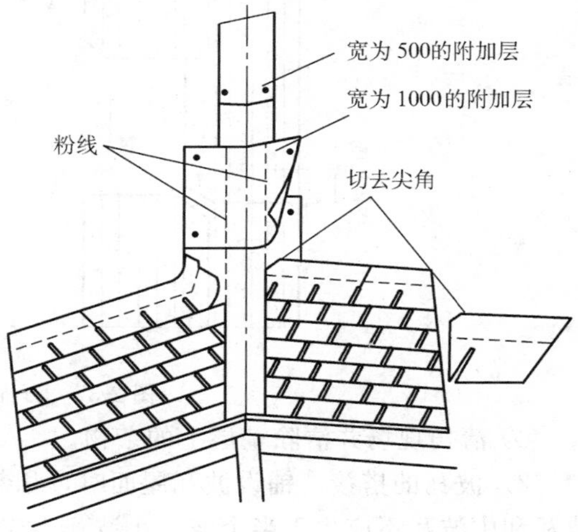

图 2-36 暴露型屋面排水沟的施工方法

3. 波形瓦屋面施工

(1) 施工工序 清理基层→铺瓦→检查验收→淋水试验。

(2) 施工操作

1) 施工准备工作。

① 根据设计要求，备足镀锌螺栓、螺钉、钉子、镀锌垫圈、防水垫圈和堵缝用的麻刀灰等辅助材料。

② 按质量标准选瓦。凡起层、裂缝和断裂的瓦应剔除不用。按屋面实际铺设尺寸计算，不够整张的瓦应事先锯好。

③ 对檩条的施工质量应进行检查。檩条位置应固定牢固，不能有松动现象，檩条间距应符合设计要求；檐口檩条必须满足檐口长度要求，屋脊檩条应使用波瓦盖过脊檩不少于30mm。檩条顶面应与坡面平，一个坡面上所有檩条上口应尽可能在一个平面上，以保证波瓦面铺设平整，无翘边、张口现象；檩条翘度不应大于1/150（檩条），相邻两檩条的翘度差不大于7mm。檩条的截面、材质必须符合设计要求，如采用木檩条时，宜用含水率不大于21%的松木或杉木，不宜用应杂木等翘曲变形大的木材。

④ 铺设石棉波形瓦可采用切角法与不切角法两种方法。

切角的大小要根据石棉波瓦的搭接长度和宽度确定（如图2-37所示），同时，要求在切角铺设后，二角之间留5mm左右缝隙，以保证石棉波瓦有自由伸缩余地。切角时可采用瓦楞铁切角样板用锯子锯角，锯口要求整齐一致，切角方法要根据波瓦铺设方向确定，不要切错方位。

⑤ 穿过屋面的管道、烟囱根及上人孔等基层的薄钢板泛水应先施工完成。

⑥ 准备铺瓦时用的走道板；检查垂直提升设备及交通运输道路、电钻、电锯电源线和开关等设施完好情况。

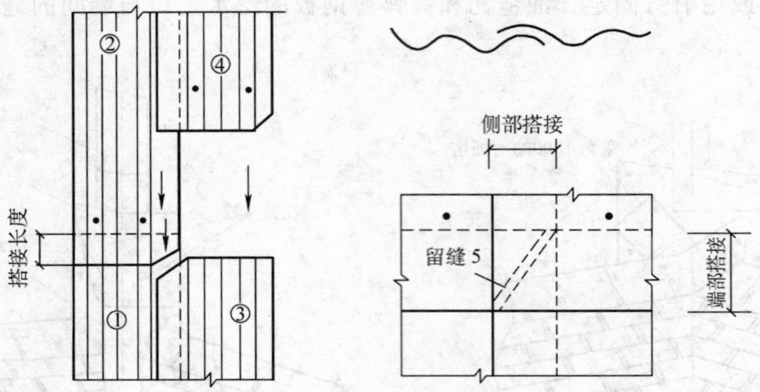

图 2-37　石棉波形瓦切角搭接图

⑦ 清扫现场并清除基层上的杂物。

2）波瓦的搭接。铺设波瓦屋面时，相邻两瓦应顺年最大频率风向搭接。搭接宽度：大波瓦和中波瓦不应少于半个波，小波瓦不应少于一个波。上下两排波瓦的搭接长度应根据屋面坡长而定，但不应少于 100mm。这些规定主要是为了能顺利排水和防止因爬水而造成渗漏。

① 上下两排瓦错缝的搭接方法。上下两排波瓦垂直与屋脊的长边搭接缝如采用错开的方法铺设时，一般以错开半张波瓦为宜。当错开半张波瓦有困难时，可适当调整开波数，但大波瓦和中波瓦至少应错开一个波，小波瓦至少应错开两个波。

② 上下两排瓦不错缝的搭接方法。上下两排波瓦的长边搭接缝如采用不错开的方法铺设时，在相邻四块瓦的搭接处，应随盖瓦的方向不同，事先将斜对角瓦进行割角，施工后的对角缝隙不大于 5mm。

玻璃钢波瓦厚度较薄且富有弹性，故对瓦时可不割角。

3）波瓦的铺设。

① 铺波瓦时应由下而上，由左至右进行。双坡屋面，应两坡对称铺设。瓦应光面在上，糙面在下，相邻两瓦，应顺年最大频率风向压边搭接。其搭接宽度：大波、中波瓦不少于半波，屋面坡度小于 20%时，应为一个半坡；小波瓦不应小于一个半波。山墙处边缘瓦波应向下。上下两排的搭接长度，应按设计规定，一般为 150～200mm。

② 切角铺设法：铺波瓦时，如上下两排瓦的长边搭接缝不错开，在相邻四块波形石棉水泥波形瓦的搭接处，应随波瓦的方向不同，事先将斜对波瓦进行切角，对角缝隙不宜小于 5mm。

③ 不切角铺设法：如上下两排波瓦长边搭接缝错开，则不用切角。铺设时，对大、中波瓦至少错开一个波，小波瓦至少错开两个波，通常以错开半张瓦为宜。

4）波瓦的固定。

① 固定波瓦的钉孔，用电钻或手摇钻在盖瓦时进行，孔径应比固定螺栓或螺钉的直径大 2～3mm，孔位应在波峰和木檩条上口中心；如用钢檩或混凝土檩条，则孔位应在檩条上口边缘处。固定螺栓或螺钉不应拧得太紧或太松，以垫圈稍能转动为合适，避免强打产生裂缝。

② 大风地区采用螺钉固定波瓦时，应按设计要求增加螺钉数量，但要遵守钉位要求。由于波瓦为轻质宜碎材料，轻轻敲击就会开裂。所以，在安装螺栓（螺钉）前，应在钉孔位置事先用电钻钻好孔眼，否则易损坏波瓦。钻好的孔径应比螺钉（螺栓）的直径大2～3mm，以适应结构的最小变形和温度变化时波瓦本身的膨胀收缩变形。螺栓（螺钉）均设在波峰上，固定波瓦时，螺栓（螺钉）不应拧得太紧，否则，波瓦易开裂，拧紧度以垫圈稍能转动为适度。

5）玻璃钢波瓦铺设。玻璃钢波瓦为轻质较脆、遇明火易燃材料，所以安装时不得接触明火，并应防止重物及工具将波瓦砸伤。

铺设玻璃钢波瓦时应用木螺钉或对拧螺栓固定，并加橡胶防水垫衬，每张瓦至少应有6处和檩条固钉，在玻璃钢波瓦的长度方向，每800mm应加设檩条一根。

在波瓦与檩条未用螺栓固定前，屋面严禁上人。

6）屋脊、斜脊铺设方法。波瓦屋面的屋脊、斜脊应用专用的脊瓦将双波面的波瓦盖住，亦可用镀锌钢板铺盖；脊瓦与波瓦之间的空隙，宜用麻刀灰等填塞严密，防止渗漏。

7）屋面细部构造施工。对于设有天沟、檐沟的屋面，波瓦伸入沟内的长度不应小于50mm，以有利于屋面雨水流入沟内，并防止爬水；沟底防水层与波瓦之间的空隙，宜用麻刀灰等嵌填严密，防止渗漏。

屋面与高出屋面的墙和烟囱的连接处，采用镀锌铁皮做泛水时，铁皮向墙面弯起不小于150mm，并将铁皮上端嵌入墙上的预留槽内，钉牢后，再用1∶2（质量比）水泥砂浆封槽。波瓦与泛水间的空隙，用油灰、防水油膏或麻刀灰填塞严密。

4. 压型钢板防水屋面施工

（1）施工工序　清理基层→配板→铺钉钢板瓦→检查验收→淋水验收。

（2）平板型薄钢板铺设

1）检查屋面基层符合设计要求后可进行铺瓦。

2）平板型薄钢板需用专用吊具吊运；吊运中应采取措施，防止可能发生的变形和勒坏。

3）安装前应根据屋面坡长和搬运条件，将薄钢板预制成拼板或预先下料轧边成型。

4）平行流水方向的双立咬口拼缝做法和垂直流水方向的双平咬口拼缝做法如图2-38所示。立咬口背面应顺主导风向安装；平咬口背面应顺流水方向安装。

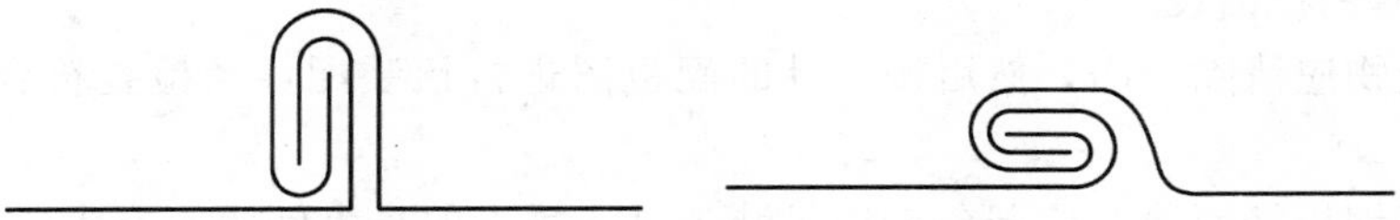
a)　　b)

图2-38　平板型薄钢板拼缝咬口做法

a）双立咬口　b）双平咬口

5）在屋面的同一坡面上，平板型钢板立咬的折边，应顺向当地年最大频率风向；相邻平板型薄钢板拼缝的平咬口和相对两坡面上的立咬口应错开，其间距不应小于50mm；垂直水流方向的平咬口应位于檩条上，并用钢板带或钉子固定在檩条上，每张板顺长度方向至少钉钢板带三道，间距不宜大于 600mm，钢板带嵌入立咬口中的长度，应足以与立咬口连接固定（如图 2-39 所示）。

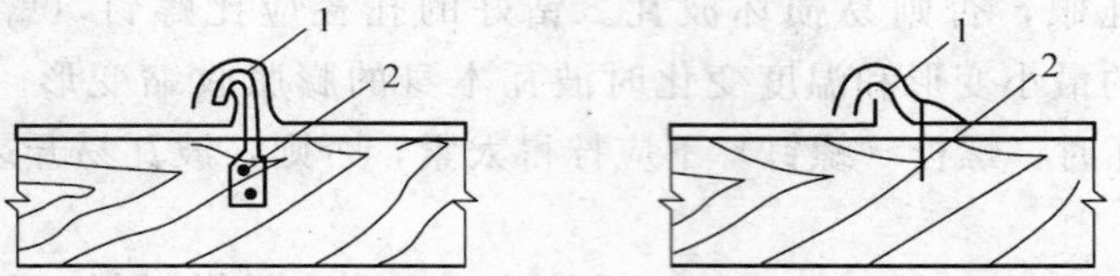

图 2-39　钢板带固定薄钢板方法

1—钢板带　2—钉子

6）当屋面基层檩条上铺有木质屋面板时，固定双立咬口的薄钢板带，用长钉钉穿屋面板与檩条钉合牢固。

7）安装时，钉子不得直接钉在咬口上，咬口也不宜太深太紧，以利胀缩并防止漏水。

8）薄钢板与突出屋面的墙连接以及与烟囱连接，均应按设计的细部构造详图施工。屋脊盖板和泛水板与薄钢板连接处，须用防水密封材料封严，但密封材料要挤入盖板和泛水板内。

9）大风地区每隔三个立口，应设一道方木加固，以防屋面被风刮起（如图 2-40 所示）。

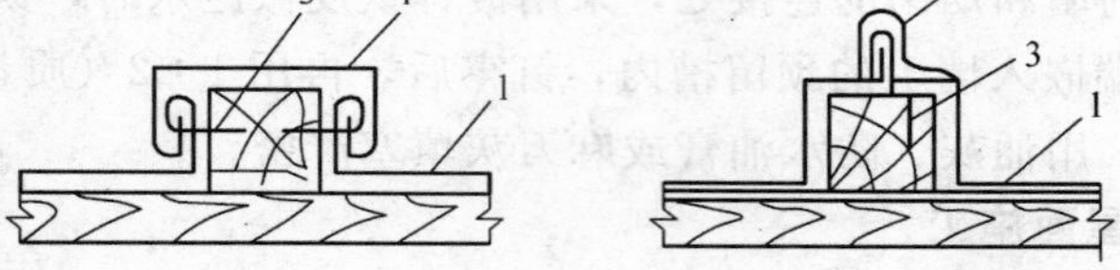

图 2-40　方木加固咬口

1—薄钢板　2—钢板带　3—钉子

10）施工注意事项。

① 平板形薄钢板平形于流水方向的双立咬口的拼接，要松弛扣合，以利胀缩。

② 屋脊盖板和泛水板与薄钢板连接处，须用防水密封胶封严，但密封胶要挤入盖板内。

③ 当屋面基层檩条上铺有木质屋面板时，固定双立咬口的薄钢板带，用长铁钉穿过屋面板与檩条钉合牢固。

（3）波形薄钢板铺设

1）基层杂物应清除干净，然后按设计的配板图进行预装配，经检查符合设计要求后作为铺瓦图。

2）波形薄钢板轻而薄，应制备专用吊装工具。吊点的最大间距不宜大于 5m。吊装时需用软质材料作垫，以免勒坏钢板。

3）波形薄钢板铺设前，按铺瓦图，由下而上先在檩条上安装好固定支架。波形薄钢板和固定支架需用钩头螺栓连接。

4）波形薄钢板应从檐口开始向上铺设，铺钉前，先在檐口挂线，挑出部分应按设计规定。无檐沟时，挑出距墙面不得少于 200mm，距檐口不得少于 120mm；有檐沟时，应伸入沟内 50mm。

5）铺设从檐口开始从左到右，相邻两块波形板应顺主导风向搭接，搭接宽度一般为一个半波至两个波，但不得少于一个波。上下两排的搭接长度应不少于 200mm，并须搭接在檩条上。

V 形和 W 形屋面板横向接头用自粘性密封条如图 2-41a 所示。纵向接头用软质泡沫嵌缝条加密封膏密封防水，如图 2-41b 所示。

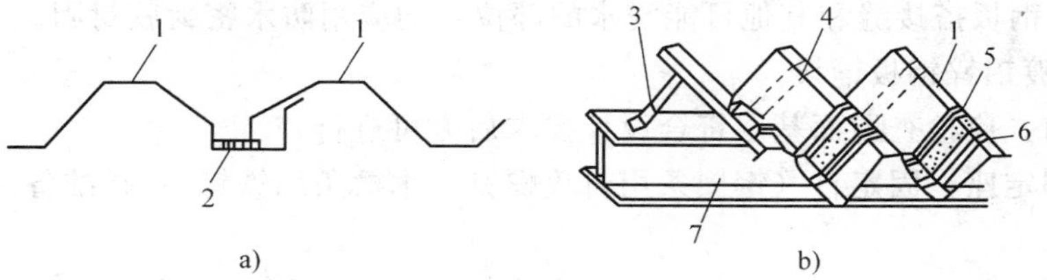

图 2-41　压型钢板接头做法

a）V 形压型钢板横向接头　b）W—550 形压型钢板纵向接头

1—屋面板　2—自粘性密封条　3—固定架　4—单向固定螺栓

5—软质泡沫嵌缝条　6—密封油膏填充　7—钢檩条

6）波形薄钢板下有面板时，应沿两边折叠缝及上下接头处，用带防水垫圈的钉子对准凸陇与檩条钉固。波形板下无面板时，应用螺栓或弯钩螺栓固定，螺栓或弯钩螺栓必须镀锌并带防水垫圈，固定波形板的螺栓必须设在波峰上。螺栓的数量，在波形板四周的每一搭接边上，均不宜少于三个，波的中央必须设一个。

7）靠山墙处，如山墙高出屋面时，用平铁皮封泛水，如图 2-42 所示。山墙不高出屋面时，波形板至山墙部分剪齐，用砂浆封山抹檐；如有封板，则将波形板直接钉在封檐板上，然后将伸出部分剪齐。

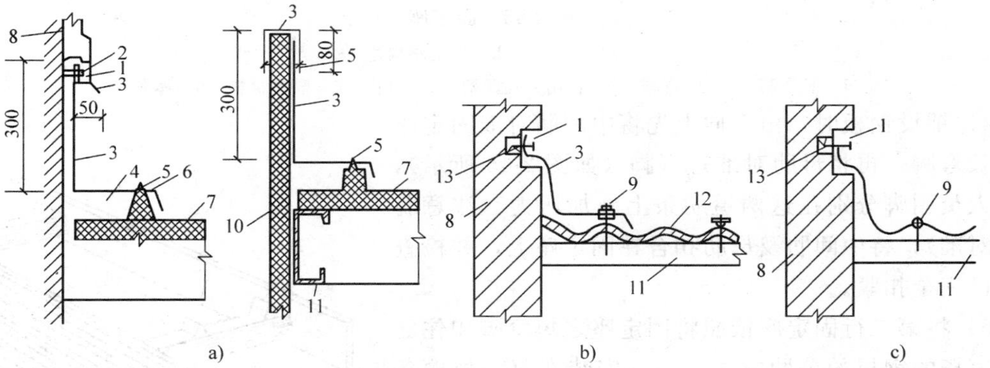

图 2-42　压型钢板屋面泛水

a）压型保温夹心板泛水　b）用平铁皮封泛水　c）用波形板弯起封泛水

1—密封材料　2—膨胀螺栓　3—0.7 厚泛水板　4—现浇聚氨酯泡沫　5—拉铆钉　6—通长密封带

7—保温夹心屋面板　8—女儿墙　9—螺钉　10—压型保温夹心板墙　11—钢檩条　12—波形薄钢板　13—木砖

8）天沟用镀锌薄钢板制作时，其伸入波形钢板下面的长度和波形薄钢板伸入檐沟内的长度均应按设计规定。

9）每块泛水板的长度不宜大于 2m，与波形薄钢板的搭接宽度应不小于 200mm。泛水应拉线安装，使其平直。

10）屋脊、斜脊、天沟和屋面与突出屋面结构连接的泛水，均应用镀锌薄钢板制作，其与波形薄钢板搭接宽度不小于150mm。

11）施工注意事项。

① 暴露在屋面的螺栓，须带防水垫圈。

② 波形薄钢板搭接缝和其他可能浸水的部位，均应用防水密封胶封固。

（4）带肋镀铝锌钢板铺设

1）铺瓦前，应检查屋面基层符合设计要求后方可进行。

2）备足固定座、固定钉（钢檩条用自攻螺钉，木檩条用铁钉）；并准备专用上、下弯扳手和开口器等。

3）用专用工具吊放钢板至屋架上时，应依照母肋部分朝向，首先按安装固定座的方向排放，然后将第一行的固定座（如图2-43所示）安放在每一根檩条上，随即拉通线用固定钉把固定座固定好（如图2-44所示）。

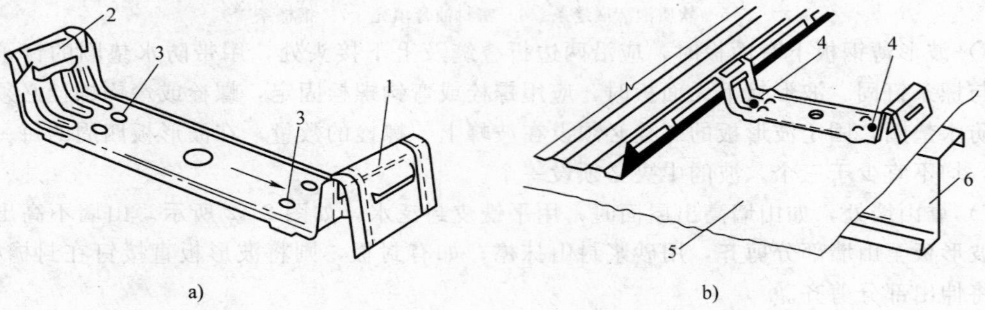

图2-43 固定座

a）固定座 b）固定座构造

1—长弯脚 2—短弯脚 3—备用钉孔凹槽 4—钉孔 5—隔热材料 6—檩条

4）铺设钢板时，由下向上先将中间肋对准固定座上的长弯脚，再将母肋对准短弯脚（如图2-45所示），操作人员用脚分别在这两道肋条上施加压力（注意肋条要对准），将中间肋及母肋扣合在固定座上，并检查是否已完全扣紧。

5）将第二行固定座依照将固定座之短弯脚扣住已安装完毕的钢板的公肋方法，一一安装在每一根檩条上。倘若固定座因为公肋上个别出现的反钩榫头而无法被压下时，可用橡胶锤将榫头敲平，将固定座压下，扣合住公肋（如图2-46所示），然后用固定钉将第二行固定座固定在檩条上。

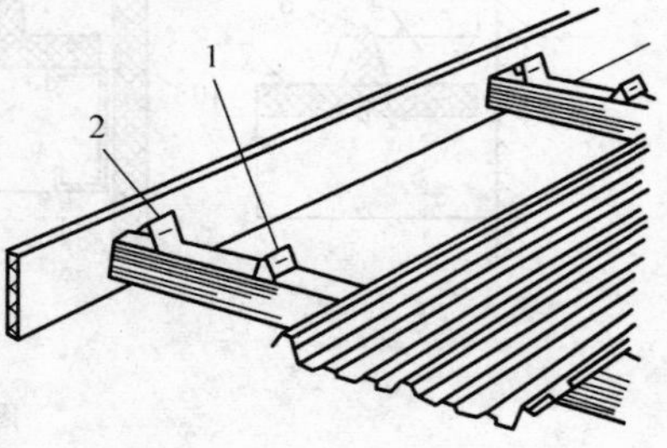

图2-44 钉第一行固定座

1—固定座长弯脚 2—固定座短弯脚

6）将第二张钢板排放在第二行固定座上。依前法先将中间肋对准固定座之长弯脚，接着在对准母肋，使母肋能扣住前一行钢板的公肋。施工时，拉一条水平线，使钢筋下缘齐平。最后，将钢板肋条压下，切实扣住固定座。做法是：操作人员将一只脚踏在将要固定的第二张钢板的凹槽部分，另一支脚则踏在连接肋条上，即后一张钢板的母肋加前一张钢板的公肋及固定座的短弯脚组合成一道连接肋条，并施加压力，使两张钢板在连接肋条上完全扣紧。接着，在中间肋上，以相同方式施压，使第二张钢板的中间肋能完全扣住固定座的长弯脚（如图 2-47 所示）。为完整地扣合，公肋上的反钩槽榫头，必须完全嵌入接续钢板的母肋内。施工时，如听到"咔嗒"一声，表示榫头已扣合妥当。注意此时操作人员只能站在接续钢板上，而非已经固定好的钢板上。

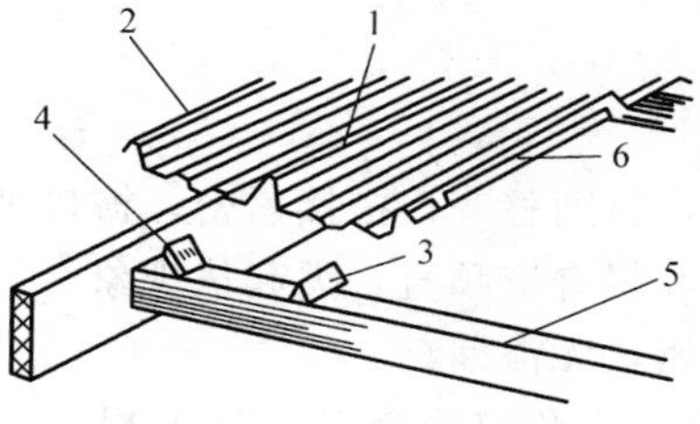

图 2- 45　带肋镀铝锌钢板铺放示意

1—中间肋　2—母肋　3—固定座长弯脚

4—固定座短弯脚　5—檩条　6—公肋

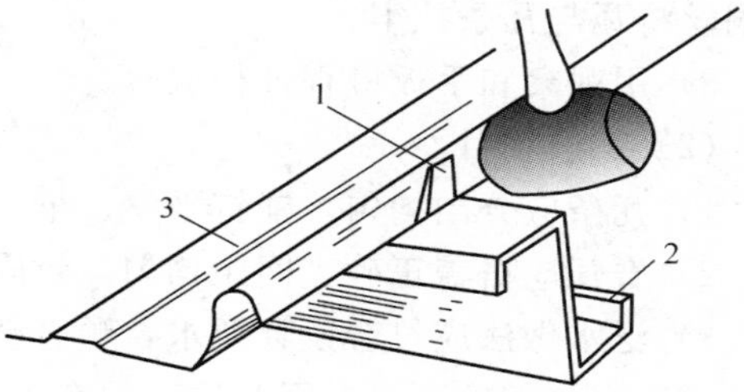

图 2-46　反钩槽榫头敲平示意

1—反钩槽　2—檩条　3—钢板

7）施工到最后，如果所剩的空间大于半张钢板的宽度，则可将超过的部分裁去，留下完整的中间肋，按前述方法，将这张钢板固定在固定座上。倘若所余的部分比半张钢板的宽度小，则可采用屋脊盖板或泛水收边板予以覆盖。此时，最后一张完整的钢板必须以截短的固定座上的短弯脚扣住其公肋，固定在檩条上（如图 2-48 所示）。

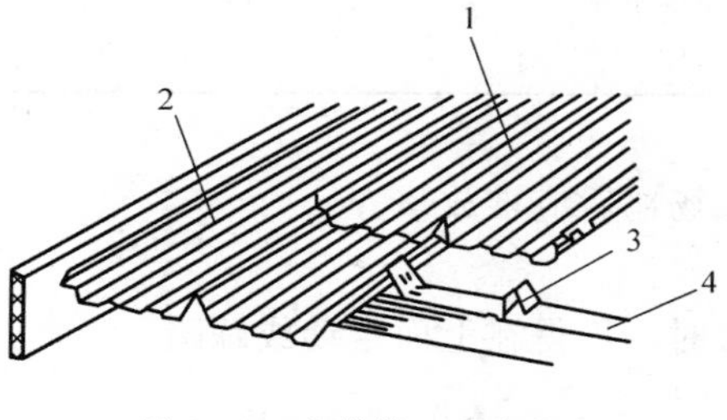

图 2-47　安装第二张钢板

1—第二张屋面板　2—第一张屋面板

3—固定座长弯脚　4—檩条

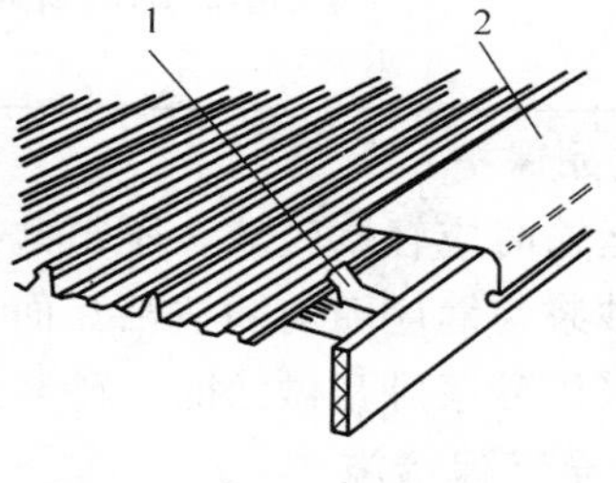

图 2-48　泛水收边板

1—截短的固定座　2—泛水收边板

8）当面板位于屋脊部分，覆盖在泛水收边板或屋脊盖板下方的面板的凹槽，部分应向上弯起时，可用上弯扳手将面板凹槽向上弯翘；用下弯扳手，可将面板下缘之凹槽部分向下弯。同时，在横向的泛水收边板或屋脊盖板上用开口器开出缺口，以便使收边板或屋脊盖板能同时盖住面板的肋条及凹槽部分。

9）带肋镀锌钢板的屋脊板、泛水板、包角板等应采用相同材质的平板制成。固定支架及板与板之间连接用镀锌或不锈钢单面螺栓，屋面板与配套平板之间连接用铝质或不锈钢拉铆钉。

10）施工注意事项。

① 铅、铜制品决不允许和带肋镀铝钢板搭接或覆盖。

② 扣合缝的密封胶、屋脊盖板应与带肋镀锌铝板同批订购。

2.4.4 瓦材防水屋面的质量标准、成品保护与安全环保措施

1. 质量标准（以平瓦屋面为例）

（1）主控项目

1）平瓦及其脊瓦的质量必须符合设计要求，必须有出厂合格证和质量检验报告。

2）平瓦必须铺置牢固。大风和地震设防地区以及坡度超过30°的屋面必须用镀锌钢丝或铜丝将瓦与瓦条扎牢。

3）用观察和手扳检查进行检验。

（2）一般项目

1）瓦条应分当均匀，铺钉平整、牢固；瓦面平整，行列整齐，搭接紧密，檐口平直。

2）脊瓦应搭盖正确，间距均匀，封固严密；屋脊和斜脊应顺直，无起伏现象。

3）泛水做法应符合设计要求，顺直整齐，结合严密，无渗漏。

（3）允许偏差项目　平瓦屋面的有关尺寸要求和检验方法应符合表2-21的规定。

表2-21　平瓦屋面的有关尺寸要求和检验方法

项　次	项　目	长度/mm	检验方法
1	脊瓦搭盖坡瓦的宽度	40	用尺量检查
2	瓦伸入天沟、檐沟的长度	50～70	
3	天沟、檐沟的防水层伸入瓦内宽度不小于	150	
4	瓦头挑出檐口的长度	50～70	
5	突出屋面的墙或烟囱的侧面瓦伸入泛水宽度不小于	50	

2. 成品保护

1）运输时应轻拿轻放，不得抛扔、碰撞；进入场地后应堆放整齐。

2）砂浆勾缝应随勾随清洁瓦面。

3）采用砂浆卧瓦做法时，砂浆强度未达到要求时，不得在上面走动或踩踏。

3. 安全环保措施

1）上瓦应两坡同时进行，保持屋面受力均衡，瓦要放稳。屋面无望板时，应铺设通道，不准在桁条、瓦条上行走。

2）屋面无女儿墙部位临边处应搭设安全防护栏杆或防护脚手架，按要求挂密目网。

4. 瓦材防水屋面施工安全技术

1）有严重心脏病、高血压、神经衰弱症及贫血症等，不适于高处作业者不能进行屋面工程施工作业，同时还应根据实际情况制定安全措施，施工前应先检查防护栏杆或安全网是否牢固。

2）在坡度大于25%的屋面施工时，必须使用移动式的板梯刮瓦，板梯应设有牢固的挂钩。

3）运瓦和挂瓦应在两坡同时进行，以免屋架两边荷载相差过大发生扭曲。

4）屋面无望板时，应铺设通道，严禁在桁条、瓦条上行走。

5）屋面上若有霜雪时，要及时清扫，并应有可靠的防滑措施。

6）上屋面时，不得穿硬底及易滑的鞋，且应随时注意脚下挂瓦、望砖、椽条凳，以防跌跤。

7）碎瓦杂物集中下运，不准随便往下乱掷。

［能力训练］

训练项目　平瓦屋面的施工

（1）目的　了解平瓦的规格尺寸和特性，学会平瓦的铺设方法。

（2）能力及标准要求　具有屋面瓦材的基本知识，具有一定的动手能力，达到基本的技工标准。

（3）准备

1）场地准备。用砖砌筑一处房屋的两边山墙，在山墙上搭设圆木檩条，檩条上钉椽条。

2）材料准备。平瓦分为粘土平瓦、水泥平瓦及相应的脊瓦。平瓦传统尺寸长 400mm、宽 240mm、厚 14mm。粘土瓦吸水率一般为 10%，每片瓦重 3kg。

单片瓦放在距离 300mm 的两支点上，最小抗折荷载不得小于 0.6kN，覆盖 $1m^2$ 屋面的瓦吸收水后重量不超过 55kg，抗冻性能合格。

瓦表面应当光洁，无翘曲；不应有变形、砂眼和贯穿的小裂缝；不应有缺棱掉角、边筋和瓦爪的残缺。在成品中不应混入欠火瓦。水泥平瓦其规格应与粘土平瓦相同。

（4）步骤

1）平瓦屋面的施工工序：施工准备→运瓦、堆放→铺瓦→做脊→封边。

2）施工准备。

① 在木基层上铺设防水卷材：平瓦屋面如为木基层时，为防止下雨时大风将雨水沿瓦间缝刮入瓦下或因爬水浸湿木基层，从而导致渗漏，在铺平瓦时，先在木基层上铺设一层防水卷材。同时要检查油毡层是否平整，有无破损、鼓包、折皱等现象，搭接覆盖是否符合要求；挂瓦条是否平整、牢固，间距是否正确，可用平瓦试验，檐口挂瓦条应满足檐瓦出檐 50～70mm 的要求。

② 选瓦：对缺边、掉角、裂缝、砂眼、翘曲不平和缺少瓦爪、边筋以及欠火瓦应选出不用。瓦的表面应光洁，边缘应整齐。准备好山墙、天沟处的半片瓦。

③ 检查施工脚手架：检查脚手架是否牢固和稳定，并应在高出檐口 1m 以上做护栏。

3）运瓦和堆放。运瓦时，先可用井架等垂直运输设备将瓦运到屋檐标高，然后又人工分散运到屋面。注意不要碰坏油毡层，每次搬运量以 3～5 块为宜。运瓦应两坡对称同时进行。堆放时以点式分散每摞 9 块均匀摆开。堆放时两坡对称，不得集中堆放和单坡堆放，不得造成对屋盖结构的不均衡荷载。

4）铺瓦。

① 平瓦铺放顺序是从檐口开始由下向上到屋脊同时对称铺设，严禁单坡铺设。

② 铺的方向是人面对屋面时，从右侧向左侧铺过去。第一块瓦应出檐 6cm，先在两山头下檐口放好，拉通线，中间所出檐瓦以通线为准铺设。檐口瓦要用铁丝穿瓦鼻与挂条拴牢，瓦与瓦之间应落槽挤紧，不能空搁，瓦爪必须勾住挂瓦条。

③ 在风大地区和 7 级以上地震区或屋面坡角大于 30℃的瓦屋面，冷摊瓦屋面，瓦应固定，每片瓦要用 20 号镀锌铁丝穿瓦鼻上小孔拴在瓦条上。瓦在铺设中，应保持瓦边垂直屋

檐，这样铺出的瓦屋面整齐美观。

④ 铺瓦屋面时，凡遇到转折屋面，则转折处有天沟，在天沟内要铺设厚 0.5～0.7mm 镀锌铁板，铺瓦时则按天沟走向弹出墨线，用切割机把瓦片切好，再按编号顺序铺盖，铺前在铁板上刷防锈漆，瓦压铁板最少应有 150mm，铺好瓦后，瓦与铁板间的空隙要用掺麻刀的水泥混合砂浆堵抹严密，表面溜光。

5）做脊。整个屋面铺完后，在屋脊上应扣盖脊瓦，俗称做脊。应在两端山尖处先各稳上一块瓦脊，然后拉通线为准线进行铺筑。扣盖脊瓦应用麻刀水泥混合砂浆，强度为 M10，在脊瓦内满铺，做到饱满、密实。瓦脊盖住平瓦的搭接边必须大于 40mm，脊瓦之间的搭茬或接口、脊瓦与平瓦搭接间的缝隙，应用掺有麻刀的水泥混合砂浆勾嵌密实。为了便于施工操作和防止麻刀灰因干缩导致雨水流入而造成渗漏，施工时要求脊瓦下端距坡面瓦之间的高度不应太小，但不宜超过 40mm。为了外观好看，可在砂浆中掺入与瓦色相同的颜料进行勾嵌。

凡四落水屋面，其四角的斜脊应同屋脊一起做脊。只是该处平瓦亦应按斜度切割铺放，平瓦伸入脊瓦内不应少于 40mm。屋脊和斜脊应平直，无起伏现象，保持轮廓线条整齐、美观。

6）封边。

① 当没有高出屋面的山墙时，铺完瓦屋面后，瓦与墙之间均有空隙，这就要封边，防止雨水侵入。可先用水泥混合砂浆将空隙堵嵌密实，然后用掺麻刀的水泥混合砂浆抹边并翻边到屋面，做出坡水线，将瓦封固，盖住边瓦 40mm，做得方正美观，封边方可完成。

② 如山墙高出屋面，称为封山，则在瓦与封山之间要做成泛水，交角处也可嵌些防水油膏。

7）在基层上采用泥背铺设平瓦。用此方法铺设平瓦时，先在屋面板上抹草泥，然后再做泥扣瓦。这种铺设方法造价低，且泥背还有一定的保温效果。泥背的厚度宜为 30～50mm。为使结构受力均匀，铺设时，前后坡应自下而上同时对称进行，并至少应分两层铺抹。待第一层干燥后，再铺抹第二层，并随抹随铺平瓦。

（5）注意事项　平瓦的铺设除应达到防水和排水的要求外，还应考虑外形线条的美观。铺设后，应呈整齐的行列，彼此紧密搭接，瓦榫落槽，瓦脚挂牢；瓦头排齐，檐口应成一直线，靠近屋脊处的第一排瓦要用砂浆卧牢。

（6）讨论　瓦屋面与柔性防水屋面的优缺点比较。

课题 5　屋面细部防水

2.5.1　屋面细部构造的内容

由于屋面形式和构造的不同，屋面细部构造也有很多的形式。

1）檐口。防水层端头埋入凹槽固定并密封。

2）天沟、檐沟。应设附加层，应设一道涂料防水。

3）女儿墙泛水、压顶。应设附加增强层，泛水防水层收头应有固定措施，压顶要进行处理。

4）水落口。应做涂料增强层，水落口周边应用密封材料密封，排水坡度加大。

5）变形缝。应做柔性卷材覆盖层。

6）伸出屋面管道。管道周边用密封材料密封，加大坡度时，做附加增强层。

7）分隔缝。密封材料密封，做连续防水层并做保护层。

8）排气道、排气孔。排气道通畅，排气孔周边密封材料密封，固定牢固。

9）架空隔热板。支座底层增设加强层卷材或砂浆。

2.5.2 屋面细部构造与施工

1. 檐口

檐口是受雨水冲刷最严重的部位，防水层在该处应牢固固定，施工时应在檐口上预留凹槽，将防水层的末端压入凹槽内，卷材还应用压条钉压，然后用密封材料封口，以免被大风掀起。同时还应注意该处不能高出屋面，否则会形成挡水使屋面积水。

无组织排水檐口800mm范围内，卷材应采取满粘法施工，以保证卷材与基层粘贴牢固。卷材收头应压入预先留置在基层上的凹槽内，用水泥钉钉牢，用密封材料密封，然后用水泥砂浆抹压，以防收头翘边，如图2-49所示。

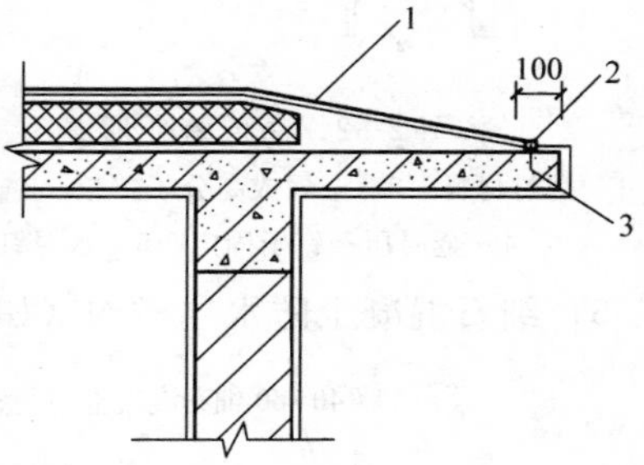

图2-49 无组织排水檐口

1—防水层 2—密封材料 3—水泥钉

2. 天沟、檐沟

天沟、檐沟是屋面雨水集汇之处，若处理不好，就有可能导致屋面积水、漏水。

1）天沟、檐沟应增设附加层。当采用沥青防水卷材时，应增铺一层卷材；当采用高聚物改性沥青防水卷材时，宜采用防水涂膜增强层。

2）天沟、檐沟与屋面交接处的附加层宜空铺，空铺宽度应为200mm（如图2-50所示）；天沟、檐沟卷材收头，应固定密封（如图2-51所示）。

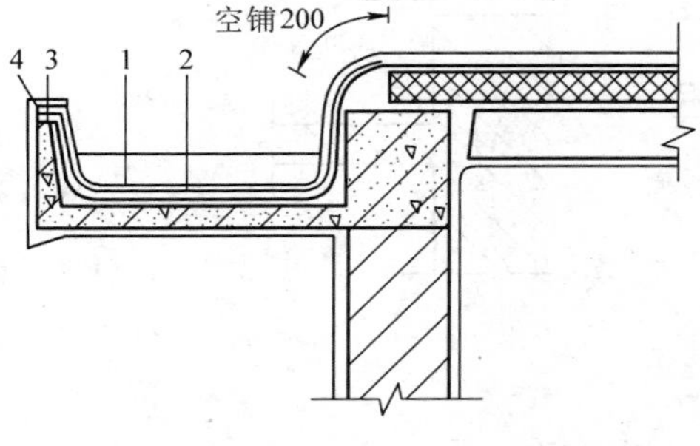

图2-50 檐沟

1—防水层 2—附加层 3—水泥钉 4—密封材料

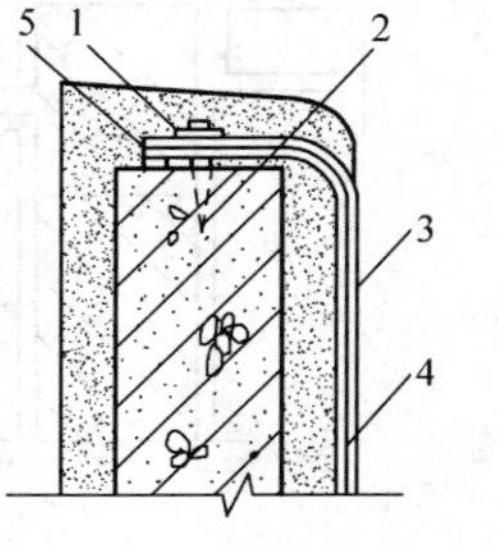

图2-51 檐沟卷材收头

1—钢压条 2—水泥钉 3—防水层 4—附加层 5—密封材料

3）高低层内排水天沟与立墙交接处，应采取适应变形的密封处理（如图2-52所示）。

4）带混凝土斜板的檐沟（如图2-53所示）。

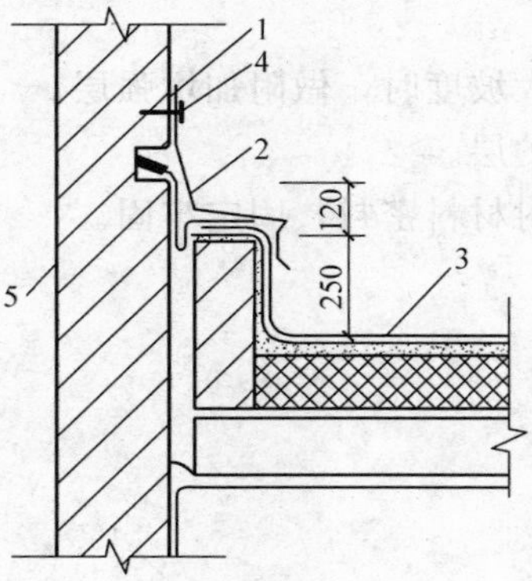

图 2-52　高低跨变形缝

1—密封材料　2—金属或高分子盖板　3—防水层
4—金属压条钉子固定　5—水泥钉

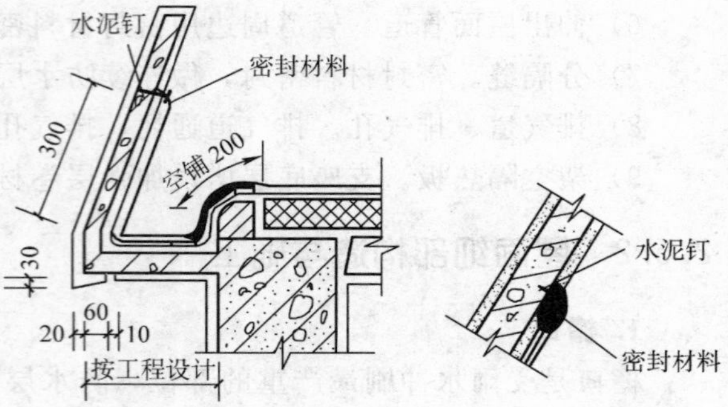

图 2-53　带混凝土斜板的檐沟

5）细石混凝土防水层檐沟（如图 2-54 和图 2-55 所示）

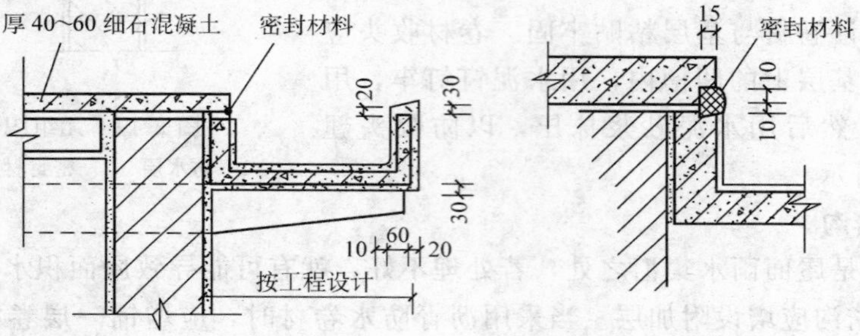

图 2-54　细石混凝土檐沟

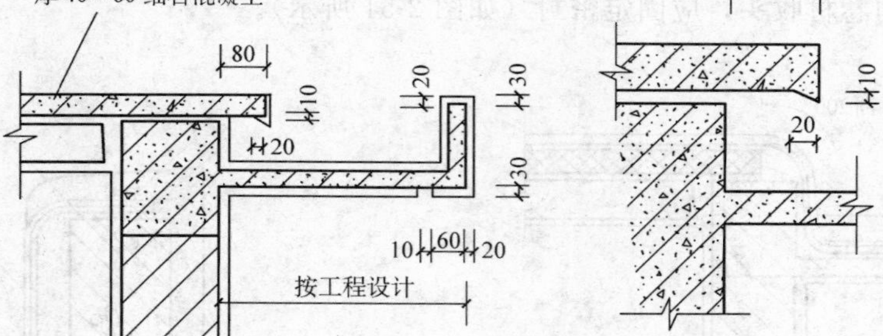

图 2-55　细石混凝土屋面檐沟

3. 女儿墙泛水、压顶

1）当墙体为砖墙时，卷材收头可直接铺压在女儿墙的混凝土压顶下，混凝土压顶的上部亦应做好防水处理（如图 2-56 所示）；也可在砖墙上留凹槽，卷材收头应压入凹槽内并用压条钉固定后，嵌填密封材料封闭；凹槽距屋面找平层的最底高度不应小于 250mm，凹槽上部的墙体及女儿墙顶部亦应进行防水处理（如图 2-57 所示）。

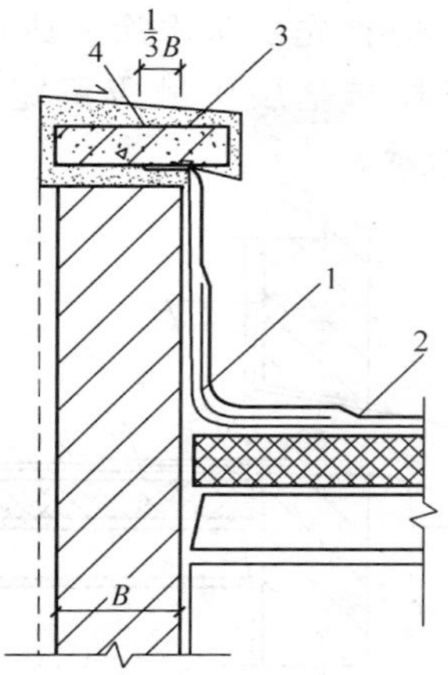

图 2-56　卷材泛水收头图

1—附加层　2—防水层　3—压顶　4—防水处理

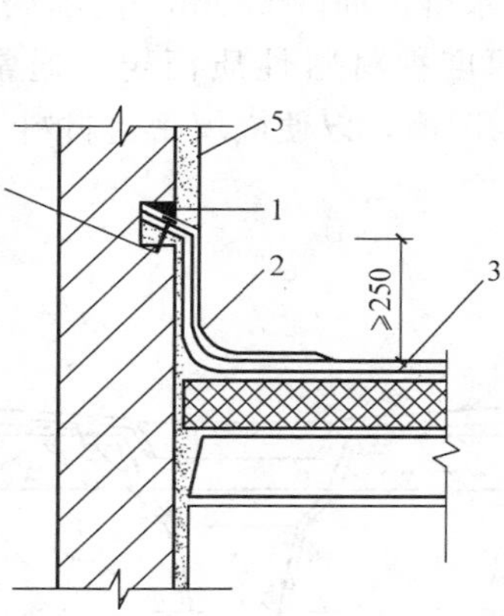

图 2-57　砖墙卷材泛水收头

1—密封材料　2—附加层　3—防水层

4—水泥钉　5—防水处理

2）当墙体为混凝土时，卷材的收头可采用金属压条钉固定，并用密封材料封闭严密（如图 2-58 所示）。

3）女儿墙、山墙可采用现浇混凝土或预制混凝土压顶，也可加扣金属盖板或合成高分子卷材封盖，严防雨水从女儿墙或山墙的顶部渗透到墙体内部或室内。

4）泛水宜采取隔热防晒措施。可在泛水卷材面砌砖后抹水泥砂浆或细石混凝土保护；亦可涂刷浅色涂料或粘贴铝箔保护层。

5）女儿墙、山墙可采用现浇混凝土压顶，由于温差的作用和干缩影响，常产生开裂引起渗透。因此，可采用金属制品或合成高分子卷材压顶（如图 2-59 所示）。

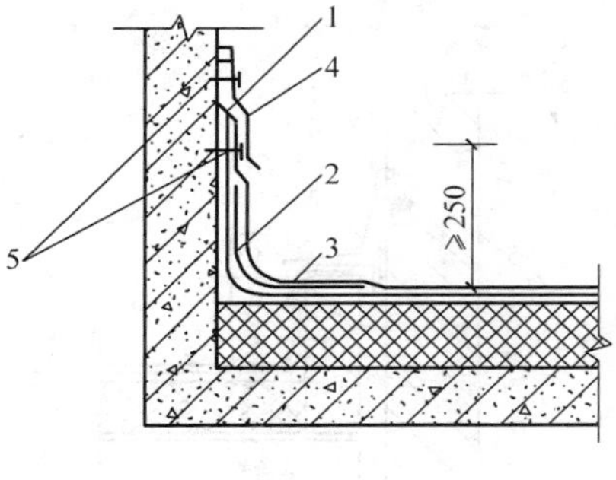

图 2-58　混凝土墙卷材泛水收头

1—密封材料　2—附加层　3—防水层

4—金属、合成高分子盖板　5—水泥钉

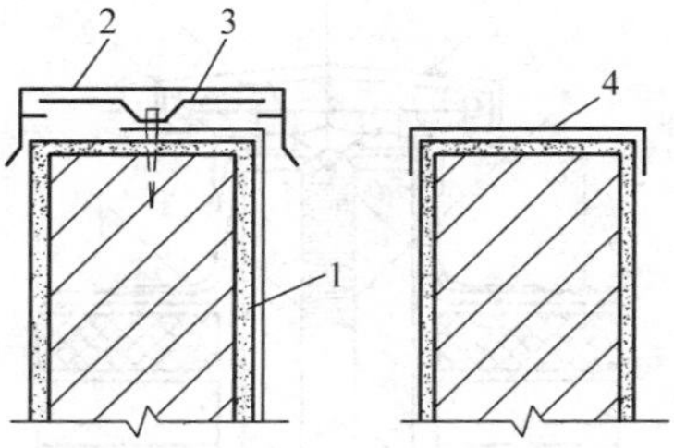

图 2-59　压顶

1—防水层　2—金属压顶

3—金属配件　4—合成高分子卷材

4. 水落口

水落口分为直式和横式两种。

1）水落口杯应采用铸铁、塑料或玻璃钢制品。

2）水落口杯应正确地埋设标高，应考虑水落口设防时增加的附加层和柔性密封层的厚度，及排水坡度加大的尺寸。

3）水落口周围500mm范围内坡度不应小于5%，并应首先由防水涂料或密封材料涂封，其厚度视材料性质而定，通常为2～5mm。水落口杯与基层接触应留宽20mm、深20mm的凹槽，以便嵌填密封材料，如图2-60和图2-61所示。

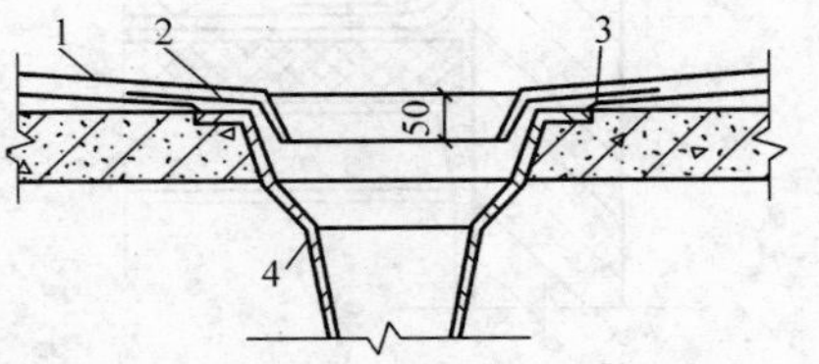

图2-60　直式水落口

1—防水层　2—附加层　3—密封材料　4—水落口杯

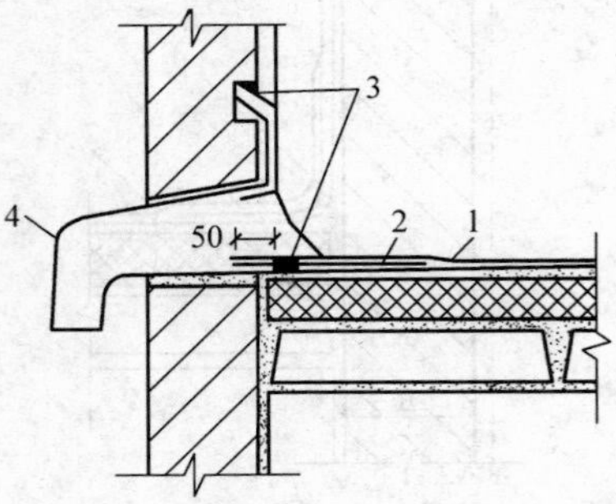

图2-61　横式水落口

1—防水层　2—附加层　3—密封材料　4—水落口

5. 变形缝

（1）等高变形缝的处理　缝内宜填充聚苯乙烯泡沫块或沥青麻丝，卷材防水层应满粘铺至墙顶，然后上部用卷材覆盖，覆盖的卷材与防水层粘牢，中间应尽量向缝中下垂，并在其上放置聚苯乙烯泡沫棒，再在其上覆盖一层卷材，两端下垂而与防水层粘牢，中间尽量松弛以适应变形，最后顶部应加扣混凝土盖板或金属盖板（如图2-62所示）。

（2）高低跨变形缝的处理 低跨的防水卷材应先铺至低跨墙顶，然后在其上加铺一层卷材封盖，其一端与铺至墙顶的防水卷材粘牢，另一端用压条钉压在高跨墙体凹槽内，用密封材料封固，中间应尽量下垂在缝中，再在其上顶压金属或合成高分子盖板，端头由密封材料密封（如图2-63所示）。

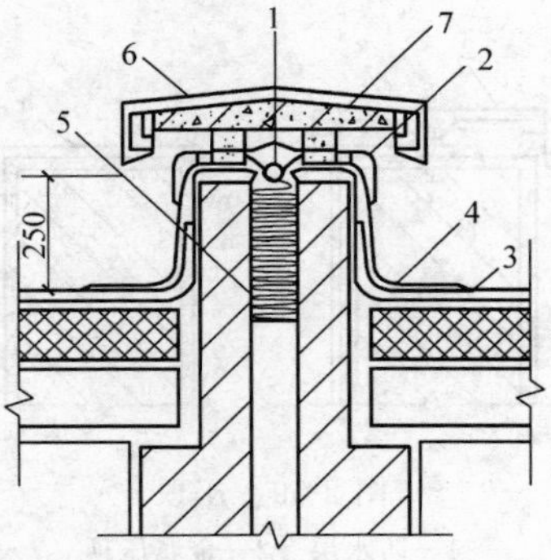

图2-62　变形缝防水构造

1—衬垫材料　2—卷材封盖　3—防水层

4—附加层　5—沥青麻丝　6—水泥砂浆　7—混凝土盖板

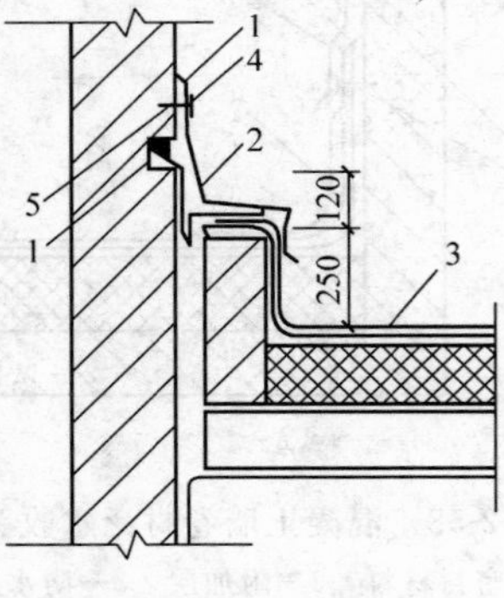

图2-63　高低跨变形缝

1—密封材料　2—金属或高分子盖板　3—防水层

4—金属压条钉子固定　5—水泥钉

6. 伸出屋面管道

伸出屋面管道周围的找平层做成圆锥台，管道与找平层间应留凹槽，并嵌填密封材料，防水层收头处理应用金属箍箍紧，并用密封材料封严（如图2-64所示）。

1）管道根部500mm范围内，砂浆找平层应抹出高30mm坡向周围的圆台，以防根部积水。

2）管道与基层交界处预留200mm×200mm的凹槽，槽内用密封材料嵌填严密。

3）管道四周除锈，管道根部四周做成附加增强层，宽度不小于300mm。

4）防水层粘贴在管道上的高度不得小于300mm；附加层卷材应剪出切口，上下层切缝粘贴时错开，严密压盖。附加层卷材裁剪方法如图2-65所示。

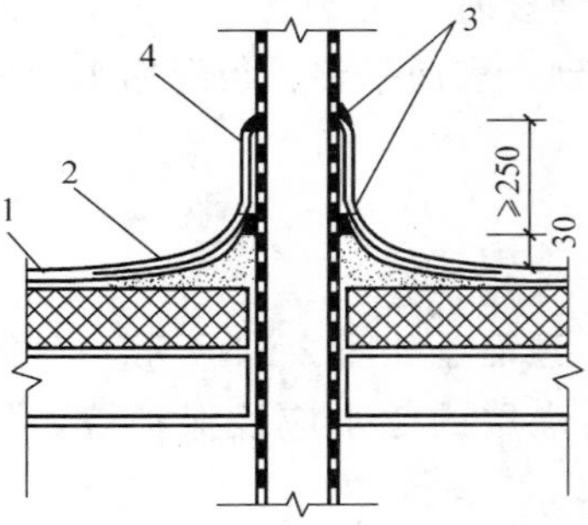

图2-64 伸出屋面管道防水构造
1—防水层 2—附加层
3—密封材料 4—金属箍

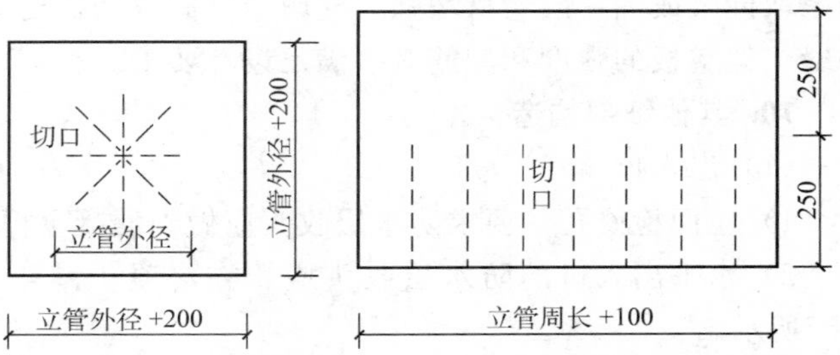

图2-65 出屋面管道附加层卷材裁剪方法

5）附加层及卷材防水层收头处用金属箍箍紧在管道上，并用密封材料封严。

7. 分格缝

分格缝包括厂房屋面的板端缝、找平层分格缝、细石混凝土刚性防水层的分格（分仓）缝等。

1）厂房屋面的板端缝。可采用附加卷材条作为附加增强层，卷材条要空铺，空铺为300mm，而且在可能时将卷材压入缝中，预留变形量。

2）找平层的分格缝。可以将找平层分格缝完全分开，也可以做成表面分格缝（诱导缝），使找平层变形集中于此。卷材在此铺贴时亦应做空铺处理，空铺宽度可以少一些。

3）细石混凝土刚性防水层的分格（分仓）缝。应将混凝土彻底分开，缝宽一般为15～20mm，底部嵌背衬材料，上部嵌填密封材料，作法可参照细石混凝土防水层分格缝。

分格缝的关键一是位置准确，分格缝要对准结构板搁置端，间距应根据设计确定，可设在板的搁置端，也可以按1～2m尺寸分格；二是分格处卷材条要做成空铺、不粘贴；三是分格缝应用密封材料嵌填严密，因此必须要求缝侧混凝土平整坚固、干净、干燥、无孔眼、麻面，下部垫好背衬材料，密封材料必须按设计要求嵌填密实、连续、平整。

8. 排气道、排气孔

排气道与排气孔是当采用吸水率高的保温材料，施工过程中又可能遇雨水或施工用水，需要给保温层的水分蒸发产生的蒸汽排除而设置的。排气不通，会使防水层起鼓，保温层长期大量含水，降低保温性能，增加屋盖重量。实际上，如保温层大量含水，即使排气畅通，排除保温层中的水分也需要好多年。如今低吸水率的保温材料已经问世，当施工时或施工后不能保证保温层中不吸湿的情况下，可以采用吸水率小于6%的保温材料，如聚苯乙烯泡沫板、泡沫玻璃等材料，不必采用吸水率高的保温材料，这样就省去做排气道或排气孔了。排气道在保温层内应纵横连通并留空，不得堵塞。交叉处理的排气立管，必须在施工找平层时牢固固定，然后在找平层与排气管交接处用密封材料密封。

9. 架空隔热板铺设

架空隔热屋面是采用架空板将屋面架空，使空气在架空层流通带走夏天热空气，使屋面温度降低的措施。因此架空层内不得堵塞或有高女儿墙阻挡使空气不能对流。架空隔热措施只能对炎热地区无空调设备的建筑使用，如有空调设施就不能采用架空隔热屋面，否则空气的流通会带走室内的冷气，效果会适得其反。架空层隔热板铺设时，在支墩与防水层接触处应采取砂浆或铺一层卷材增强，支墩应坚固，铺板要坐浆铺砌，表面平整，板缝用水泥砂浆勾缝。架空板的强度和配筋必须满足设计要求。

10. 其他细部构造

（1）出入口

1）屋面检修孔，要求防水层收头应做到混凝土框（砖）顶面，如图 2-66 所示。

2）水平出入口的防水层收头应压在混凝土踏步下，防水层的泛水应设保护墙，如图 2-67所示。

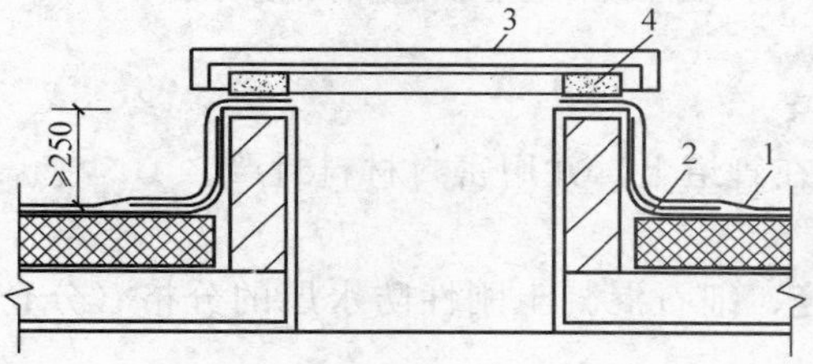

图 2-66　垂直出入口防水构造

1—防水层　2—附加层　3—人孔盖　4—混凝土压顶圈

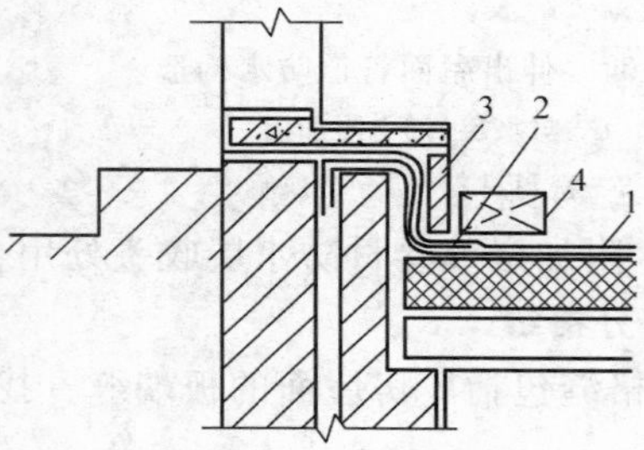

图 2-67　水平出入口防水构造

1—防水层　2—附加层　3—护墙　4—踏步

（2）阴阳角处理　阴阳角是屋面变形比较敏感的部位，在这些部位防水层容易被拉裂，加之这些部位是三面交接之处，施工比较麻烦，稍有不慎就不容易封闭严密。所以在屋面的阴阳角处，在基层上距角每边 100mm 范围内，要用密封材料涂封，然后再铺贴增强附加层，阳角附加层的裁剪方法如图 2-68 所示；阴角附加层的裁剪方法如图 2-69 所示。

（3）收头处理　卷材收头是卷材的关键部位，处理不好极易张口、翘边、脱落。因此对卷材收头必须做到“固定、密封”。

2.5.3　屋面细部构造的质量标准、成品保护与安全环保措施

1. 质量标准

1）节点做法应符合设计要求和《屋面工程质量验收规范》（GB 50207—2002）及本地标准规定，封固严密、不开裂。

2）天沟、檐沟的排水坡度，必须符合设计要求。

3）天沟、檐沟、檐口、水落口、泛水、变形缝和伸出屋面管道的防水构造，必须符合设计要求。

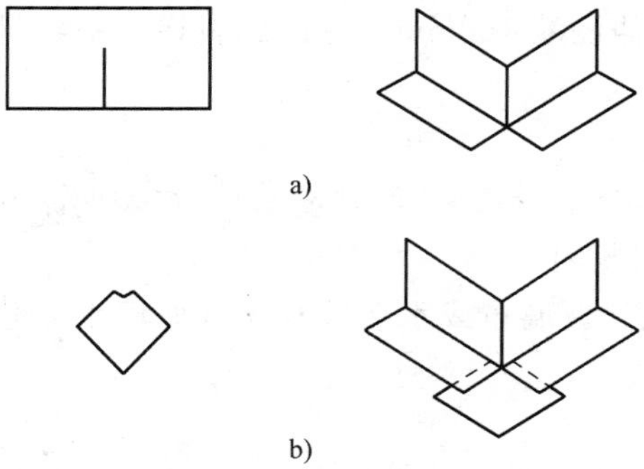

图 2-68　阳角附加层裁剪方法

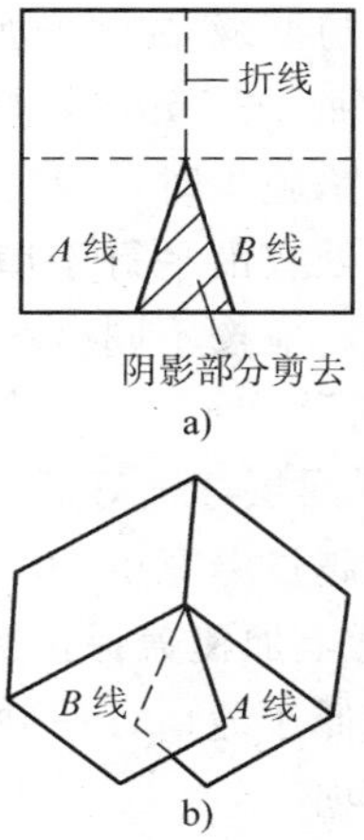

图 2-69　阴角附加层裁剪方法

2. 成品保护

1）屋面节点施工过程中应防止损坏已做好的保温层、找平层、防水层、保护层。

2）屋面施工中及时清理杂物，不得有杂物堵塞水落口、斜沟等。

3）变形缝、水落口等处防水层施工前，应进行临时堵塞，防水层完工后，应进行清除，保证管、缝内畅通，满足使用功能。

3. 安全环保措施

与各种防水卷材屋面和涂膜防水屋面的安全环保措施相同。

[能力训练]

训练项目　改性沥青密封材料防水施工

(1) 目的　了解防水油膏的特性，学会防水油膏的使用方法。

(2) 能力及标准要求　具有配制冷底子油的能力，具有使用施工工具的能力，要求达到初级防水工的技术标准。

(3) 准备

1）场地准备。利用实习车间的模拟屋顶。

2）材料准备。橡胶沥青嵌缝油膏、10 号石油沥青、汽油、刮刀、溜子、带鸭嘴铁桶、玻璃丝布、手套等防护工具。

(4) 步骤

1）基层检查与处理。密封防水施工前应检查接缝尺寸，符合设计要求后，方可进行下道工序的施工。

待缝内细石混凝土或砂浆硬化、干燥后，将板缝中浮浆、尘土、杂物清理干净，用“皮老虎”吹净。

2）涂刷冷底子油及嵌缝。在清洁干燥的缝槽内涂刷冷底子油一道，以橡胶沥青油膏嵌缝，冷底子油配合比为 10 号石油沥青∶汽油＝3∶7 或者油膏∶汽油＝4∶6（均为质量比），配比要准确，搅拌要均匀。

冷底子油干透后，先将少量油膏用刮刀、溜子在缝槽两边反复刮涂，再把该油膏分两次嵌在缝内，使其与壁缝粘结牢固，挤压密实。防止油膏与缝壁留有空隙或其中进入空气。要使油膏略高于板面3～5mm，呈弧形并盖过板缝，接头应采用斜槎。

当采用热灌法施工时，应由下向上进行，尽量减少接头；垂直于屋脊的板缝宜先浇灌，同时在纵横交叉处宜沿平行于屋脊的两侧板缝各延伸浇灌150mm，并留成斜槎。密封材料熬制及浇灌温度，应按不同材料要求严格控制。

3）覆盖层铺设。

① 若作为暴露层，嵌好后应用稀释膏浆（油膏：汽油＝7：3，质量比），在表面涂刷一道，涂刷宽度应越过缝宽度20～30mm，以保证严密封闭。

② 在嵌缝膏上加覆盖保护层。可封贴沥青油毡、玻璃布或水泥砂浆等（如用水泥砂浆时，嵌缝油膏应低于缝口，使砂浆保持一定厚度）。

（5）注意事项

1）油膏在常温下冷施工，如遇温度过低，膏体稠度大，难以操作时，可以间接加热使用。

2）施工时操作者不得使用粘有滑石粉或机油的湿手套，以免粘贴不牢。

3）改性沥青密封材料严禁在雨天或雪天施工；五级风及其以上不得施工；施工环境气温宜为0～35℃。

（6）讨论　油膏嵌缝材料除了用在屋面刚性防水层接缝处还可以用在其他什么部位？

单元小结

本单元介绍了卷材防水屋面、涂膜防水屋面、刚性防水屋面、瓦材防水屋面、屋面细部防水的适用范围、防水材料的类型和质量要求、各种防水屋面的施工以及各种屋面的质量标准、成品保护与安全环保措施。

1. 卷材防水屋面

（1）常用的防水卷材按照材料的组成不同一般可分为沥青防水卷材、高聚物防水卷材、合成高分子防水卷材三大系列。

（2）卷材防水屋面的构造层次（自下而上）一般为：结构层、隔汽层、找平层、保温层、防水层、保护层等。

（3）卷材防水层铺贴方法有满粘法、空铺法、点粘法、条粘法。

（4）卷材防水屋面的施工应重点掌握各个构造层次的施工工艺和方法。

（5）应了解三大系列卷材防水屋面的质量标准、成品保护及安全环保措施。

2. 涂膜防水屋面

（1）防水涂料一般按涂料的类型和涂料的成膜物质的主要成分进行分类　按涂料类型分为溶剂型、反应型、水乳型。按成膜物质的主要成分为沥青类、高聚物改性沥青类、合成高分子类、聚合物水泥类、水泥类。

（2）涂膜防水屋面主要适用于防水等级为Ⅲ级、Ⅳ级的屋面防水，也可用作Ⅰ级、Ⅱ级屋面多道防水设防中的一道防水层。

（3）涂膜防水屋面的施工方法有抹涂法、刷涂法、刮涂法、喷涂法。

（4）涂膜防水屋面各层次的施工包括基层施工、找平层施工、保护层施工。

（5）涂膜防水层施工工艺有喷涂施工、刷涂施工、抹涂施工、刮涂施工。

（6）防水涂料施工按厚度可分为薄质防水涂料施工工艺、厚质防水涂料施工工艺。

（7）了解涂膜防水屋面的质量标准、成品保护与安全环保措施。

3. 刚性防水屋面

（1）刚性防水层的原材料包括水泥、石子、沙子、水、外加剂、密封材料、块体。

（2）了解刚性防水屋面分类及适用范围（普通细石防水混凝土、补偿收缩混凝土防水层、块体刚性防水层、预应力混凝土防水层、钢纤维混凝土防水层、外加剂防水混凝土防水层、粉状憎水材料防水层、白灰炉渣屋面）。

（3）刚性防水屋面施工。了解施工准备、现场条件准备、掌握刚性防水屋面各层次施工。

1）混凝土刚性防水层施工。包括普通细石混凝土刚性防水层施工、现浇混凝土防水层施工。

2）水泥砂浆防水层施工。包括普通水泥砂浆防水层施工、聚合物水泥砂浆防水层施工。

（4）了解刚性防水屋面的质量标准、成品保护与安全环保措施。

4. 瓦材防水屋面

（1）瓦材是建筑的传统屋面防水工程所采用的防水材料。它包括平瓦、波形瓦和压型钢板等。了解瓦材屋面的材料及质量要求。

（2）掌握瓦材防水屋面的施工

1）平瓦屋面施工。包括施工程序、施工操作。

2）油毡瓦屋面施工。包括施工程序、施工操作油毡瓦的铺设方法、脊瓦的铺设方法、屋面细部构造施工。

3）波形瓦屋面施工。包括施工程序、施工操作。

4）压型钢板防水屋面施工。包括平板型薄钢板铺设、波形薄钢板铺设、带肋镀铝锌钢板铺设。

（3）了解瓦材防水屋面的质量标准、成品保护和安全环保措施。

5. 屋面细部防水

（1）了解屋面细部构造的内容。

（2）掌握屋面细部构造与施工。包括檐口、天沟、檐沟、女儿墙泛水、压顶、水落口、变形缝、伸出屋面管道、分隔缝、排气道、排气孔、架空隔热板等。

（3）了解屋面细部构造的质量标准、成品保护与安全环保措施。

复习思考题

2-1　卷材防水层有哪些构造层次？各层次的作用是什么？

2-2　卷材防水屋面铺贴方法有哪些？适用条件是什么？

2-3　常用防水卷材按材料的组成不同分为哪三大系列？

2-4　防水方案编制的内容有哪些？

2-5 屋面找平层的质量要求是什么？
2-6 水泥砂浆找平层的施工操作内容有哪些？
2-7 试述屋面保温隔热材料的分类。
2-8 屋面卷材的施工顺序与铺贴方向如何确定？
2-9 试述热熔法施工操作要点。
2-10 试述自粘法施工操作要点。
2-11 复合防水施工的特点是什么？
2-12 试述高聚物改性沥青防水卷材热熔法施工。
2-13 试述合成高分子防水卷材冷粘贴卷材的方法。
2-14 试述防水涂料的分类。
2-15 试述涂膜防水层的施工程序。
2-16 涂膜防水屋面找平层的质量要求有哪些？
2-17 涂膜防水屋面的基层平整度对防水质量有什么影响？
2-18 画出防水涂料喷涂行走路线图。
2-19 刷涂施工中对特殊部位如何处理？
2-20 试述涂膜防水屋面施工要点。
2-21 刚性防水屋面的分类及适用范围是什么？
2-22 画出刚性防水屋面的施工工艺流程图。
2-23 画出现浇混凝土防水层的施工工艺流程图。
2-24 画出水泥砂浆防水层的施工工艺流程图。
2-25 试述瓦材防水屋面的适用范围。
2-26 平瓦屋面如何挂瓦？
2-27 试述油毡瓦的铺设方法。
2-28 屋面细部防水有哪些内容？
2-29 画出檐沟防水构造图。
2-30 女儿墙泛水压顶应如何处理？
2-31 屋面水落口有哪些构造要求？
2-32 屋面变形缝应如何处理？
2-33 画出伸出屋面管道的防水构造图。

实训练习题

2-1 按照卷材铺贴要求在实验室将卷材铺贴在地面上，理解空铺法的施工要点。
2-2 练习水泥砂浆抹灰，体会水泥砂浆找平层的施工要点。
2-3 学习聚氨酯防水涂料的拌制方法，并练习刷涂法。
2-4 练习平瓦的挂瓦方法。
2-5 观察所在单位的屋顶细部构造，写出其处理方法报告。

单元3　地下防水工程

单元概述

本单元主要介绍地下防水混凝土结构防水、地下工程卷材防水、地下工程涂膜防水、地下工程水泥砂浆防水。每个课题主要从该种形式防水的适用范围、材料及质量要求、施工工艺和方法、质量标准和安全环保措施等方面加以论述。

学习目标

了解各种防水形式的适用范围和地下防水材料的种类及质量要求；领会地下防水工程的质量标准与安全环保措施；掌握地下防水混凝土工程和地下防水卷材的施工方法。

课题1　地下防水混凝土结构防水

3.1.1　地下工程防水方案

1. 地下工程防水原则

地下工程防水原则应紧密结合工程地质水文情况、地形和环境条件、基础埋置深度、地下水位高低、工程结构特点及施工方法、防水标准、工程用途、技术经济指标、材料来源等综合考虑。坚持遵循“防、排、截、堵，以防为主，多道设防、刚柔结合、因地制宜、综合治理”的原则进行设计。

2. 地下工程防水等级和设防标准

为使建筑防水工程做到技术上可行、经济上合理，体现重要工程在防水耐用年限、设防要求、防水层材料的选择等方面的不同，将建筑防水划分成不同的等级。地下工程的防水等级，根据防水工程的重要性、使用功能和建筑物类别的不同，按结构允许渗漏水的程度，将其划分成4级，见表3-1。地下工程的建筑物类别见表3-2。

表3-1　地下工程防水等级标准

防水等级	标　　准
Ⅰ级	不允许渗水，结构表面无湿渍
Ⅱ级	不允许漏水，结构表面可有少量湿渍 工业与民用建筑：湿渍总面积不应大于总防水面积（包括顶板、墙面、地面）的1/1000；任意$100m^2$防水面积上湿渍不超过1处，单个湿渍上的最大面积不大于$0.1m^2$

（续）

防水等级	标准
Ⅱ级	其他地下工程：湿渍总面积不应大于总防水面积的6/1000；任意100m^2防水面积上的湿渍不超过4处，单个湿渍的最大面积不大于0.2m^2
Ⅲ级	有少量漏水点，不得有线流和漏泥砂 任意100m^2防水面积上的漏水点数不超过7处，单个漏水点的最大漏水量不大于2.5L/d，单个湿渍的最大面积不大于0.3m^2
Ⅳ级	有漏水点，不得有线流和漏泥砂 整个工程平均漏水量不大于2L/（m^2·d） 任意100m^2防水面积的平均漏水量不大于4L/（m^2·d）

表3-2　地下工程的建筑物类别

项目	地下工程防水等级			
	Ⅰ级	Ⅱ级	Ⅲ级	Ⅳ级
建筑物类别	医院、餐厅、旅馆、影剧院、商场、冷库、粮库、金库、档案库、通信工程、计算机房、电站控制室、配电间、防水要求较高的生产车间 指挥工程、武器弹药库、防水要求较高的人员掩蔽部 铁路旅客站台、行李房、地下铁道车站、城市人行地道	一般生产车间、空调机房、发电机房、燃料库 一般人员掩蔽工程 电气化铁路隧道、寒冷地区铁路隧道、地铁运行区间隧道、城市公路隧道、水泵房	电缆隧道、水下隧道、非电气化铁路隧道、一般公路隧道	取水隧道、污水排放隧道、人防疏散干道、涵洞

3. 地下工程防水方案

地下工程防水方案，应全面考虑地形、地貌、水文地质、地震烈度、冻结深度、环境条件、结构形式、施工工艺、材料来源等因素，按围护结构允许渗漏水的程度，合理确定，详见表3-3。

表3-3　地下工程防水方案的确定

防水等级	Ⅰ级	Ⅱ级	Ⅲ级	Ⅳ级
防水方案	混凝土自防水结构，根据需要可设附加防水层	混凝土自防水结构，根据需要可设附加防水层	混凝土自防水结构，根据需要可采取其他防水措施	混凝土自防水结构或其他防水措施
选材要求	优先选用补偿收缩防水混凝土、厚质高聚物改性沥青，也可选用合成高分子卷材、合成高分子涂料、防水砂浆	优先选用补偿收缩防水混凝土、厚质高聚物改性沥青，也可选用合成高分子卷材、合成高分子涂料	宜选用结构自防水、高聚物改性沥青卷材、合成高分子卷材	结构自防水、防水砂浆或高聚物改性沥青卷材

3.1.2 地下防水混凝土的种类

防水混凝土是以调整混凝土配合比、掺外加剂或采用新品种水泥等方法提高混凝土自身的密实性、憎水性和抗渗性来达到自防水目的的一种混凝土。其抗渗等级不小于P6（抗渗压力0.6MPa），防水混凝土抗渗等级有P6、P8、P12、P16、P20等。防水混凝土抗渗等级最低定为P6，一般多使用P8，重要工程宜定为P8～P20。

防水混凝土一般分为普通防水混凝土、外加剂防水混凝土和补偿收缩防水混凝土三种。

防水混凝土的防水机理是针对普通混凝土内部存在毛细管和缝隙引起渗水，采取相应措施，提高混凝土的密实性及憎水性。即通过选择合适的集料级配、降低水灰比、改善配合比以及掺入适量外加剂等，减少和破坏存在于混凝土内部的毛细管网络，以达到防水的目的。

3.1.3 地下防水混凝土材料及质量要求

1. 水泥

1）水泥强度等级不应低于32.5级。

2）在不受侵蚀介质和冻融作用时，宜采用硅酸盐水泥、普通硅酸盐水泥、火山灰质硅酸盐水泥、粉煤灰硅酸盐水泥、矿渣硅酸盐水泥，使用矿渣硅酸盐水泥必须掺用高效减水剂。

3）在受侵蚀介质作用时，应按介质的性质选用相应的水泥品种。

4）在受冻融作用时，应优先选用普通硅酸盐水泥，不宜采用火山灰质硅酸盐水泥和粉煤灰硅酸盐水泥。

5）不得使用过期或受潮结块的水泥，不同品种或等级的水泥不得混合使用。

2. 砂石

1）石子最大粒径不宜大于40mm，泵送时其最大粒径应为输送管径的1/4；吸水率不应大于1.5%。不得使用碱活性集料。其他要求应符合《普通混凝土用碎石或卵石质量标准及检验方法》（JGJ 53—1992）的规定。

2）砂宜采用中砂，其要求应符合《普通混凝土用砂质量标准及检验方法》（JGJ 52—1993）的规定。

3. 拌制用水

应符合现行《混凝土拌合用水标准》（JGJ 63—1989）的规定。

4. 外加剂

可根据工程需要掺入减水剂、膨胀剂、防水剂、密实剂、引气剂、复合型外加剂等外加剂，其品种掺量应经试验确定。

5. 外掺料

可掺入一定数量的粉煤灰、磨细矿渣粉、硅粉等。粉煤灰的级别不应低于Ⅱ级，掺量不宜大于20%；硅粉掺量不应大于3%；其他掺合料的掺量应经过试验确定。

6. 其他

可根据工程抗裂需要掺入钢纤维或合成纤维。

3.1.4 地下工程防水混凝土施工

1. 施工准备

(1) 基坑降排水和基础垫层施工　防水混凝土在终凝前严禁被水浸泡，否则会影响正常硬化，降低强度和抗渗性。为此，作业前需要做好基坑的降排水工作。混凝土主体结构施工前，必须做好基础垫层混凝土，使之起到防水辅助防线的作用，同时保证主体结构施工的正常运行。一般做法是，在坑基开挖后，铺设300～400mm砂砾料作垫层，经夯实或碾压，然后浇灌C15混凝土厚100mm做找平层。

(2) 选择原材料　水泥必须符合国家标准，如有受潮、变质过期现象，不能使用。水泥品种应优先选用硅酸盐水泥。当采用矿渣水泥时，需提高水泥的研磨细度或者掺外加剂来减轻泌水现象等措施后，才可以使用。有硫酸盐侵蚀的地段，则可选用火山灰质水泥。

砂、石的要求与普通混凝土相同，但清洁程度要充分保证，含泥量要严格控制。因为，含泥量高将加大混凝土的收缩，降低强度和抗渗性。石子含泥量不大于1%，砂的含泥量不大于2%。

(3) 混凝土配合比要求　混凝土配合比是保证混凝土强度和抗渗性的关键。防水混凝土的配合比应通过试验室确定，抗渗等级应比设计要求提高0.2MPa，再按试验室的理论配合比考虑施工现场砂石含水率，确定施工配合比，并在搅拌机旁挂牌明示，现场如有材料变更，应根据变更材料及时对配合比作相应调整。

1) 防水混凝土的配合比，应符合下列要求：

① 水泥用量不得少于300kg/m³；掺有活性掺合料时，水泥用量不得少于280kg/m³。

② 砂率宜为35%～40%，泵送时可增至45%。

③ 灰砂比宜为1∶1.5～1∶2.5（质量比）。

④ 水灰比不得大于0.55。

⑤ 普通防水混凝土坍落度不宜大于50mm。防水混凝土采用预拌混凝土时，入泵坍落度宜控制在（120±20）mm，入泵前坍落度每小时损失值不应大于30mm，坍落度总损失值不应大于60mm。

⑥ 掺加引气剂或引气型减水剂时，混凝土含气量应控制在3%～5%。

⑦ 防水混凝土采用预拌混凝土时，缓凝时间宜为6～8h。

2) 防水混凝土配料必须按质量配合比准确称量。计量允许偏差不应大于下列要求：

① 水泥、水、外加剂、掺合料为±1%。

② 砂、石为±2%。

2. 防水混凝土施工操作

(1) 模板施工

1) 模板应能保证结构构件的形状尺寸和空间位置的准确，并应有足够的刚度、强度、稳定性，构造简单、拆装方便，模板拼缝不应漏浆，以钢模、木模为宜。

2) 一般不宜用螺栓或铁丝贯穿混凝土墙固定模板，以避免水沿缝隙渗入。在条件适宜的情况下，可采用滑模施工。

3) 固定模板时，严禁用铁丝穿过防水混凝土结构，以防在混凝土内部形成渗水通道。

如必须用对拉螺栓来固定模板，则应在预埋套管或螺栓上至少加焊（必须满焊）一个直径为80～100mm的止水环。若止水环是满焊在预埋套管上的，则拆模后，拔出螺栓，用膨胀水泥砂浆封堵套管；若止水环是满焊在螺栓上的，则拆模后，将露出防水混凝土的螺栓两端多余部分割去，如图3-1所示。

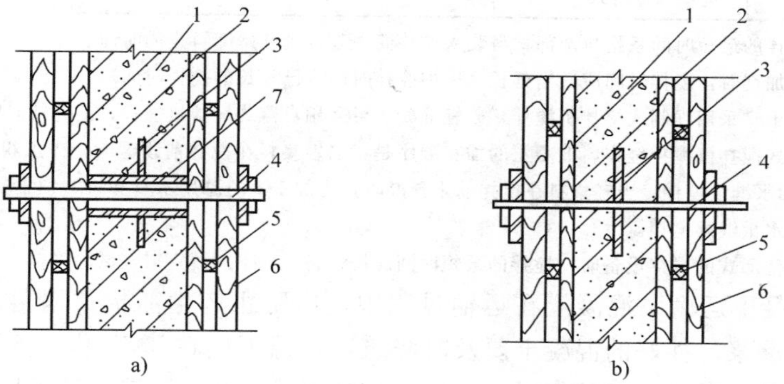

图3-1　对拉螺栓防水处理

a）预制套管加焊止水环　b）螺栓加焊止水环

1—防水混凝土　2—模板　3—止水环　4—螺栓　5—大龙骨　6—小龙骨　7—预埋套管

（2）钢筋施工

1）钢筋绑扎。钢筋的品种、规格、形状、位置、间距要符合设计要求，钢筋相互间应绑扎牢固，以防浇捣时因碰撞、振动使绑扣松散、钢筋移位，造成露筋。

2）安放垫块或塑料卡，保证钢筋保护层厚度。钢筋保护层厚度，应符合设计要求，不得有负误差。迎水面防水混凝土的钢筋保护层厚度，不得小于35mm；当结构直接处于侵蚀介质中时，不应小于50mm。垫块一般呈梅花形布置，其间距不大于1m。

3）架设钢马凳。为了保证双层钢筋的间距或者为了使钢筋及绑扎铁丝不得接触模板，若采用钢马凳架设钢筋时，在不能取掉的情况下，应在铁马凳上加焊止水环。

（3）防水混凝土搅拌

1）准确计算、称量用料量。严格按选定的施工配合比配料，准确计算并称量每种用料。外加剂的掺加方法按照所选外加剂的使用要求。水泥、水、外加剂掺和料计量允许偏差不应大于±1%；砂、石计量允许偏差不应大于2%。

2）控制搅拌时间。防水混凝土应采用机械搅拌，搅拌时间一般不少于2min，掺入引气型外加剂，则搅拌时间约为2～3min，掺入其他外加剂应根据相应的技术要求确定搅拌时间。掺UEA膨胀防水混凝土搅拌的最短时间，按表3-4采用。

表3-4　混凝土搅拌的最短时间/s

混凝土塌落度/mm	搅拌机机型	搅拌机出料量/L		
		<250	250～500	>500
≤30	强制式	90	120	150
	自落式	150	180	210

（续）

混凝土塌落度/mm	搅拌机机型	搅拌机出料量/L		
		<250	250～500	>500
>30	强制式	90	90	120
	自落式	150	150	180

注：1. 混凝土搅拌的最短时间系指自全部材料装入搅拌筒中起，到开始卸料止的时间。
2. 当掺有外加剂时，搅拌时间应适当延长（表中搅拌时间为已延长的搅拌时间）。
3. 全轻混凝土宜采用强制式搅拌机搅拌，砂轻混凝土可采用自落式搅拌机搅拌，但搅拌时间应延长 60～90s。
4. 采用强制式搅拌机搅拌轻集料混凝土的加料顺序是：当轻集料在搅拌前预湿时，先加粗、细集料和水泥搅拌 30s，再加水继续搅拌；当轻集料在搅拌前未预湿时，先加 1/2 的总用水量和粗、细集料搅拌 60s，再加水泥和剩余用水量继续搅拌。
5. 当采用其他形式的搅拌设备时，搅拌的最短时间应按设备说明书的规定或经试验确定。

（4）防水混凝土运输　混凝土在运输过程中，应防止产生离析及塌落度和含气量的损失。同时要防止漏浆。拌好的混凝土要及时浇筑，常温下应在 0.5h 内运至现场，于初凝前浇筑完毕。运送距离远或气温较高时，可掺入缓凝型减水剂。浇筑前发生显著泌水离析现象时，应加入适量的原水灰比的水泥复拌均匀，方可浇筑。

（5）防水混凝土浇筑　浇筑前，应对模板工程进行预检，将模板内部清理干净，木模板用水湿润防止吸水。浇筑时，若模板自由高度超过 1.5m，则必须用串筒、溜槽或溜管等辅助工具将混凝土送入，以防离析和造成石子滚落堆积，影响质量。

在防水混凝土结构中有密集管群穿过处、预埋件或钢筋稠密处、浇筑混凝土有困难时，应采用相同抗渗等级的细石混凝土浇筑；预埋大管径的套管或面积较大的金属板时，应在其底部开设浇筑振捣孔，以利排气、浇筑和振捣，如图 3-2 所示。

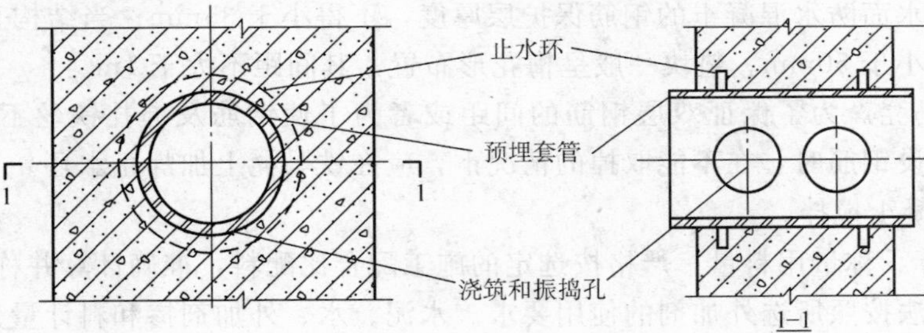

图 3-2　浇筑和振捣孔示意图

混凝土运输、浇筑及间歇的全部时间不得超过表 3-5 的规定，当超过时应留置施工缝。施工缝应留在结构受剪力较小且便于施工的地方。

表 3-5　混凝土运输、浇筑及间歇的允许时间/min

混凝土强度等级	气　温	
	不高于 25℃	高于 25℃
不高于 C30	210	180
高于 C30	180	150

（6）防水混凝土振捣　防水混凝土应采用混凝土振捣器进行振捣。当用插入式混凝土振

动器时，插点间距不宜大于振动棒作用半径的1.5倍，振动棒与模板的距离，不应大于其作用半径的0.5倍，也不能紧靠模板。振动棒插入下层混凝土内的深度应不小于50mm，每一振点应快插慢拔，使振动棒拔出后，混凝土自然地填满插孔。当采用表面式混凝土振动器时，其移动间距应保持振动器的平板能覆盖已振实部分的边缘。混凝土必须振捣密实，每一振捣点的振捣延续时间，应使混凝土表面呈现浮浆和不再沉落。

施工时的振捣是保证混凝土密实性的关键，浇灌时必须分层进行，按顺序振捣。

(7) 防水混凝土养护

1) 防水混凝土的养护比普通混凝土更为严格，必须充分重视，因为混凝土早期脱水或养护过程缺水，抗渗性将大幅度降低。特别是前7d的养护更为重要，养护期不少于14d，对火山灰硅酸盐水泥养护期不少于21d。

2) 浇水养护次数应能保持混凝土充分湿润，每天浇水3～4次或更多次数，并用湿草袋或薄膜覆盖混凝土的表面，应避免暴晒。

3) 冬季施工应有保暖、保温措施。因为防水混凝土的水泥用量较大，相应混凝土的收缩性也大，养护不好，极易开裂，降低抗渗能力。因此，当混凝土进入终凝（约浇灌后4～6h）即应覆盖并浇水养护。

4) 防水混凝土不宜采用电热法养护。浇灌成型的混凝土表面覆盖养护不及时，尤其在北方地区夏季炎热干燥情况下，内部水分将迅速蒸发，使水化不能充分进行。而水分蒸发造成毛细管网相互连通，形成渗水通道；同时混凝土收缩量加快，出现龟裂使抗渗性能下降，丧失抗渗透能力。养护及时使混凝土在潮湿环境中水化，能使内部游离水分蒸发缓慢，水泥水化充分，堵塞毛细孔隙，形成互不连通的细孔，大大提高防水抗渗性。

(8) 拆模　模板的拆除时间应根据混凝土的强度、结构的性质、模板的用途、混凝土硬化时的气温来决定。防水混凝土不宜过早拆模。拆模过早，等于养护不良，也会导致开裂，降低防渗能力。拆模时防水混凝土的强度必须超过设计强度的70%，防水混凝土表面温度与周围气温之差不得超过15℃，以防混凝土表面出现裂缝。

拆模后应及时回填。回填土应分层回填、分层夯实、分层检查，并严格按照施工规范的要求操作。

(9) 大体积防水混凝土施工　大体积防水混凝土的施工，为防止出现温度裂缝，应采取以下措施：

1) 在设计许可的情况下，采用混凝土60d强度作为设计强度。

2) 采用低热或中热水泥，掺加粉煤灰、磨细矿渣粉等掺和料。

3) 掺入减水剂、缓凝剂、膨胀剂等外加剂。

4) 在炎热季节施工时，采取降低原材料温度、减少混凝土运输时吸收外界热量等降温措施。

5) 混凝土内部预埋管道，进行水冷散热。

6) 采取保温保湿养护，混凝土中心温度与表面温度的差值不应大于25℃，混凝土表面温度与大气温度的差值不应大于25℃，养护时间不应少于14d。

3. 防水混凝土施工缝处理

(1) 施工缝防水构造形式　施工缝防水基本构造形式如图3-3所示。

(2) 施工缝留置要求　防水混凝土应连续浇筑，宜少留施工缝。顶板、底板不宜留施工

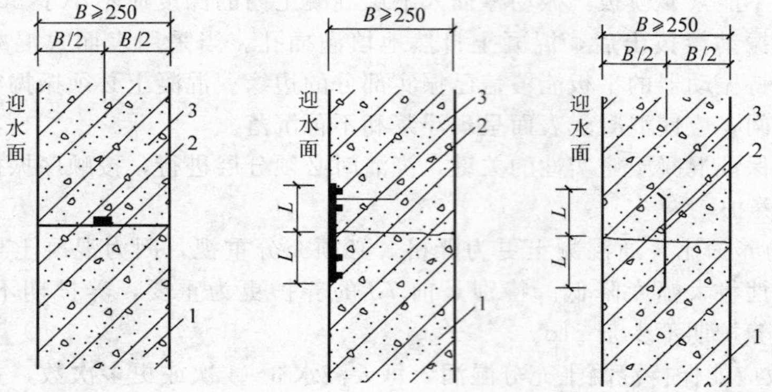

埋设止水条

1— 先浇混凝土
2— 遇水膨胀止水条
3— 后浇混凝土

外贴止水带

外贴止水带 L≥150
外涂防水涂料 L=200
外抹防水砂浆 L=200

1— 先浇混凝土
2— 外贴防水层
3— 后浇混凝土

中埋止水带

钢板止水带 L≥100
橡胶止水带 L≥125
钢边橡胶止水带 L≥120

1— 先浇混凝土
2— 中埋止水带
3— 后浇混凝土

图 3-3　施工缝防水基本构造形式

缝，顶拱、底拱不宜留纵向施工缝。当留设施工缝时，应遵循下列规定：

1）墙体水平施工缝不宜在剪力墙与弯矩最大处或底板与侧墙的交接处，应留在高出底板表面不小于 300mm 的墙体上。拱（板）墙结合的水平施工缝，宜留在拱（板）墙接缝线以下 150～300mm 处。墙体有预留孔洞时，施工缝距孔洞边缘不宜小于 300mm。

2）垂直施工缝应避免开地下水和裂隙水较多的地段，并宜与变形缝相结合。

（3）施工缝施工要求

1）水平施工缝浇灌混凝土前，应将其表面进行凿毛并将浮浆和杂物清除，用水冲洗干净，先铺水泥净浆，再铺厚 30～50mm 的 1∶1 水泥砂浆或涂刷混凝土界面处理剂，并及时浇灌混凝土。

2）垂直施工缝浇灌混凝土前，应将表面清除干净，并涂刷水泥净浆或混凝土界面处理剂，并及时浇灌混凝土。

3）选用遇水膨胀止水条应具有缓胀性能，其 7d 的膨胀率应不大于最终膨胀率的 60%。

4）遇水膨胀止水条应牢固地安装在缝表面或预留槽内。

5）采用中埋止水带时，应确保位置准确、固定牢靠。

4. 防水混凝土结构保护

（1）及时回填　地下工程的结构部分拆模后，应抓紧进行下一分项工程的施工，以便及时对基坑回填，回填土应分层夯实，并应严格按照施工规范的要求操作，控制回填土的含水率及干密度等指标。

（2）做好散水坡　在回填土后，应及时做好建筑物周围的散水坡，以保护基坑回填土不受地面水入侵。

（3）严禁打洞　防水混凝土浇筑后严禁打洞，因此所有的预留孔和预埋件在混凝土浇筑前必须埋设准确，对出现的小孔洞应及时修补，修补时先将孔洞中洗干净，涂刷一道水灰比为0.4的水泥浆，再用水灰比0.5的1∶2.5（质量比）水泥砂浆填实抹平。

5. 防水混凝土冬季施工要求

1）防水混凝土冬季施工，水泥要用普通硅酸盐水泥，施工时可在混凝土中掺入早强剂，原材料可采用预热法，水和集料及混凝土的最高允许温度参考表3-6。

表3-6　冬季施工防水混凝土及材料最高允许温度

水泥品种	最高允许温度/℃		
	水进搅拌机时	集料进搅拌机时	混凝土出搅拌机时
32.5级普通水泥	70	50	40
42.5级普通水泥	60	40	35

2）不能采用电热法养护。厚大的地下防水构筑物应采用蓄热法，地上薄壁防水构筑物需采用暖棚法和低温蒸汽养护。采用暖棚法时，棚温应保持在5℃以上。

3）采用蓄热法施工对组成材料加热时，水温不得超过60℃，集料温度不得超过40℃，混凝土出罐温度不得超过35℃，混凝土入模温度不低于热工计算要求。

4）必须采取措施保证混凝土有一定的养护湿度，尤其对大体积混凝土工程采用蓄热法施工时，要防止由于水化热过高水分蒸发过快而使表面干燥开裂。防水混凝土表面应用湿草袋或塑料薄膜覆盖保持湿度，再覆盖干草袋或草垫加以保温。

5）大体积防水混凝土工程以蓄热法施工时，要防止水化热过高，内外温差过大，造成混凝土表面开裂。混凝土浇筑完成后及时用草袋覆盖保持温度，再覆盖草袋或棉被加以保温，以控制内外温差不超过25℃。

3.1.5　地下室渗漏的维修

1. 渗漏的检查方法

地下室渗漏主要是由于结构层存在孔洞、裂缝和毛细孔而引起的。在维修前，首先须找出漏水点的准确位置。对于较严重的漏水部位可以直接观察发现，在一般情况下，采用如下方法检查。

1）将漏水处擦干，均匀地撒干水泥粉，在干水泥粉出现湿点或湿线处，即为漏水的孔或缝。

2）当用上述方法检查出现湿一片的现象，不能确定漏水位置时，可用水泥浆在漏水处均匀涂一薄层，并立即撒上干水泥粉，在干水泥粉表面的湿点或湿线处，即为漏水孔或缝。

3）对于基础下沉引起开裂而形成的渗漏，可用水准仪进行检查。

4）对于结构裂缝的检查，可按检查墙体裂缝的方法进行。

2. 防水材料的要求

1）防水混凝土的抗渗标号应高于地下室原防水设计要求（一般应高一等级）；防水混凝土的配合比要根据渗漏情况，经试验确定；防水混凝土所选用的外加剂，应严格按产品使用规定操作。

2）防水卷材、防水涂料及密封材料，应具有良好的弹塑性、粘结性、耐腐蚀性、抗渗透性及施工性能。为增强粘结强度，施工时应涂刷基层处理剂。

3）注浆材料应具有抗渗性高、粘结力强、耐久性好及良好的可灌性。

3. 地下室渗漏的维修方法

（1）堵漏修补　堵漏修补是地下室局部维修的一种有效方法，根据不同的原因、部位、渗漏情形和水压大小，进行不同的处理。堵漏修补的一般原则是：逐步把大漏变小漏，片漏变孔漏，线漏变点漏，使渗漏集中于一点或数点，最后把点漏堵塞。

1）孔洞漏水处理。

① 当水压不大（水头在 2m 以下），漏水孔洞较小时，采用"直接堵塞法"处理。操作时先根据渗漏水情况，以漏水点为圆心剔槽，剔槽直径为 10～30mm、深 30～50mm（一般毛细孔渗水剔成直径 10mm、深 20mm 圆孔即可）。所剔槽壁必须与基面垂直，不能剔成上大下小的楔形槽。剔完槽后，用水将槽冲洗干净，随即配制水泥胶浆［水泥：促凝剂＝1：0.6（质量比）］，捻成与槽直径相接近的锥形团，在胶浆开始凝固时，以拇指迅速将胶浆用力堵塞于槽内，并向槽壁四周挤压严实，使胶浆与槽壁紧密结合。堵塞完毕后，立即将槽孔周围擦干撒上干水泥粉检查是否堵塞严密，如检查时发现堵塞不严仍有渗漏水时，应将堵塞的胶浆全部剔除，槽底和槽壁经清理干净后重新按上述方法进行堵塞。如检查无渗水时，再在胶浆表面抹素灰和水泥砂浆各一层，并将砂浆表面扫成条纹，待砂浆有一定强度后（夏季 1d，冬季 2～3d），再和其他部位一样做好防水层。

② 当水压较大（水头 2～4 m），漏水孔洞较大时，可采用"下管堵塞法"处理（如图 3-4 所示）。首先彻底清除漏水处空鼓的面层，剔成孔洞，其深度视漏水情况而定，漏水严重的可直接剔至基层下的垫层处，将碎石清除干净。在洞底铺粒径为 5～32 mm 碎石一层，在碎石上面盖一层与孔洞等面积的油毡（或铁皮），油毡中间开一小孔，用胶皮管插入孔中，使水顺胶管流出（若是地面孔洞漏水，则在漏水处四周砌筑挡水墙坝，用胶皮管将水引出墙外）。用水泥胶浆把胶皮管四周的孔洞一次灌满，待胶浆开始凝固时，用力在孔洞四周压实，使胶浆表面略低于地面约 10mm。表面撒干水泥粉检查无漏水时，拔出胶皮管，按孔洞漏水"直接堵塞法"将孔洞堵塞。最后拆除挡水墙，表面刷洗干净，再进行防水层施工。

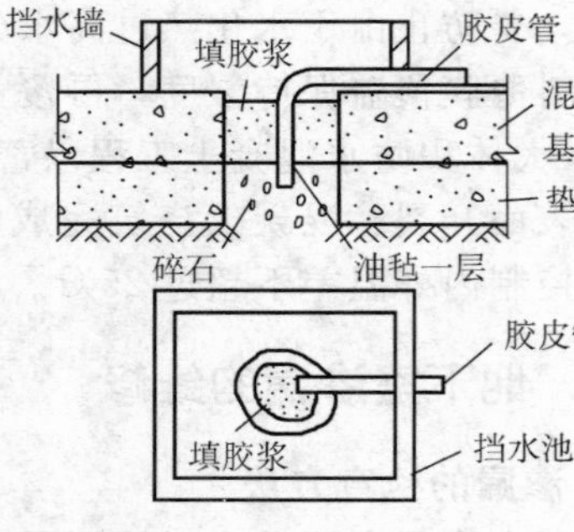

图 3-4　下管堵塞法

③当水压很大（水头在 4 m 以上），漏水孔不大时，可采用"木楔堵塞法"处理，如图 3-5 所示。

操作方法是将漏水处剔成一孔洞，孔洞四周松散石子应剔除干净。根据漏水量大小决定铁管直径。铁管一端打成扁形，用水泥胶浆把铁管稳设在孔洞中心，使铁管顶端略低于基层表面 30～40mm。按铁管内径制作木楔一个，木楔表面应平整，并涂刷冷底子油一道，待水泥胶浆凝固一段时间后（约 24h），将木楔打入铁管内，楔顶距铁管上端约 30mm。用 1：1（质量比）水泥砂浆（水灰比约 0.3）把楔顶上部空隙填实，随即在整个孔洞表面抹素灰、砂浆各一层。砂浆表面与基层表面相平，并将砂浆表面扫出毛纹。等

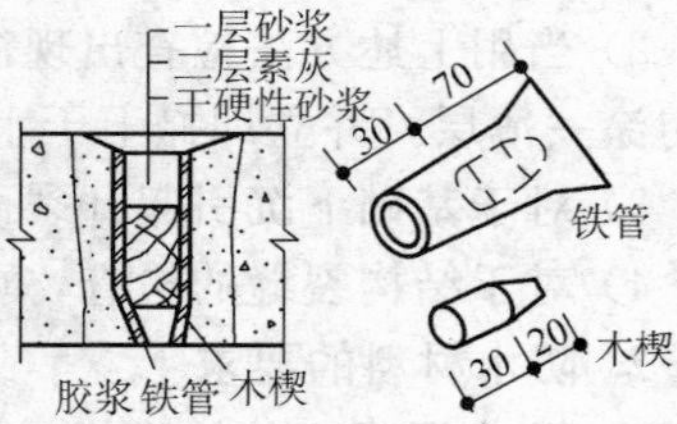

图 3-5　木楔堵塞法

砂浆有一定强度后，再与其他部位一起做防水层。

2）裂缝漏水的处理。对于因结构变形出裂缝漏水，应在变形基本稳定，裂缝不再发展的情况下，才能进行修补。裂缝漏水的修补，要根据水压的大小采取不同的操作方法。

① 水压较小的裂缝，可采用“裂缝漏水直接堵塞法”处理，如图3-6所示。

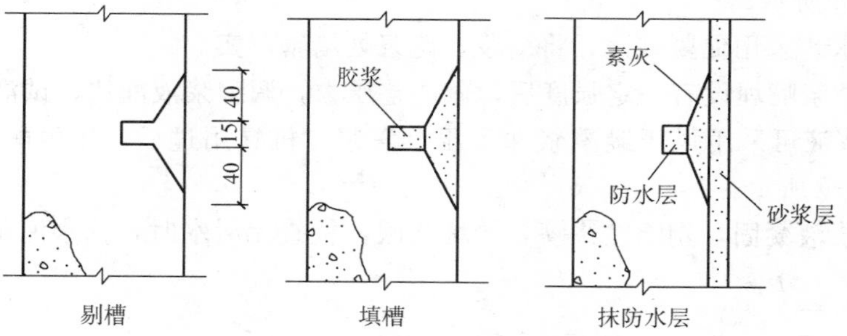

图3-6 裂缝漏水直接堵塞法

操作时，沿裂缝方向以裂缝为中心剔成八字形边坡沟槽，深30mm，宽15mm，将沟槽清洗干净，把水泥浆捻成条形，在胶浆将要凝固时，迅速填塞在沟槽中，以拇指用力向槽内及沟槽两侧挤压密实；若裂缝过长，可分段堵塞，分段胶浆间的接茬应以八字形相接，并用力挤压密实；堵塞完毕经检查已无渗水现象时，再在八字坡内抹素灰、砂浆各一层，并与基层面相平。

② 水压较大的裂缝，可采用“下线堵塞法”处理，如图3-7所示。

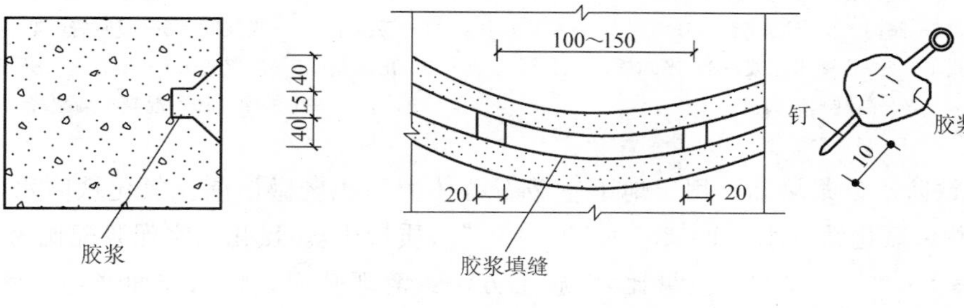

图3-7 下线堵塞法与下钉法

操作时，先剔好八字形沟槽，在槽底沿裂缝处放置一根小绳，长200～300mm，绳直径视漏水量而定。较长的裂缝应分段堵塞，每段长100～150mm，段间留有20mm空隙，将胶浆堵塞于每段沟槽内，迅速将槽壁两侧挤压密实，然后把小绳抽出。再压实一次，使水顺绳孔流出。每段间20mm的空隙，可用“下钉法”缩小孔洞，把胶浆包在铁钉上，待胶浆将要凝固时，插入20mm的空隙中，用力将胶浆与空隙四周压实，同时转动铁钉，并立即拔出，使水顺钉孔流出。经检查除钉孔外无渗漏水现象时，沿沟槽坡抹素灰、砂浆各一层，表面扫毛。再按孔洞漏水“直接堵塞法”的要求，将钉孔堵塞。

3）应用各种防水材料堵漏。

① 氰凝（聚氨酯）堵漏。适用于混凝土结构蜂窝孔洞处的渗漏，施工缝、变形缝、止水带、混凝土构造结合不严的渗漏，以及混凝土结构变形开裂或局部出现缝隙的渗漏。灌浆施工的步骤如下。

a. 基层处理。将裂缝剔成沟槽，清理干净，找出水源，做好记录。

b. 布置灌浆孔。应选漏水量大的部位为灌浆孔，使灌浆孔的底部与漏水裂缝、孔隙相交。水平缝宜由下向上选斜孔；竖直缝宜正对裂缝选直孔。浆孔底部留 100～200mm 保护层，孔距 500～1000mm。

c. 埋设注浆嘴　注浆嘴埋入的孔洞直径比注浆嘴直径大 30～40mm，埋深不小于 50mm，如图 3-8 所示。

d. 封闭漏水。采用促凝砂浆，将漏浆、跑浆处堵塞严实。

e. 试灌。注浆嘴埋设有一定强度后，做调整压力，调整浆液配比、试灌。

f. 灌浆。浆液可采用风压罐灌浆和手压泵灌浆，机具用过后，用丙酮清洗。手压泵灌浆示意图如图 3-9 所示。

g. 封孔。浆液凝固，剔除注浆嘴，严堵孔眼，检查无漏水时，抹水泥浆。

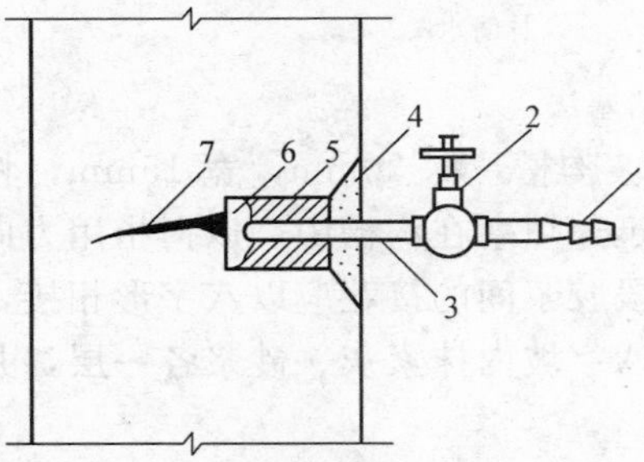

图 3-8　埋入式注浆嘴埋设方法

1—进浆嘴　2—阀门　3—注浆嘴　4—一层素灰一层砂浆找平　5—快硬水泥浆　6—半圆铁片　7—混凝土墙裂缝

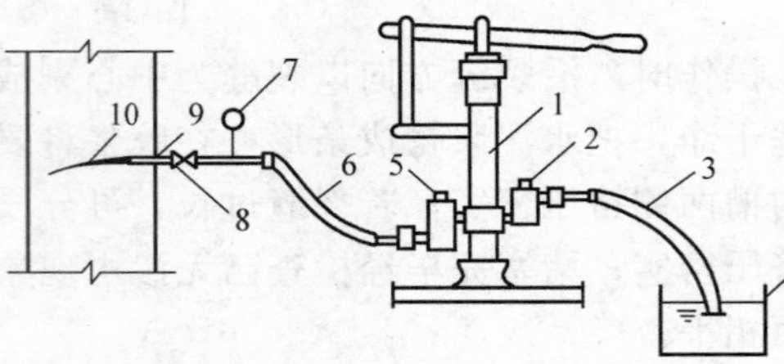

图 3-9　手压泵灌浆示意图

1—手压泵　2—吸浆阀　3—吸浆管　4—贮浆器　5—出浆阀　6—灌浆管　7—压力表　8—阀门　9—注浆嘴　10—混凝土墙裂缝

② 氯化铁防水砂浆堵漏。用于地下室砖石墙体大面积轻微渗漏。氯化铁防水砂浆配比为：水泥∶砂∶氯化铁∶水＝1∶2.5∶0.03∶0.5（质量比）。氯化铁水泥浆配比为：水泥∶水∶氯化铁＝1∶0.5∶0.03（质量比）。施工方法：清理基面，将原抹面凿毛，洗刷干净。抹厚 2～3mm 氯化铁水泥素浆一道，再抹厚 4～5mm 氯化铁防水砂浆一道，用木抹搓毛。第二天用同样方法再抹素浆和砂浆各一道，最后压光。砂浆抹面 12h 后喷水养护 7d。

③ 五矾防水剂堵漏。用于局部严重漏水部位，水泥（32.5 级以上普通硅酸盐水泥）和五矾防水剂配比为 1∶0.5。施工方法：先将渗漏部位凿成深 30mm 以上、宽 60～80mm 的凹槽，然后放入棉丝或引水管（棉丝应与五矾防水剂及水泥湿拌），再将氯化铁防水砂浆分几次堵住渗漏部位，压好茬口，下部留出水孔，然后抹素灰 2～3mm，最后外抹 1∶2 水泥砂浆。如果再在它的表面涂刷一层环氧树脂或氰凝剂，效果更好。

④ 环氧树脂整治。用于基面产生不规则裂纹引起的渗漏。所需材料：环氧树脂一般用 6101 型；固化剂使用乙二胺，掺量为环氧树脂质量的 6%～8%；稀释剂使用丙酮、二甲苯等，用量为环氧树脂质量的 10%～20%；增塑剂使用邻苯二甲酸二丁酯，用量为环氧树脂质量的 10%；填料根据不同情况用玻璃丝布、水泥、立德粉等。

⑤ 用防水油膏整治断裂造成的渗漏。先把断裂渗漏部位凿成宽 60～80mm、深 30mm

凹槽，用快干水泥封闭水源。然后用1∶2水泥砂浆将槽口抹平搓毛，养护7d，待表面干燥后，涂油膏两次。第一次涂刷防水油膏要加10%（质量分数）二甲苯，使之稀释，搅拌均匀，涂刷厚2mm、宽100～120mm，随涂随用木板反复搓擦。第二次直接将熬好的防水油膏再涂刷一遍，总厚度在5mm以上。涂完后用喷灯烤油膏周围，边烤边搓，增加粘结性。油膏涂刷后在表面抹一层水泥砂浆保护层，厚5mm。宽度应超过涂刷宽度20mm。若治理尚未渗漏的裂纹部位，可不凿槽，按上述做法，直接将防水油膏涂在基面。

⑥ 粘贴橡胶板整治伸缩缝渗漏。在伸缩缝两侧轻微拉毛，宽度为200mm，使其表面平整、干燥、清洁。将橡胶板用锉锉成毛面，搭接部位锉成斜坡，在基面和橡胶板上同时均匀涂刷XY—401胶，待表面呈现弹性，迅速粘贴。粘贴后用工具压实，以增强与基面的密实性。最后在橡板四周涂刷环氧立德粉。使用XY—401胶，因挥发使粘度增大时，可以用醋酸乙酯和汽油（2∶1）混合液稀释，也可用汽油稀释。

⑦ 卷材贴面法补漏。对于地下室卷材防水层的局部渗漏水，首先将迎水面部分卷材分层去掉，表面清理干净后抹面，然后再逐层补贴卷材，最后再加铺1～2层卷材盖住。对于基层裂缝（结构变形稳定后的裂缝）和伸缩缝漏水，可在裂缝外壁沿裂缝加铺卷材防水层，也可采用自粘油毡加铺防水层。对于防水层设计标高过低的渗漏水，在地下室内部空间允许的情况下，在背水面（房屋内部）加铺二毡三油，再做混凝土（外抹面）保护层，铺贴防水层时应保持干燥状态，卷材边要用沥青胶粘牢封严。

（2）地下室的整体维修　地下室的整体维修是指在保持原有主体结构的前提下，增设、重做和加强原有防水层。在维修施工中，较常用的有外防内涂、外防内做两种方法。

1）外防内涂防水。外防内涂防水是指在背水面主体表面涂刷氰凝涂膜防水层或抹硅酸钠水泥浆（防水油）防水层，以增加地下室的墙体和地面的不透水性。

① 氰凝涂膜防水层。即利用氰凝浆液遇水后发泡膨胀，向四周渗透扩散，最终生成不溶水的凝胶体。涂刷时分二层进行：第一层，将配好拌匀的氰凝浆液用橡胶片刮，顺一个方向涂刮均匀，固化24h后，垂直于第一层涂刷的方向做第二层，做法相同。然后固化24h（以手感不粘为宜）后再做保护面层。为施工方便，也可在第二层涂刷后尚未固化时，稀撒干净的中八厘石渣，固化后即牢固粘成一体，再做水泥砂浆保护面层。

② 硅酸钠水泥浆。即利用在水泥浆中掺加一定比例的硅酸钠防水剂，使水泥在水化过程中析出的氢氧化钙与硅酸钠反应生成不溶于水的硅酸盐，填充砂浆内的空隙和堵塞泌水通路，达到防水的目的。其做法是首先将基层表面凿毛清洗干净，刷水泥浆一遍，随后做1∶2.5（质量比）水泥砂浆找平层，再涂一道硅酸钠防水剂，涂刷均匀后，随即戴胶皮手套涂刷水泥浆。涂刷密实后接着涂第二遍硅酸钠防水剂，涂刷水泥浆，最后抹1∶2.5（质量比）水泥砂浆保护层，水泥砂浆的施工要按刚性防水做法要求进行。保护层初凝后洒水养护不少于14d。要求做到密实、无裂缝、无空鼓等，阴阳角均做成圆角。

2）外防内做防水。外防内做防水即“内套盒法”，因为地下室在新建时，多为外防外做，即将防水层设在迎水面。在整体维修时，外防外做有很大困难，有时条件也不允许，因此采用外防内做方法，如图3-10所示。外防内做的方法，虽能防止地下水进入室内，但基础的结构主体内部长期受潮，也会造成结构腐蚀，使承载能力下降。因此有的工程在外防内做的同时，加强结构和内做防水层，如图3-11所示。

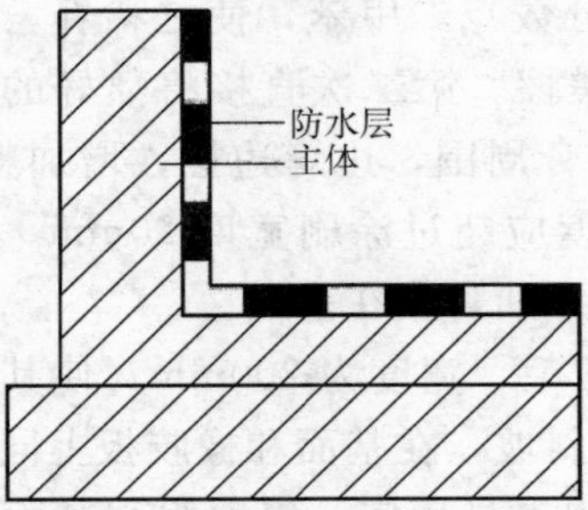

图 3-10 外防内做示意图

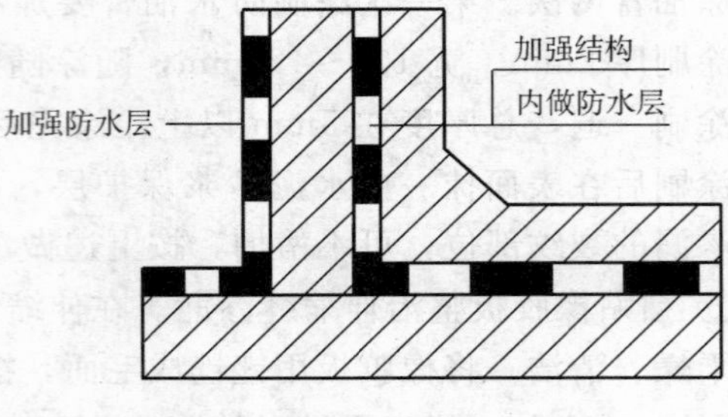

图 3-11 加强外防内做示意图

3.1.6 地下防水混凝土质量标准、成品保护与安全环保措施

1. 质量标准

（1）主控项目

1）防水混凝土的原材料、配合比及坍落度必须符合设计要求。

检验方法：检查出厂合格证、质量检验报告、计量措施和现场抽样复验报告。

2）防水混凝土的抗压强度和抗渗压力必须符合设计要求。

检验方法：检查混凝土抗压、抗渗试验报告。

3）防水混凝土的变形缝、施工缝、后浇带、穿墙管道、埋设件等设置和构造，均须符合设计要求，严禁有渗漏。

检验方法：观察检查和检查隐蔽工程验收记录。

（2）一般项目

1）防水混凝土结构表面应坚实、平整，不得有露筋、蜂窝等缺陷；埋设件位置应准确。

检验方法：观察和尺量检查。

2）防水混凝土结构表面的裂缝宽度不应大于 0.2mm，并不得贯通。

检验方法：用刻度放大镜检查。

3）防水混凝土结构厚度不应小于 250mm，其偏差为＋15mm，－10mm；迎水面钢筋保护层厚度不应小于 50mm，其偏差为±10mm。

检查方法：尺量检查和检查隐蔽工程验收记录。

2. 成品保护

1）浇筑混凝土时严禁踩踢钢筋，要确保钢筋、模板、预埋件的位置准确。

2）在拆模或吊运其他物件时，不得碰坏施工缝外企口、止水带及外露钢筋。

3）穿墙管、电线管、门窗及预埋件等应事先预埋准确、牢固、严禁事后凿打。

4）混凝土强度未达到 1.2N/mm^2 时严禁堆载施工。

3. 安全环保措施

（1）安全保证措施

1）现场施工负责人和施工员必须十分重视安全生产，牢固树立安全促进生产、生产必须安全的思想，切实做好预防工作。所有施工人员必须经安全培训，考核合格方可上岗。

2）施工员在下达施工计划的同时，应下达具体的安全措施，每天出工前，施工员要针对当天的施工情况，布置施工安全工作，并讲明安全注意事项。

3）落实安全施工责任制度，安全施工教育制度、安全施工交底制度、施工机具设备安全管理制度等，并落实到岗位，责任到人。

4）防水混凝土施工期间应以漏电保护、防机械事故和保护为安全工作重点，切实做好防护措施。

5）遵章守纪，杜绝违章指挥和违章作业，现场设立安全措施及有针对性的安全宣传牌、标语和安全警示标志。

6）进入施工现场必须佩戴安全帽，作业人员衣着灵活紧身，禁止穿硬底鞋、高跟鞋作业，高空作业人员应系好安全带，禁止酒后操作、吸烟和打架斗殴。

（2）环境保护措施

1）严格按施工组织设计要求合理布置工地现场的临时设施，做到材料堆放整齐，标识清楚，办公环境文明，施工现场每日清扫，严禁在施工现场及其周围随地大小便，确保工地文明卫生。

2）做好安全防火工作，严禁工地现场吸烟或其他不文明行为。

3）注意施工废水排放，防止造成下水管道堵塞。

4）定期会同监理、建设单位对工地卫生、材料堆放、作业环境进行检查。

3.1.7 地下防水混凝土质量通病防治

工程质量通病防治可分为两种。

1. 蜂窝、麻面、孔洞

（1）现象　混凝土表面出现蜂窝、麻面、孔洞等质量缺陷。

（2）原因分析

1）混凝土配合比不当，计量不准，和易性差，振捣不密实或漏振。

2）下料不当或下料过高未设溜槽、串桶等措施造成石子、砂浆离析。

3）模板拼缝不严，水泥浆流失。

4）混凝土振捣不实、气泡未排出，停在混凝土表面。

5）钢筋较密部位或大型埋设件（管）处，混凝土下料被搁住，未振捣到位就继续浇筑上层混凝土。

（3）防治措施

1）严格控制混凝土配合比，经常检查，做到计量准确，混凝土拌合均匀，坍落度适合。

2）混凝土下料高度超过 1.5m 时，应设串桶或溜槽，浇筑应分层下料，分层振实，排除气泡。

3）模板拼缝应严密，必要时在拼缝处嵌腻子或粘贴胶带，防止漏浆。

4）在钢筋密集处及复杂部位，采用细石防水混凝土浇筑，大型埋管两侧应同时浇筑或加开浇筑口，严防漏振。

2. 裂缝

（1）现象

平行构件短边或阴角处出现细缝或板面上斜细缝，随着时间推移，细缝展宽，以后趋于稳定。此外，冬季裂缝缩小、夏季裂缝张大。

（2）原因分析

1）混凝土凝结收缩引起：当混凝土凝结时，游离水分蒸发，体积收缩，特别是地下防水混凝土设计强度等级较高，水泥含量大，又未采用外加剂、掺合料，故收缩量相应也大。其次是终凝后养护工作未跟上，混凝土表面不湿润，失水太快形成干裂。

此外，顶板、底板阴角较多，收缩时阴角处应力集中，产生撕裂现象。

2）大体积混凝土（如高层地下室底板）、体积大厚度高，未用低水化热水泥或掺合料，而保温保湿措施不足，引起中心温度与表面温度差异超过25℃，造成温差裂缝。

（3）防治措施

1）严格按要求施工，注意混凝土振捣密实。

2）大体积防水混凝土施工时，必须采取严格的质量保证措施；炎热季节施工时要有降温措施，注意养护温度与养护时间。

［能力训练］

训练项目　拌制防水混凝土

（1）目的　学会防水混凝土的拌制方法，了解防水混凝土与普通混凝土的区别。

（2）能力及标准要求　具有混凝土搅拌机械的使用能力，具有混凝土原材料计量工具的使用能力，具有混凝土配合比的计算能力。通过训练能够达到初级防水工的技能标准。

（3）准备　在实验室准备好小型混凝土搅拌机，根据搅拌机的容量计算所需的材料用量（水泥、砂、石、水、外加剂），到附近的建筑工地获取砂石材料，计算砂石的含水率，准备称量各种材料的计量工具，秒表、坍落度筒等。

（4）步骤

1）称量混凝土的原材料。混凝土的原材料，应按其施工配合比准确计量。每盘称量的允许偏差不应超过有关规定。

施工配合比是现场使用的配合比，它区别于实验室提供的配合比，也称理论配合比。因为理论配合比是用干燥的砂、石配成的。而现场堆放的砂、石不像实验室的砂、石，尤其是下过雨或露水比较大的日子，如果不在现场对砂、石、水的用量进行合理调整，就会形成水灰比大，甚至超过规定，影响混凝土的强度和抗渗能力。其调整办法如下：

现场水泥、砂、石配比为：$C:S(1+w_s):G(1+w_g)$

现场水的比值为：$w'=w-Sw_s-Gw_g$

式中　C、S、G、w——分别是实验室提供的水泥、砂、石、水的比值；

w_s——施工现场实际测得砂含水量（%）；

w_g——施工现场实际测得石含水量（%）；

w'——扣除砂、石含水量后的用水量。

2）外加剂使用时，宜配制成溶液，与拌合水同时投入，溶液的用水量应从拌合水量中扣除。

3）将混凝土的原材料加入搅拌机，注意加料顺序，应把水泥加在砂石中间，最后加入拌合水。

4）防水混凝土每盘搅拌时间比普通混凝土略长，一般不应少于2min。掺外加剂时，应根据外加剂的技术要求确定搅拌时间，一般不应少于3min。

5）将搅拌好的混凝土倒出，测定混凝土的坍落度，并观察混凝土的粘聚性、保水性。

（5）注意事项

1）防水混凝土与普通混凝土配制原则不同。普通混凝土配制时，其配合比是根据混凝土强度要求进行的，而防水混凝土则应根据工程设计所需抗渗等级要求进行配制。

2）防水混凝土配合比设计时，应增加抗渗试验。试配要求的抗渗水压值应比设计值提高0.2MPa。

（6）讨论　防水混凝土与普通混凝土的不同点有哪些？

课题2　地下工程卷材防水

3.2.1　地下工程卷材防水的适用范围和施工条件

1. 地下工程卷材防水适用范围

卷材防水层适于承受的压力不超过0.5MPa，当有其他荷载作用超过上述数值时，应采取结构措施。卷材防水层在经常保持不小于0.01MPa的侧压力下，才能较好发挥防水性能。一般采取保护墙分段断开，起附加荷载作用。沥青油毡耐酸、耐碱、耐盐的侵蚀，但不耐油脂及溶解沥青溶剂的侵蚀，所以油脂和溶剂不得接触油毡。

2. 地下工程卷材防水施工条件

1）为了保证正常施工，施工期间必须采取有效措施，将基坑内地下水位降低到垫层以下不少于500mm处，直至防水工程全部完成。

2）卷材防水层应铺贴到整体混凝土结构或整体水泥砂浆找平层的基层上。整体混凝土或水泥砂浆找平层基层应牢固、表面平整、洁净干燥，不得有空鼓、松动、起皮、起砂现象，用2m直尺检查，基层与直尺间的最大空隙不应超过5mm，且每1m长度内不得多于1处，空隙处只允许平缓变化。

3）基层阴阳角均应做成圆弧，对高聚物改性沥青防水卷材圆弧半径应大于50mm；合成高分子防水卷材圆弧半径应大于20mm。

4）卷材防水层铺贴前，所有穿过防水层的管道、预埋件等均应施工完毕，并做防水处理。防水层铺贴后，严禁在防水层上打眼开洞，以免引起渗漏。

5）卷材防水严禁在雨天、雪天和五级风及其以上时施工，其施工环境温度为：当用高聚物改性沥青卷材时，用冷粘法不低于5℃，热熔法不低于－10℃；当用合成高分子防水卷材时，用冷粘法不低于5℃，热风焊接法不低于－10℃。

3.2.2　地下工程卷材防水的材料及质量要求

地下工程卷材防水构造的主体部分分成两层，即卷材防水层和卷材防水保护层。

1. 卷材防水保护层材料要求

（1）卷材　地下工程防水保护层应尽量采用强度高、延伸率大、具有良好的不透水性和韧度、耐腐蚀性的卷材。对于一般防水工程可采用石油沥青类卷材、焦油沥青类卷材、高聚物改性沥青类卷材，目前多采用高聚物改性沥青类卷材。对于重要的防水工程可采用合成高分子防水卷材，如聚乙烯橡胶防水卷材、三元乙丙橡胶防水卷材等。

（2）胶结材料　胶结材料主要是沥青胶和其他胶粘剂。沥青胶由沥青与填充料按一定比例混合熬制而成，用以粘贴油毡。沥青胶按使用材料不同分为石油沥青胶和焦油沥青胶两种。石油沥青胶用于粘贴石油沥青类卷材；焦油沥青胶主要用于粘贴焦油沥青类卷材，两者不能混用，否则影响粘贴效果。其他胶粘剂用于粘贴高聚物改性沥青类或合成高分子类防水卷材。

沥青胶现场配制时，为了保证沥青胶的质量，常以软化点来控制沥青胶的耐热度，通常软化点要比耐热度高 10～15℃。

地下防水工程受气温变化影响较小，对耐热度要求不高，在夏季施工时可采用 10 号沥青，春秋季施工时可采用 30 或 60 号沥青。沥青胶的软化点比基层和周围介质的可能最高温度高出 20～25℃，但不低于 40℃，以 50～70℃为宜。如用于受高温影响的地下结构防水，其耐热度不应低于结构表面受热温度。

2. 卷材防水层材料要求

（1）卷材防水层应选用高聚物改性沥青类或合成高分子类防水卷材，并符合下列规定：

1）卷材外观质量、品种规格应符合现行国家标准或行业标准。

2）卷材及其胶粘剂应具有良好的耐水性、耐久性、耐刺穿性、耐腐蚀性和耐菌性。

3）高聚物改性沥青防水卷材的主要物理性能符合表 3-7 的要求。

4）合成高分子防水卷材的主要物理性能应符合表 3-8 的要求。

5）地下工程卷材防水层不得采用纸胎油毡。因纸胎油毡的胎芯采用原纸，其中草浆含量大于 60%，吸水率大，以致延伸率小、强度低、耐久性差，遇水容易膨胀、腐烂。

6）卷材外表不应有孔眼、断裂、褶皱、边缘撕裂。表面防粘层应均匀散布及油质均匀、无未浸透的油层和杂质，受水后不起泡、不翘边，冬季不脆断。

表 3-7　高聚物改性沥青防水卷材的主要物理性能

<table>
<tr><th colspan="2" rowspan="2">项　目</th><th colspan="3">性能要求</th></tr>
<tr><th>聚酯毡胎体卷材</th><th>玻纤毡胎体卷材</th><th>聚乙烯膜胎体卷材</th></tr>
<tr><td rowspan="3">抗拉性能</td><td rowspan="2">拉力/（N/50mm）</td><td rowspan="2">≥800（纵横向）</td><td>≥500（纵向）</td><td>≥140（纵向）</td></tr>
<tr><td>≥300（横向）</td><td>≥120（横向）</td></tr>
<tr><td>最大拉力时延伸率（%）</td><td>≥40（纵横向）</td><td>—</td><td>≥250（纵横向）</td></tr>
<tr><td colspan="2" rowspan="2">低温柔性/℃</td><td colspan="3">≤−15</td></tr>
<tr><td colspan="3">厚 3mm，r=15mm；厚 4mm，r=25mm；3s，弯 180°，无裂纹</td></tr>
<tr><td colspan="2">不透水性</td><td colspan="3">压力 0.3MPa，保持时间 30min，不透水</td></tr>
</table>

表 3-8　合成高分子防水卷材的主要物理性能

项　　目	性能要求					
	硫化橡胶类		非硫化橡胶类		合成树脂类	纤维胎增强类
	JL_1	JL_2	JF_3		JS_1	
抗拉强度/MPa	≥8	≥7	≥5	≥8	≥8	
断裂伸长率（%）	≥450	≥400	≥200	≥200	≥10	
低温弯折性/℃	−45	−40	−20	−20	−20	
不透水性	压力 0.3MPa，保持时间 30min，不透水					

（2）粘贴各卷材必须采用与卷材材性相容的胶粘剂，胶粘剂的质量应符合下列要求：

1）高聚物改性沥青卷材间的粘结剥离强度不应小于 8N/10mm。

2）合成高分子卷材胶粘剂的粘结剥离强度不应小于 15N/10mm，浸水 168h 后的粘结剥离强度保持率不应小于 70%。

3.2.3　地下工程卷材防水施工

1. 施工要求

1）防水卷材应采用抗菌型的高分子或高聚物改性沥青（非纸胎）类材料，并采用与其相适应配套的胶粘剂。

2）防水卷材应铺贴在整体混凝土或整体水泥砂浆找平层的基层上。

3）防水卷材一般铺贴在主体结构的外表面（外防外贴法），如图 3-12 所示。只有在施工条件受限制时卷材可先铺贴在永久性保护墙的表面上，后做主体结构（外防内贴法），如图 3-13 所示。

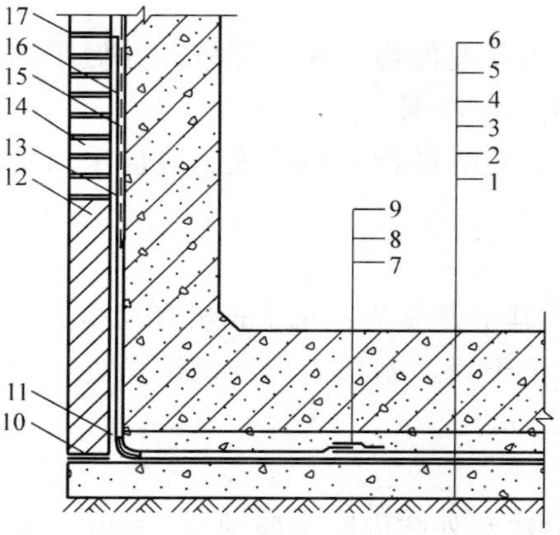

图 3-12　地下工程外防外贴法卷材防水构造

1—素土夯实　2—素混凝土垫层　3—水泥砂浆找平层　4—卷材防水层　5—细石混凝土保护层　6—钢筋混凝土结构　7—卷材搭接缝　8—嵌缝密封膏　9—宽 120mm 卷材盖口条　10—油毡隔离层　11—附加层　12—永久保护墙　13—满粘卷材　14—临时保护墙　15—虚铺卷材　16—砂浆保护层　17—临时固定

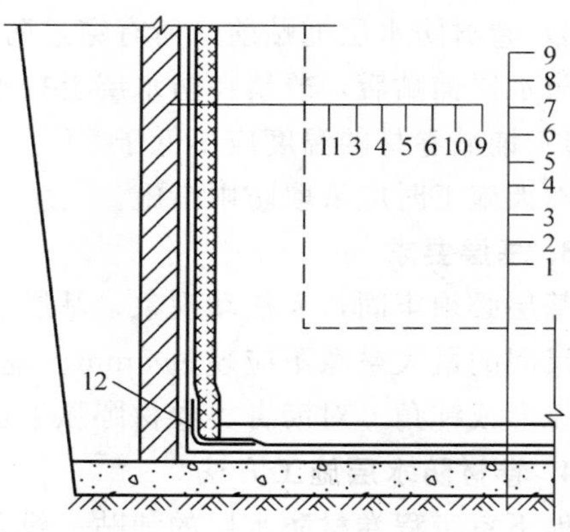

图 3-13　地下工程外防内贴法卷材防水构造

1—素土夯实　2—素混凝土垫层　3—水泥砂浆找平层　4—基层处理剂　5—基层胶粘剂　6—卷材防水层　7—油毡保护隔离层　8—细石混凝土保护层　9—钢筋混凝土结构　10—厚 5mm 聚乙烯泡沫塑料保护层　11—永久性保护墙　12—卷材附加层

4）合成高分子防水卷材的层数为一层，采用冷粘法或平铺法，沥青类防水卷材的层数按表 3-9 确定。

表 3-9　沥青类防水卷材层数选用表

最大计算水头 /m	防水卷材所受压力 /MPa	卷材层数	说明
0	0	1～2	防无压水
≤3	0.01～0.05	3	防有压水
3～6	0.05～0.10	4	
6～12	0.10～0.20	5	
>12	0.20～0.50	6	

注：1. 最大计算水头指设计最高水位高于地下室底板下皮的高度。
2. 卷材防水层只能承受垂直均匀分布压力。卷材所受压力>0.1MPa 时才能有防水能力；>0.50MPa 时应采取结构防水措施以加强抗压能力。

5）防水卷材铺贴在转角处和特殊部位，应增贴 1～2 层附加层。沥青油毡的附加层应用玻璃布油毡，高分子卷材应采用与卷材相同的材料。

6）防水卷材防水层经检查合格后，应做保护层。保护层宜采用厚 20mm 聚苯乙烯板材或高发泡聚氯乙烯板材外贴或采用膨润土防水板外贴。临时性保护墙应用石灰砂浆砌筑，内表面用石灰砂浆做找平层，并刷水泥浆。

2. 施工准备

1）地下工程防水卷材施工必须在结构验收合格后进行。

2）为便于施工并保证施工质量，施工期间地下水位应降低到垫层以下不少于 300mm 处。

3）卷材防水层铺贴前，所有穿过防水层的管道、预埋件均应施工完毕，并做了防水处理。防水层铺贴后，严禁在防水层上打眼开洞，以免引起渗漏。

4）铺贴卷材的温度应不低于 5℃，最好在 10～25℃时进行。冬季施工时应采取保温措施，雨天施工时应采取防雨措施。

3. 基层要求

基层必须牢固，无松动现象。基层表面应平整，其平整度为：用 2m 长直尺检查，基层与直尺间的最大空隙不应超过 5mm。基层表面应清洁干净，基层表面的阴阳角处，均应做成圆弧形或钝角。对沥青类卷材圆弧半径应大于 150mm。

4. 卷材防水层施工方法

地下室工程卷材防水层的铺贴一般采用外防外贴法和外防内贴法两种施工方法。由于外防外贴法的防水效果优于外防内贴法，所以在施工场地和条件不受限制时，一般采用外防外贴法。

（1）外防外贴法施工　外防外贴法是在混凝土底板和结构墙体浇筑前，先在墙体外侧的垫层上用半砖砌筑高 1m 左右的永久性保护墙。平面部位的防水层铺贴在垫层上，立面部位的防水层先铺贴在永久性保护墙体上，待结构墙体浇筑后，再将上部的卷材直接铺贴在结构墙体的外表面（迎水面）上。采用外防外贴法铺贴防水层，便于施工时掌握卷材防水层的质量，若发现问题可及时修补，这是优先采用外防外贴法施工的主要原因。

1）施工准备工作。地下工程卷材防水层施工前的准备工作，施工所需的配套材料、机具以及铺贴方法和注意事项均与屋面工程卷材防水施工相同。当地下水较高时，应做好排水工作，使地下水位降低至卷材防水层底部最低标高以下不小于300mm，以利于基层干燥和胶粘剂凝固。施工完毕后，仍须继续排水7d以上，使胶粘剂有足够的固化时间。

砌筑永久性保护墙，在结构墙体的设计位置外侧，用M5水泥砂浆砌筑半砖厚的永久性保护墙体。墙体应比结构底板高160mm左右。然后在垫层和永久性保护墙表面抹1∶(2.5～3)（质量比）的水泥砂浆找平层。找平层厚度，阴阳角的圆弧和平整度应符合设计要求或规范规定。永久性保护墙体卷材甩槎做法如图3-14所示。

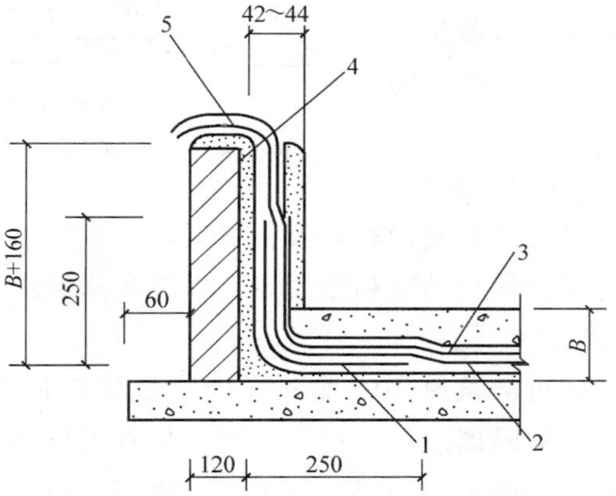

图3-14　永久性保护墙体卷材甩槎做法

1—附加防水层　2—卷材防水层　3—油毡保护层　4—永久性保护墙

5—甩槎卷材（200～300mm）　*B*—结构底板厚度

2）涂布基层处理剂。找平层干燥并清扫干净后，按照所用的不同卷材种类，涂布相应的基层处理剂，如用空铺法，可不涂布基层处理剂。基层处理剂可用喷涂或刷涂法施工，喷涂应均匀一致，不露底。如基面较潮湿时，应涂刷湿固化型胶粘剂或潮湿界面隔离剂。

3）复杂部位增强处理。阴阳角、转角等部位在铺贴防水层前，应用同种防水卷材做附加增强处理。

4）铺贴卷材。地下室工程卷材防水层应先铺贴平面，后铺贴立面。第一块卷材应铺贴在平面和立面相交接的阴角处，平面和立面各占半幅卷材，先铺贴平面部位的半幅卷材，然后沿阴角根部由下向上铺贴立面部位的另一半卷材。自平面折向立面的防水卷材，应与永久性保护墙紧密贴严。第一块卷材铺贴完后，以后的卷材应根据卷材的搭接宽度（长边为100mm，短边为150mm），在已铺卷材的搭接边上弹出基准线。

① 高聚物改性沥青防水卷材铺贴方法有三种。

a. 冷粘结法：将冷粘结剂均匀地涂布在基层表面和卷材搭接边上，使卷材与基层、卷材与卷材牢固地粘结在一起。

b. 冷自粘结法：在生产防水卷材的时候，就在卷材底面涂一层高性能粘结剂，粘结剂表面敷有一层隔离纸。施工时，撕掉隔离纸，直接铺贴卷材。

c. 热熔法：用火焰喷枪（或喷灯）喷出的火焰烘烤卷材表面和基层，待卷材表面熔融至光亮黑色，基层得到预热，立即滚铺卷材。边熔融卷材表面，边滚铺卷材，使卷材与基层、卷材与卷材之间紧密粘结。厚度为 3mm 以下的高聚物改性沥青防水卷材，不得用热熔法施工。

② 合成高分子卷材铺贴方法（铺贴三元乙丙卷材）。

合成高分子卷材可用冷粘法铺贴。先涂刷聚氨酯底胶，经 4h 干燥，手摸不粘时，用长把滚刷蘸 CX—404 胶均匀涂刷，然后晾胶，待胶粘剂基本干燥后，即可铺贴卷材。热塑型合成高分子防水卷材的搭接边，可用热风焊接法进行粘结。

5）粘结封口条。卷材铺贴完毕后，对卷材长边和短边的搭接缝应用建筑密封材料进行嵌缝处理，然后再用封口条作进一步封口密封处理，封口条的宽度为 120mm，如图 3-15 所示。

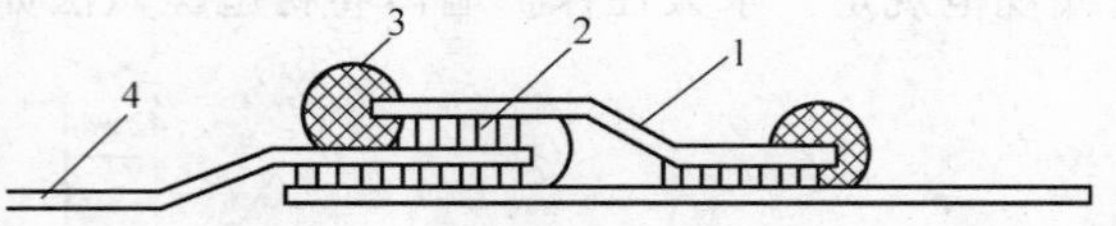

图 3-15　封口条密封处理

1—封口条　2—卷材胶粘剂　3—密封材料　4—卷材防水

6）浇筑平面保护层和抹立面保护层。平面和立面部位的防水层施工完毕并经检查验收合格后，宜在防水层上虚铺一层沥青防水卷材作保护隔离层，铺设时宜用少许胶粘剂粘结固定，以防在浇筑细石混凝土刚性保护层时发生位移。

保护隔离层铺设完毕，即可浇筑厚 40～50mm 的 C20 细石混凝土保护层。在浇筑细石混凝土的过程中，切勿损伤保护隔离层和卷材防水层。如有损伤必须及时对卷材防水层进行修补，修补后再继续浇筑细石混凝土保护层，以免留下渗漏隐患。

立面部位（永久性保护墙体）防水层表面抹厚 20mm 1∶2.5～1∶3（质量比）水泥砂浆找平层加以保护。拌合时宜掺入微膨胀剂。

在细石混凝土及水泥砂浆保护层养护达规定强度后，即可上人按设计要求绑扎钢筋，支模板进行浇筑混凝土底板和墙体施工。

7）砌筑临时性保护墙体。在浇筑结构墙体时，对立面部位的防水层和油毡保护层，按传统的临时性处理方法是将它们临时平铺在永久性保护墙体的平面上，然后用石灰砂浆砌筑 3 皮单砖临时性保护墙，压住油毡及卷材（如图 3-16 所示）。这一方法的缺点是结构墙体筑起后，需拆除压住油毡和卷材的临时性保护墙体，对油毡和卷材产生破坏作用，往往容易留下渗漏隐患。

对上述缺陷采取的解决方法是：砌筑 4 皮单砖临时性保护墙体，第一皮、第四皮用石灰砂浆（或粘土）砌筑，中间二皮用水泥砂浆砌筑。卷材防水层与第三皮砖墙平齐，第四皮砖只压住甩头油毡（如图 3-17 所示）。

8）铺贴外墙立面卷材防水层。在钢筋混凝土底板和墙体施工完成后，墙体表面应平整、干燥、干净。将甩槎防水卷材上部的保护隔离卷材撕掉，露出卷材防水层，沿结构外墙进行接槎铺贴。

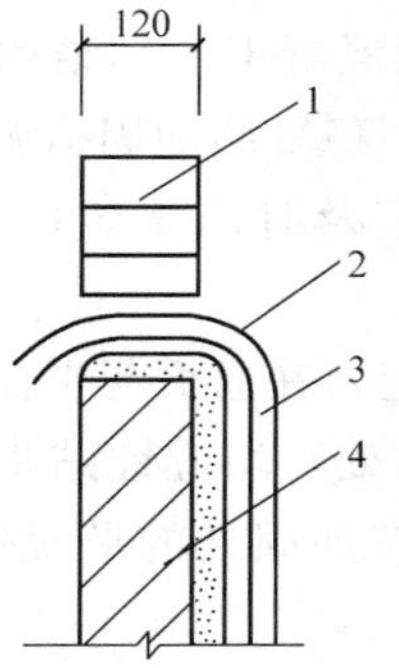

图 3-16　防水层卷材甩槎固定传统作法

1—临时性保护墙　2—油毡

3—卷材防水层　4—永久性保护墙体

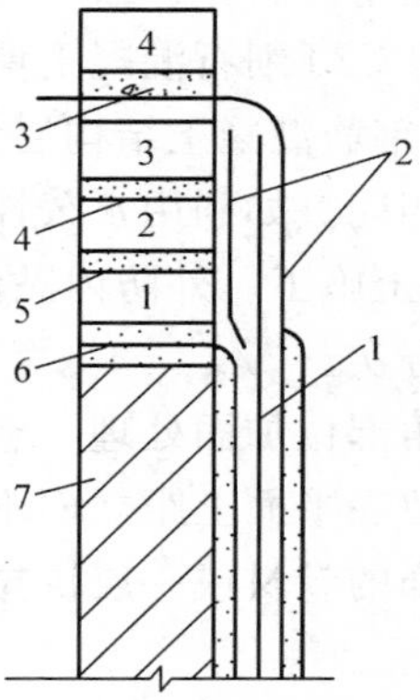

图 3-17　压住甩头油毡作法

1—防水卷材　2—油毡保护层　3、6—石灰砂浆

4、5—水泥砂浆　7—永久性保护墙体

铺贴时，上层卷材盖过下层卷材不应小于150mm，短边搭接宽度不应小于100mm。遇有预埋管（盒）等部位，必须先用附加卷材（或加筋防水涂膜）增强处理后再铺贴卷材防水层。铺贴完毕后，凡用胶粘剂粘贴的卷材防水层，应用密封材料对搭接缝进行嵌缝处理，并用密封条盖缝，用密封材料封边。

9）外墙防水层保护层施工。外墙防水层经检查验收合格，确认无渗漏隐患后，可在卷材防水层的外侧用胶粘剂点粘厚5～6mm聚乙烯泡沫塑料片材或厚40mm聚苯乙烯泡沫塑料保护层。

外墙保护层施工完毕后，在基坑内距墙面500mm范围内分步回填3∶7灰土，并分步夯实。

土中不得含有石块、碎砖、灰渣等杂物，以免破坏防水层保护层。

（2）外防内贴法施工　当地下围护结构墙体的防水施工采用外防外贴法受现场条件限制时，可采用外防内贴法施工。外防内贴法平面部位的卷材铺贴方法与外防外贴法基本相同。

1）浇筑混凝土垫层。如保护墙较高，可采取加大永久性保护墙下垫层厚度做法，必要时可配置加强钢筋。在垫层上砌永久性保护墙，厚度为整砖厚，其下干铺一层卷材。

2）抹水泥砂浆找平层，涂布基层处理剂。在已浇筑的混凝土垫层和砌筑的永久性保护墙体上抹厚20mm 1∶2.5～1∶3（质量比）掺微膨胀剂的水泥砂浆找平层。待找平层的强度达到设计要求的强度后，即可在平面和立面部位涂布基层处理剂。

3）复杂部位增强处理。它与外防外贴法相同。

4）铺贴卷材。卷材宜先铺立面后铺平面。立面部位的卷材防水层，应从阴阳角部位逐渐向上铺贴，阴阳角部位的第一块卷材，平面与立面各占半幅，然后在已铺卷材的搭接边上弹出基准线，再按线铺贴卷材。

卷材的铺贴方法、卷材的搭接粘结、嵌缝和封口密封处理方法与外防外贴法相同。

5）铺设保护隔离层和保护层。以上工序的施工质量经检查验收合格，确认无渗漏隐患后，先在平面防水层上点粘石油沥青卷材保护隔离层，立面墙体防水层上粘贴厚5～6mm

聚乙烯泡沫塑料片材保护层。施工方法与外防外贴法相同。然后在平面卷材保护层上浇筑厚50mm以上的C20细石混凝土保护层。

6）浇筑钢筋混凝土结构层。按设计要求绑扎钢筋和浇筑混凝土主体结构。施工方法与外防外贴法相同。如利用永久性保护墙体代替模板，则应采用稳妥的加固措施。

7）回填土施工。外防内贴法的主体结构浇筑完毕后，应及时回填3：7（体积比）灰土，并分步夯实。

（3）转角部位加固处理　卷材铺贴时，还应符合下列规定：在立面与平面的转角处，卷材的接缝应留在平面上距立面不小于600mm处。在所有转角处，均应铺贴附加层。附加层可用两层同样的卷材或一层抗拉强度较高的卷材。附加层应按加固处的形状仔细粘贴紧密，如图3-18所示。

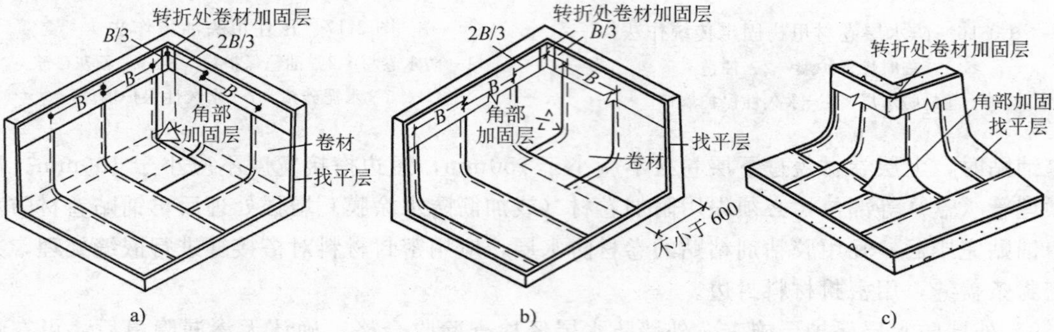

图3-18　三面角的卷材铺设法

a）阴角的第一层卷材铺贴法　b）阴角的第二层卷材铺贴法　c）阳角的第一层卷材铺贴法

注：B为卷材幅宽。

（4）穿墙管部位处理　穿墙管处应埋设带有法兰盘的套管。施工时先将穿墙管穿入套管，然后在套管的法兰盘上做卷材防水层。首先将法兰盘及夹板上的污垢和铁锈清除干净，刷上沥青，其上再逐层铺贴卷材，卷材的铺贴宽度至少为100mm，铺贴完后表面用夹板夹紧。为防止夹板将油毡压坏，夹板下可衬垫软金属片、石棉纸板、无胎油毡或沥青玻璃布油毡。具体管道埋设处与卷材防水层连接处做法如图3-19所示。

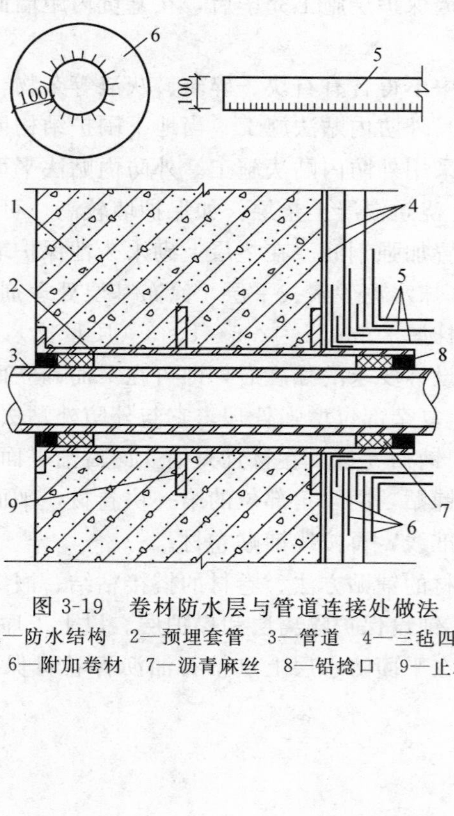

图3-19　卷材防水层与管道连接处做法

1—防水结构　2—预埋套管　3—管道　4—三毡四油
5、6—附加卷材　7—沥青麻丝　8—铅捻口　9—止水环

（5）墙体变形缝与底板变形缝

1）墙体变形缝。墙体变形缝宽度为30mm，在墙体中间埋设橡胶止水带或塑料止水带。缝内填塞厚30mm浸乳化沥青木丝板，在变形缝里口填嵌聚氯乙烯胶泥。

如防水层为沥青卷材，应在变形缝外口填塞沥青卷材卷筒，在防水层两侧增铺沥青玻璃布卷材加固层，加固层宽为 600mm，如图 3-20a 所示。如防水层为合成高分子卷材，应在防水层两侧增铺同类卷材附加层，附加层宽为 600mm，厚 1.2～1.5mm，如图 3-20b 所示。

2）底板变形缝。底板变形缝宽度为 30mm。在底板中间埋设橡胶止水带或塑料止水带。在缝内填塞厚 30mm 浸乳化沥青木丝板。在变形缝上口填嵌聚氯乙烯胶泥。具体构造同墙体变形缝。

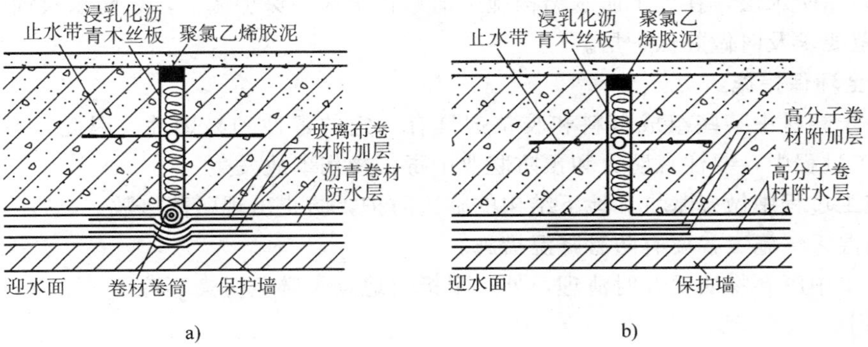

图 3-20　墙体变形缝

a）防水层为沥青卷材　b）防水层为合成高分子卷材

3.2.4　地下工程卷材防水的质量标准、成品保护与安全环保措施

1. 质量标准

卷材防水层的施工质量检验数量应按铺贴面积 100m² 抽查 1 处，每处 10m² 且不得少于 3 处。

（1）主控项目

1）卷材防水层所用卷材及其配套材料，必须符合设计要求。

检验方法：检查出厂合格证、质量检验报告、现场抽样复验报告。

2）卷材防水层在接头处、抹角处、变形缝、穿墙管道等细部构造必须符合设计构造要求。

检验方法：观察检查或检查隐蔽工程验收记录。

（2）一般项目

1）卷材防水层的基层应坚实，表面应洁净、平整，不得有空鼓、松动、起砂或脱皮现象。基层阴阳角应做成圆弧形。

检验方法：观察检查或检查隐蔽工程验收记录。

2）卷材防水层的搭接缝应粘（焊）结牢固，密封严密，不得有褶皱、翘边和鼓泡等缺陷；防水层的收头应与基层粘结并固定牢固，缝口封严，不得翘边。

检验方法：观察检查。

3）侧墙卷材防水层应与防水层粘结牢固。结合紧密，厚度均匀一致。

检验方法：观察检查。

4）卷材的铺贴方法应正确，卷材搭接宽度的允许偏差为－10mm。

检验方法：观察和尺量检查。

2. 成品保护

1）卷材运输及保管时平放不得高于4层，不得横放、斜放，应避免雨淋、日晒、受潮。

2）已铺好的防水卷材层，应及时采取保护措施。操作人员不得穿带钉鞋在底板上作业。

3）采用外防外贴法墙角留槎的卷材要妥善保护，防止断裂和损伤，并及时砌好保护墙。采取外防内贴防水层，在地下防水结构施工前贴在永久性保护墙上，在防水层铺完后，应按设计和规范要求及时做好保护层。

3. 安全环保措施

1）由于卷材中某些组成材料和胶粘剂具有一定的毒性和易燃性。因此，在材料保管、运输、施工过程中，要注意防火和预防职业中毒、烫伤事故发生。

2）施工过程中做好基坑和地下结构的临边防护，防止出现坠落事故。

3）高温天气施工，要有防暑降温措施。

4）施工中废弃物质要及时清理，外运至指定地点，避免污染环境。

[能力训练]

训练项目　热熔法施工

(1) 目的　了解热熔法的施工工艺，掌握卷材烘烤技术。

(2) 能力及标准要求　具有安全使用汽油喷灯的能力，具有检验卷材铺贴质量的能力。

(3) 准备

1）在实习车间找一处有水泥砂浆抹灰的墙面和地面作为热熔法铺贴卷材的基层。

2）主体材料为SBS改性沥青防水卷材，应选择聚酯胎或玻纤胎的卷材，厚度不小于4mm。

3）卷材附加层，易选用聚酯胎或麻布胎SBS改性沥青防水卷材，厚度不大于3mm。

4）配套材料。黑色液态的氯丁橡胶改性沥青胶粘剂，用于接缝，也用于粘贴由底面折向立面的热熔型卷材无热熔胶的一面。基层处理剂，将氯丁橡胶改性沥青胶粘剂和工业汽油以1∶0.5的重量比混合稀释即可使用。

5）辅助材料是工业汽油等，可用于清洗工具、机械以及汽油喷灯的燃料。

(4) 步骤

1）涂刷基层处理剂。用长柄滚刷将基层处理剂涂刷在基层表面，应涂刷均匀，不得漏刷或露底，刷完后经8h以上干燥后方可实行热熔法施工，以避免失火。

2）细部附加增强处理。对于阴阳角、管道根部以及变形缝等部位需做增强处理。方法是按细部的形状剪好卷材，不要加热，在细部贴一下，视尺寸、形状合适后，再将卷材的底面（有热熔胶的一面），用手持汽油喷灯烘烤，待其底面呈熔融状态，立即贴在已涂刷一道密封材料的基层上，并压实铺牢。

3）弹粉线。在已处理并已干燥了的基层表面，按所选卷材的宽度留出搭接缝尺寸，将铺贴卷材的基准线弹好，以便按此基准线进行卷材铺贴。

4）热熔铺贴卷材。以“滚铺法”大面积铺贴，先铺大面、后粘结搭接缝。此外还有“展铺法”用于条粘，将热熔型卷材展开平铺在基层上，然后沿卷材周边掀起加热熔融进行粘铺。满粘滚铺法施工工序是：熔粘端部卷材→滚粘大面卷材→粘贴立面卷材→卷材搭接缝施工→保护层接缝收头处理。

① 熔粘端部卷材：将整卷卷材置于铺贴起始端（勿打开），对准粉线，滚展长约1m并拉起，用手持液化气火焰喷枪，点燃并对准卷材面（有热熔胶的面）与基层加热，待卷材底面胶呈熔融状即进行铺贴，并用手持压辊对铺贴好的卷材进行排气压实。铺到卷材端头剩下300mm时，将端头翻在隔热板上，再行烘烤并铺牢压实。

② 滚粘大面卷材：起始端卷材贴牢后，持火焰枪人站滚铺前方，对着待铺的整卷卷材，点燃喷枪使火焰对准卷材与基层面的夹角喷枪距加热处约0.3～0.5m，往复烘烤，至卷材底面胶呈黑色光泽并伴有微泡（不得出现大量气泡），即及时推滚卷材进行粘铺，后随一人施行排气压实工序。

③ 粘贴立面卷材：采用外防外贴法从底面（平面）转到立面（墙面）铺贴的卷材，恰为有热熔胶的底面背对立面，因此这部分卷材应使用氯丁橡胶粘剂（为SBS卷材的配套材料），以冷粘法将卷材粘贴在立墙面上。后面继续向上铺贴的热熔型卷材仍用热熔法进行粘贴，且上层卷材盖过下层卷材应不小于150mm。

④ 卷材搭接缝施工：搭接缝及收头卷材必须100%烘烤，粘铺时必须有热熔沥青从边端挤出，用刮刀将挤出热熔胶刮平，沿边端封严。

⑤ 做保护层：防水层铺完经检查合格后即做保护层。根据工程需要，可以选用细石混凝土保护层、水泥砂浆保护层、泡沫塑料保护层和砖墙保护层。

（5）注意事项

1）热熔法同材性的关系。由于高聚物改性沥青防水卷材各品种的改性材料成分各异，因此软化点、热熔度及熔化速度均不相同。操作人员必须探索试验，调节火焰距离以及烘烤时间，观察热熔胶的热熔状态以及铺贴后的粘贴强度，积累经验后再用于大面积施铺。

2）掌握好烘烤温度。以液化石油气为热源的火焰喷枪，喷嘴全部开放时，火焰的端部温度约1300℃左右，火焰中心的温度也有1100℃，调节喷枪开关可将温度降至800～1000℃之间。在这样的高温下，对卷材进行热熔法施工，要求在对卷材材性了解的基础上熟练掌握持枪烘烤技术。由于SBS等改性沥青卷材已经过高温处理，在一定的条件下，加之高温的瞬间性，热熔性不会影响卷材的材性。

3）常温下，热熔法粘贴卷材，其粘结强度可大于0.5MPa，满足质量要求。但低温施工时，由于热熔胶冷却快，所以往往用两把火焰喷枪（或喷灯）进行加热操作，保证热熔胶熔融均匀，确保粘铺质量。

4）保证施工安全。烘烤过程中，火焰喷嘴严禁对着人。尤其是立墙粘贴时，更应注意安全，操作人员要配戴防护用品。

5）施工现场清除易燃物及易燃材料，并备有灭火消防器材，消防道路要畅通。易燃物及易燃材料应贮放在指定处所，并设防护设施且有专人管理。

6）六级以上大风，停止热熔施工；汽油喷灯、火焰喷枪以及易燃物品等，下班后必须放入有人管理的指定仓库。

（6）讨论　卷材防水层的施工方法还有哪些？它们各有哪些特点？

课题3　地下工程涂膜防水

3.3.1　涂膜防水的适用范围和构造做法

1. 涂膜防水的适用范围

涂膜防水层是在自身具有一定防水能力的混凝土结构表面上多遍涂刷以达到一定厚度的防水涂料，经常温胶联固化后，形成一层具有一定坚韧性的防水涂膜层的防水方法。根据防水基层情况和适用部位，可在涂层中加铺胎体增强材料，以提高其防水效果和增强防水层强度和耐久性。

由于涂膜防水的防水效果好，施工简便，特别适用于结构外形复杂的防水施工，因此被广泛应用于受侵蚀性介质或受振动作用的地下工程主体和施工缝、后浇缝、变形缝等的结构表面涂膜防水层。

2. 涂膜防水层构造做法

地下工程涂膜防水可分为外防外涂和外防内涂两种施工方法，如图 3-21 和图 3-22 所示。外防外涂法是先进行防水结构施工，然后将防水涂料涂刷于防水结构的外表面，再砌永久性保护墙或抹水泥砂浆保护层或粘贴软质泡沫塑料保护层；外防内涂法是在地下垫层施工完毕后，先砌永久性保护墙，然后涂刷防水涂料防水层，再在涂膜防水层上花粘沥青卷材隔离层该隔离层即可作为主体结构的外模板，最后进行结构主体施工。

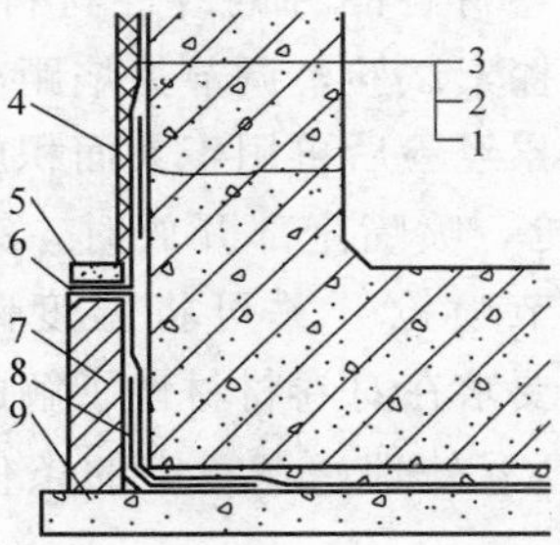

图 3-21　防水涂膜外防外涂做法

1—结构墙体　2—涂膜防水层　3—涂膜保护层　4—涂膜防水加强层　5—涂膜防水层搭接部位保护层　6—涂料防水层搭接部位　7—永久保护墙　8—涂料防水加强层　9—混凝土垫层

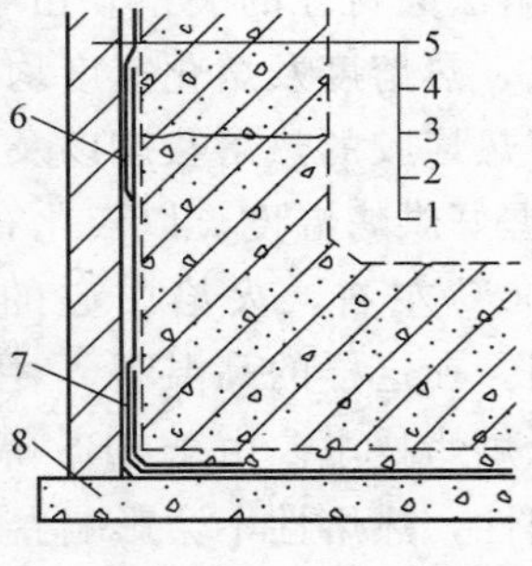

图 3-22　防水涂膜外防内涂做法

1—结构墙体　2—砂浆保护层　3—涂膜防水层　4—砂浆找平层　5—保护墙　6—涂膜防水加强层　7—涂膜防水加强层　8—混凝土垫层

3.3.2　涂膜防水层材料及质量要求

1. 防水涂料的分类及性能

地下工程涂膜防水层所用涂料分为有机防水涂料和无机防水涂料两类。

（1）有机防水涂料　有机防水涂料主要包括橡胶沥青类、合成橡胶类和合成树脂类。常用的有氯丁橡胶沥青防水涂料、SBS 改性沥青防水涂料、聚氨酯防水涂料、硅橡胶防水涂料等。有机防水涂料的性能指标应符合表3-10的规定。

表3-10 有机防水涂料的性能指标

涂料种类	可操作时间/min	潮湿基面粘结强度/MPa	抗渗性/MPa			浸水168h后抗拉强度/MPa	浸水168h后断裂伸长率（%）	耐水性（%）	表干（%）	实干（%）
			涂膜(30min)	砂浆迎水面	砂浆背水面					
反应型	≥20	≥0.3	≥0.3	≥0.6	≥0.2	≥1.65	≥300	≥80	≤8	≤24
水乳型	≥50	≥0.2	≥0.3	≥0.6	≥0.2	≥0.5	≥350	≥80	≤4	≤12
聚合物水泥	≥30	≥0.6	≥0.3	≥0.8	≥0.6	≥1.5	≥80	≥80	≤4	≤12

注：1. 浸水168h后的抗拉强度和断裂伸长率是在浸水取出后只经擦干即进行试验所得的值。
2. 耐水性指标是指材料浸水168h后取出擦干即进行试验，其粘结强度及抗渗性的保持率。

有机防水涂料固化成膜后最终形成柔性防水层，与防水混凝土主体组合为刚性、柔性两道防水设防，是目前普通应用的涂膜防水方法。

（2）无机防水涂料　无机防水涂料主要包括聚合物改性水泥基防水涂料和水泥基渗透结晶型防水涂料。它是在水泥中掺有一定的聚合物，所以能不同程序地改变水泥固化后的物理力学性能，但是它与防水混凝土主体组合后仍认为是刚性两道防水设防，因此不适用于变形较大或受振动部位的涂膜防水层。

无机防水涂料的性能指标应符合表3-11的规定。

表3-11 无机防水涂料的性能指标

涂料种类	抗折强度/MPa	粘结强度/MPa	抗渗性/MPa	冻融循环
水泥基防水涂料	>4	>1.0	>0.8	>D50
水泥基渗透结晶型防水涂料	≥3	≥1.0	>0.8	>D50

2. 防水涂料质量要求

1）具有良好的耐水性、耐久性、耐腐蚀性及耐菌性。

2）无毒、难燃、低污染。

3）无机防水涂料应具有良好的湿干粘结性、耐磨性和抗刺穿性：有机防水涂料应具有较好的延伸性及较大适应基层变形的能力。

3.3.3 涂膜防水层技术要求

1. 防水涂料选用要求

1）无机防水涂料宜用于结构主体的背水面，有机防水涂料宜用于结构主体的迎水面。用于背水面的有机防水涂料应具有较高的抗渗性，且与基层有较强的粘结性。

2）对于潮湿基层宜选用与潮湿基面粘结力大的无机涂料或有机涂料，或采用先涂水泥基类无机涂料而后涂有机涂料的复合涂层。

3）冬季施工宜选用反应型涂料，如用水乳化型涂料，温度不得低于5℃。

4）埋置深度较深的重要工程、有振动或有较大变形的工程宜选用高弹性防水涂料。

5）有腐蚀性的地下环境宜选用耐腐蚀性较好的反应型、水乳型、聚合物水泥涂料并做刚性保护层。

2. 防水涂料涂刷厚度规定

涂刷的防水涂料固化后形成有一定厚度的涂膜，如果涂膜厚度太薄就起不到防水作用并且很难达到合理使用年限的要求。因此，各种涂料的防水层涂膜厚度必须符合表3-12的规定。物理性能较好的合成高分子防水涂料均属薄质防水涂料，涂膜固化后很难达到规定的涂膜厚度，可采取薄涂多次或多布多涂的方法来达到厚度要求。

表3-12 防水涂料厚度 （单位：mm）

防水等级	设防道数	有机防水涂料			无机防水涂料	
		反应型	水乳型	聚合物水泥	水泥基	水泥基渗透结晶型
Ⅰ级	三道或三道以上	1.2～2.0	1.2～1.5	1.5～2.0	1.5～2.0	≥0.8
Ⅱ级	二道设防	1.2～2.0	1.2～1.5	1.5～2.0	1.5～2.0	≥0.8
Ⅲ级	一道设防	—	—	≥2.0	≥2.0	—
	复合设防	—	—	≥1.5	≥1.5	—

3. 施工要求

1）基层表面的气孔、凹凸不平、蜂窝、缝隙、起砂等，应修补处理，基面必须干净、无浮浆、无水珠、不渗水。

2）涂料施工前，基层阴阳角应做成圆弧形，阴角直径宜大于50mm，阳角直径宜大于10mm。

3）涂料施工前应先对阴阳角、预埋件、穿墙管等部位进行密封或加强处理。

4）涂料的配制及施工，必须严格按涂料的技术要求进行。

5）涂膜防水层的总厚度应符合设计要求。涂刷或喷涂，应待前一道涂层实干后进行；涂层必须均匀，不得漏刷漏涂。施工缝接缝宽度不应小于100mm。

6）采用有机防水涂料时，应在阴阳角及底板增加一层胎体增强材料，并增涂2～4遍防水涂料。铺贴胎体材料时，应使胎体层充分浸透防水涂料，不得有白茬及褶皱。

7）有机防水涂料施工完后应及时做好保护层，保护层应符合下列规定：

① 底板、顶板应采用厚20mm 1：2.5（质量比）水泥砂浆层和厚40～50mm的细石混凝土保护，顶板防水层与保护层之间宜设置隔离层。

② 侧墙背水面应采用厚20mm 1：2.5（质量比）水泥砂浆层保护。

③ 侧墙迎水面宜选用软保护层或厚20mm 1：2.5（质量比）水泥砂浆层保护。

3.3.4 涂膜防水层施工

地下工程涂膜防水层根据防水等级和设施要求来选择涂料的品种。涂膜的厚度不应低于屋面工程防水等级的相应要求。

地下工程涂膜防水层一般应采用“外防外涂法”施工。其防水施工工艺是：用砖在待浇筑的结构墙体外侧的垫层上砌筑一道1m高度左右的永久性保护墙体，厚度为240mm，连同垫层一起涂抹补偿收缩防水砂浆找平层，然后在平面和保护墙体立面上完成涂膜施工，待主体结构浇筑完后，再在结构墙体外侧完成涂膜施工。

1. 施工准备

地下工程涂膜防水施工所需的各种合成高分子类、高聚物改性沥青类防水涂料和基层处理剂、施工所用机具、施工前的准备工作、施工条件和注意事项均与屋面工程涂膜防水施工方法相同。

（1）基层准备工作

1）基层表面先用铲刀和笤帚将突出物、砂浆疙瘩等异物清除，并将尘土杂物清扫干净，如有油污铁锈等要用有机溶剂、钢丝刷、砂纸等清除。

2）基层平整度要求为：用2m长的直尺检查，基层与直尺之间的最大空隙不应超过5mm，空隙仅允许平缓变化，每m长度内不得多于一处。阴阳角用氯丁胶乳砂浆做成40mm×40mm倒角。

3）基层如有裂缝，裂缝宽度0.2mm及以下的可不予处理，大于0.2mm并不大于0.5mm的应灌注化学浆液。宽度大于0.5mm的，在化学注浆前，要将裂缝凿成宽6mm，深12mm的V形槽，先用密封材料嵌填深7mm，再用聚合物砂浆做厚5mm的保护层。

4）基层的凹坑如直径小于40mm、深度小于7mm，应凿成直径50mm、深10mm的漏斗形，先抹厚2mm素灰层，再用氯丁胶乳水泥砂浆抹平。

5）涂料或卷材施工前，顶板混凝土必须干净、干燥。测定的方法是将1m^2的卷材或厚1.5～2.0mm的橡胶板覆盖在基层上静置3～4h，若卷材（橡胶板）内表面或覆盖的基层表面无水印，则可认为基层干燥。

（2）施工材料要求

1）涂膜防水层应按设计规定选用材料，对所选涂料及其配套材料的性能应了解，胎体的选用应与涂料材性相搭配。

2）涂料等原材料进场时应检查其产品合格证及产品说明书，对其主要性能指标应进行复检，合格后方可使用。

3）材料进场后应由专人保管，注意通风，严禁烟火，保管温度不超过40℃，贮存期一般为6个月。

4）贮存食品或水等公用设施的建（构）筑物，应选用在使用中不会产生有毒和有害物质的涂料。

（3）自然条件要求

1）涂料施工最佳气温为10～30℃。

2）大风（5级以上）、雨天不宜施工。

2. 找平层要求

地下工程涂膜防水层宜涂刷在结构具有自防水性能的基层上，与结构共同组成刚柔复合防水体系，以提高防水性能。具有腐蚀性能的混凝土外加剂、膨胀剂不得用于地下刚性防水工程，以免对钢筋产生腐蚀作用，对结构产生重大危害和破坏作用。

地下工程涂膜防水宜涂刷在补偿收缩水泥砂浆找平层上。找平层的平整度应符合要求，且不应有空鼓、起砂、掉灰等缺陷存在。涂布时，找平层应干燥，下雨、将要下雨或雨后尚未干燥时，不得施工。

地下工程防水施工期间，应做好排水工作，使地下水位降低至涂膜防水层底部最低标高以下不小于300mm，以利于水乳型涂料的固化。施工完毕后，应待涂层固化成膜后才能结束排水工作。

3. 涂膜防水层施工

1）涂膜施工部位的先后顺序是：先做转角，穿墙管，再做大面积；先做立面，后做平面。

2）涂刷基层处理剂，用毛刷滚轮纵横交叉涂布于基层，涂布时须薄而均匀，养护2～5h后进行底层防水涂膜施工。

3）涂料运至施工现场后，启封前封盖须清洁干净，开启后，材料若有硬化或进水等异常现象，不得使用。材料的搅拌场地应铺设胶布以确保施工现场的清洁及施工质量。

4）若采用聚氨酯双组分涂料时，将甲乙料按1∶2比例（质量比）倒入圆形搅拌容器，用转速为100～500r/min手持式搅拌机搅拌5min左右，即可使用。搅拌好的材料应在20min内用完。

5）涂膜防水层必须形成一个完整的闭合防水整体，不允许有开裂、脱落、气泡、粉裂点和末端收头不密封、不严密等缺陷存在。

6）涂膜防水层必须均匀固化，不应有明显的凹坑凸起等现象存在，涂膜的厚度应均匀一致。合成高分子防水涂膜的总厚度不应小于2mm（无胎体硅橡胶防水涂膜的厚度不宜小于1.2mm），复合防水时应不小于1mm；高聚物改性沥青防水涂膜的厚度不应小于3mm，复合防水时应不小于1.5mm。涂膜的厚度，可用针刺法或测厚仪进行检查，针眼处割开检查，割开处用同种涂料添刮平修复，固化后再用胎体增强材料补强。

7）墙面涂刷时，一次涂刷过厚会有流坠现象，需要多次分层施工，以达到规定厚度。

8）施工完毕后应做好防水涂膜的保护，在未固化前切忌在上行走，严禁遇水和接触湿物，不允许堆放尖锐的重物和拖拉物品。

9）完工后，如有折皱或空鼓气泡，应割开再用涂料涂玻纤布加强。

4. 保护层施工

附加防水层施工完毕后，在一般情况下，涂膜防水层需保养3d方可做保护层。

1）顶板以上地下墙、反梁及其他立面，如做砂浆保护层，应先敷粘网格2mm×2mm麻布，再做厚20mm的1∶2.5（质量比）水泥砂浆层。如做沥青板保护层，应采用同种涂料或高稠度粘结剂固定沥青板，固定点数每1m² 不少于4点。

2）平面的涂膜防水层或卷材防水层可做厚80mm的C20细石混凝土保护层或如上述固定方法的沥青保护板。

3）保护层细石混凝土应设置分格缝，纵横向均为5m设置一条缝，缝宽不大于10mm，深10mm，缝口呈三角形，内填PVC胶泥，分格缝应与诱导缝对准。

4）对于具有大于150g/m² 加强层的卷材，可考虑不设保护层。

5）保护层应符合下列规定：

① 顶板的细石混凝土保护层厚度应大于70mm。

② 底板的细石混凝土保护层厚度应大于50mm。

③ 侧墙宜采用聚苯乙烯泡沫塑料保护层或砌砖保护墙边砌边填实。

6）保护层细石混凝土达到设计要求后，才能进行回填土施工。

① 回填土宜用灰土，其含水量应符合压实要求，不得含石块、碎石、灰渣及有机物。

② 回填土施工应均匀对称进行，并分层夯实。人工夯实每层厚度不大于250mm，机械夯实每层厚度不大于300mm，并应防止损伤防水层。

③ 回填土的密实度控制，应符合下列要求：

a. 在车行道范围内，必须符合相应道路路基密实度标准。

b. 在车行道范围外，必须符合过渡式道路面层的土路基密实度标准。

④ 填土应预留下沉量，当填土用机械分层夯实时，其预留下沉超过填土高度的3%。

5. 聚氨酯涂膜防水层施工

聚氨酯防水涂料是地下工程中防水效果较好的材料。它是双组分化学反应固化型的高弹性防水涂料。其中甲组分是由聚异氰酸酯、聚醚等原料在加热搅拌下，经过氰转移发生聚合反应制成的；乙组分是由固化剂、催化剂、增塑剂、填充剂等材料，经加热、均匀搅拌混合而成的，使用时，将甲乙组分按一定比例均匀拌合，方可涂刷。

聚氨酯防水涂料施工前呈粘稠状液体，涂布固化后，形成完整的、无接缝的弹性防水层，该防水层不但具有自重轻、耐水、耐高低温、耐腐蚀等性能，而且它的延伸性能好，对基层的伸缩或变形有较强的适应性。

（1）施工材料

1）主体材料。聚氨酯防水涂料属中高档双组分反应型厚质涂膜，它是由甲组分和乙组分按一定比例混合，均匀搅拌后，涂布在基层上，经反应而成的一种橡胶状弹性防水材料，见表3-13。

表3-13 聚氨酯防水涂料主体材料

材料名称	规格（%）	用量（kg/m^2）	用途
甲组分（预聚体）	—NCO＝3.5	1～1.5	底膜用
乙组分（固化剂）	—OH＝0.8	1.5～2.25	底膜用
底涂乙料	—OH＝0.23	0.1～0.2	底膜用

2）无机铝盐（微膨胀剂）防水剂。由铝、铁、钙等无机高分子金属盐及多种无机盐类按一定比例配合，经化合反应制成的防水剂，呈淡黄和褐黄色油状液体。将其渗入到水泥砂浆找平层中，经一系列化学反应，产生的物质能堵塞水泥砂浆的孔隙，阻断渗水通道，从而提高水泥砂浆基层的抗渗透水性，使基层含水率较快达到施工要求。

3）涤纶无纺布。又叫聚氨纤维无纺布。是由涤纶纤维加工制成的，是阴阳角、变形缝等部位的附加增强材料。

4）聚乙烯泡沫塑料片材。由聚乙烯树脂和化学助剂等，经聚合、混炼、挤出成型和盐浴发泡等工序加工制成。其厚度为5～6mm，宽度为800～900mm，主要用于地下结构外墙防水涂膜的保护层。

（2）施工作业条件

1）在地下工程防水施工期间，应做好排水工作，使地下水位降低至涂膜防水层底部最低标高以下300mm，以利于防水涂料的充分固化，施工完毕，须待涂层完全固化成膜后，才可拆除排水装置，结束排水工作。

2）聚氨酯防水涂料施工的适宜气温在－5℃～35℃之间。低于－5℃时，涂料变稠，不易涂抹；高于35℃时，防水层质量难以保证。施工途中遇有下雨、下雪，应立刻停止施工；5级以上风天气，不得施工。

（3）基层要求及处理

1）基层要求坚固、平整光滑，表面无起砂、疏松、蜂窝麻面等现象，如有上述现象存在时，应用水泥砂浆找平或用聚合物水泥腻子填补刮平。

2）遇有穿墙管或预埋件时，穿墙管或预埋件应按规定安装牢固、收头圆滑。

3）基层表面的泥土、浮尘、油污、砂粒疙瘩必须清除干净。

4）基层应干燥，含水率不得大于9%，当含水率较高或环境湿度大于85%时，应在基面涂刷一层潮湿隔离剂。基层含水率测定，可用高频水分测定计测定，也可用厚度为1.5～2.0mm的$1m^2$橡胶板材覆盖基层表面，放置2～3h，若覆盖的基层表面无水印，且紧贴基层的橡胶板一侧也无凝结水印，则基层的含水率即不大于9%。

（4）涂膜防水层施工

1）材料配制。聚氨酯按甲组分、乙组分和二甲苯以1：1.5：0.3的比例（质量比）配合，用电动搅拌器强制搅拌3～5min，至充分拌合均匀即可使用。配好的混合料应2h内用完，不可时间过长。

2）附加涂膜层。穿过墙、顶、地的管根部，地漏、排水口、阴阳角，变形缝及薄弱部位，应在涂膜大面积施工前，先做好上述部位的增强涂层（附加层）。

附加涂层做法：是在涂膜附加层中铺设玻璃纤维布，涂膜操作时用板刷刮涂料驱除气泡，将玻璃纤维布紧密地粘贴在基层上，阴阳角部位一般为条形，管根为块形，三面角应裁成块形布铺设，可多次涂刷涂膜。

3）涂刷第一道涂膜。在前一道涂膜加固层的材料固化并干燥后，应先检查其附加层部位有无残留的气孔或气泡，如没有，即可涂刷第一层涂膜；如有气孔或气泡，则应用橡胶刮板将混合料用力压入气孔，局部再刷涂膜，然后进行第一层涂膜施工。

涂刮第一层聚氨酯涂膜防水材料，可用塑料或橡胶刮板均匀涂刮，力求厚度一致，在1.5mm左右，即用量为$1.5kg/m^2$。

4）涂刮第二道涂膜。第一道涂膜固化后，即可在其上均匀地涂刮第二道涂膜，涂刮方向应与第一道的涂刮方向相垂直，涂刮第二道与第一道相间隔的时间一般不小于24h，亦不大于72h。

5）刮第三道涂膜。涂刮方法与第二道涂膜相同，但涂刮方向与其垂直。

6）稀撒石渣。在第三道涂膜固化之前，在其表面稀撒粒径约2mm的石渣，加强涂膜层与其保护层的粘结作用。

7）涂膜保护层。最后一道涂膜固化干燥后，即可根据建筑设计要求的适宜形式，一般抹水泥砂浆。平面可浇筑细石混凝土保护层。

（5）施工注意事项

1）当甲、乙料混合后固化太快影响施工时，可加少许磷酸或苯磺酰氯作缓凝剂，但加入量不得大于甲料的0.5%。

2）当涂料粘度过大不便进行刮涂施工时，可加入少量二甲笨进行稀释，以降低粘度，加入量不得大于乙料的10%。

3）当涂膜固化太慢影响下道工序时，可加入少许二月硅酸二丁基锡作促凝剂，但加入量不得大于甲料的0.3%。

4）若刮涂第一度涂层24h后仍有发粘现象，可在第二度涂层施工前先涂上一些滑石粉，再上人施工。

5）施工温度宜在0℃以上，否则要在施工时对涂料适当加温。

3.3.5 涂膜防水层质量标准、成品保护与安全环保措施

1. 质量标准

涂膜防水层的抽查数量应按涂层面积每100m² 抽查1处，每处10m²，且不得少于3处。

（1）主控项目

1）涂膜防水层所用材料及配合比必须符合设计要求。

检验方法：检查出厂合格证、质量检验报告、计量措施和现场抽样报告。

2）涂膜防水层及其转角处，变形缝、穿墙管道等细部做法均须符合设计要求。

检验方法：观察检查和检查隐蔽工程的记录。

（2）一般项目

1）涂膜防水层的基层应牢固，基层表面应洁净、平整，不得有空鼓、松动、起砂和脱皮现象，基层的阴阳角应做成圆弧形。

检验方法：观察检查和检查隐蔽工程验收记录。

2）涂膜防水层的平均厚度应符合设计要求，最小厚度不得小于设计厚度的80%。

检验方法：针测法或割取20mm×20mm实样用卡尺测。

3）涂膜防水层与基层应粘结牢固，表面平整，涂刷均匀，不得有流淌、皱折、鼓泡、露胎体和翘边等缺陷。

检验方法：观察检查。

4）侧墙涂膜防水层的保护层与防水层粘结牢固，结合紧密，厚度均匀一致。

检验方法：观察检查。

2. 成品保护

1）在防水层施工前，应将穿过防水层的管道、设备及预埋件安装完毕。凿孔打洞或重物冲击都会破坏防水层的整体性，从而易导致渗漏。.

2）有机防水涂料施工完成后应及时做好保护层，保护层应符合下列规定：

① 底板、顶板应采用厚20mm 1∶2.5（质量比）水泥砂浆层和厚40～50mm的细石混凝土保护，顶板防水层与保护层之间宜设置隔离剂。

② 侧墙背水面采用厚20mm 1∶2.5（质量比）水泥砂浆层保护。

③ 侧墙迎水面宜选用软保护层或厚20mm 1∶2.5（质量比）水泥砂浆层保护。

3. 安全环保措施

1）涂料应达到环保环境要求，应选用符合环保要求的溶剂。配料和施工现场应有安全及防火措施，所有施工人员都必须严格遵守操作要求。

2）着重强调临边安全，防止抛物和滑坡。

3）高温天气施工，须做好防暑降温措施。

4）涂料在贮存、使用全过程应注意防火。

5）清扫及砂浆拌合过程要避免灰尘飞扬。

6）施工中生成的建筑垃圾要及时清理、清运。

［能力训练］

训练项目　薄质涂料的施工（聚氨酯涂料）

（1）目的　学会薄质涂料的配制，掌握其施工方法。

（2）能力及标准要求　具有建筑防水材料方面的知识，具有较强的动手能力，能够达到初级防水工的操作标准。

（3）准备　在校内实习车间找一处墙角部位，要求该部位有一些管道通过，该部位尽量模仿成地下室或卫生间。

准备好聚氨酯涂料、玻璃丝布或聚氨酯纤维无纺布、刷子、橡胶板、橡胶板刷、二甲苯、乙酸乙酯、石渣、水泥、砂子等。

（4）步骤

1）基层处理。

① 基层应坚实，具有一定强度；清洁干净，表面无浮土、砂粒等污物。

② 基层表面应平整、光滑、无松动，对于残留的砂浆块或突起物应以铲刀削平，不允许有凹凸不平及起砂现象。

③ 平面基层用 1∶3 水泥砂浆抹成 1%～2%的坡度；阴阳角处基层应抹成圆弧形；管道、地漏等细部基层也应抹平压光，管道应高出基层至少 20mm，而排水口或地漏应低于防水层。

④ 基层应干燥，含水率以小于 9%为宜，也可用厚为 1.5～2.0mm 的 $1m^2$ 橡胶板覆盖基层表面，放置 2～3h，若覆盖的基层表面无水印，且紧贴基层的橡胶板一侧也无凝结水痕，则基层含水率不大于 9%。

对于不同种基层衔接部位以及基层因变形可能开裂或已开裂的部位，均应嵌补缝隙，铺贴绝缘胶条补强或用伸缩性很强的硫化橡胶条进行补强。

2）涂膜施工。涂膜的施工顺序是：基层处理→涂刷底层涂料（即聚氨酯底胶）→（增强涂布或增补涂布）→涂布第一道涂膜防水层（聚氨酯涂膜防水材料）→（增强涂布或增补涂布）→涂布第二道（或面层）涂膜防水层（聚氨酯涂膜防水材料）→稀撒石渣→铺抹水泥砂浆→粘贴保护层（如马赛克、缸砖等）。

① 涂布底层涂料。

a. 底层涂料配制：将聚氨酯甲组分料与底涂乙料按 1∶3～1∶4（质量比）的比例准确称量并混合搅拌均匀。也可用聚氨酯涂膜防水材料和二甲苯进行配制，按甲组分料∶乙组分料∶二甲苯＝1∶1.5∶2（质量比）比例将材料混合搅拌均匀做底层涂料。

b. 涂布底层涂料：目的是隔绝基层，提高涂膜同基层的粘结力。要求涂布均匀、厚薄一致，且不得漏涂。一般涂布用量以每 $m^2$0.15～0.20kg 为宜。涂布后应间隔 24h 以上（具体时间应根据施工温度测定），待底层涂料固化干燥后方可施工下道工序。

② 涂膜防水层施工。

a. 配制聚氨酯涂膜防水材料：将甲组分料：乙组分料＝1：1.5（质量比）准确称量好，充分搅拌均匀即可使用。若混合搅拌后粘度大，不易涂布施工，则可加入质量为搅拌液的10%的甲苯或二甲苯稀释拌匀。禁止使用一般涂料所用的稀释剂或酮类稀释剂。

b. 涂布顺序：应先垂直面、后水平面；先阴阳角及细部、后大面。每层涂抹方向应相互垂直。

增强涂布或增补涂布可在涂刷底层涂料后进行；也可以涂布第一道涂膜防水层以后进行。还有将增强涂布夹在每相邻两层涂膜之间的做法。

c. 增强涂布与增补涂布：在阴阳角、排水口、管道周围、预埋件及设备根部、开裂处等需要增强防水层抗渗的部位应做增强或增补涂布。增强涂布是在涂布增强涂膜中铺设玻璃纤维布并将其紧密地粘贴在基层上，不得出现空鼓或折皱，一般呈条形。增补涂布则为块状，做法同上，但可做多次涂抹。

d. 涂布第一道涂膜：在前一层涂料固化干燥后即可进行第一道涂膜施工。用塑料或橡胶板刷均匀涂刮第一道聚氨酯涂膜防水材料，力求厚薄一致，厚度约为1.5mm（即1.5kg/m^2）。涂膜层未固化前不宜上人踩踏。

e. 涂布第二道涂膜：待第一道涂膜固化后，即可在其上均匀涂刮第二道涂膜，方法与第一道相同，但涂膜方向应与第一道的涂刮方向相垂直。两道涂膜的间隔时间，一般不小于24h，亦不大于72h。

f. 稀撒石渣：在第二道涂膜固化之前，在其表面稀撒粒径约2mm的石渣，涂膜固化后，石渣即牢固地粘结在涂膜表面，其作用是增强涂膜与其保护层的粘结能力。

g. 设置保护层：最后一道涂膜固化干燥后，即可设置保护层，保护层的形式应随建筑要求而定。如卫生间的立面、平面，可在稀撒石渣上抹水泥砂浆，铺贴瓷砖、马赛克；一般房间的立面可以铺抹水泥砂浆，平面可铺设缸砖或水泥方砖，也可抹水泥砂浆或浇筑混凝土；若用于地下室墙体外壁，可在石渣层上抹水泥砂浆保护层，然后回填土。

(5) 注意事项

1) 薄质涂料一般采用刷涂法或喷涂法施工；胎体材料有湿铺法和干铺法两种。湿铺法操作要点是先刷涂料、后铺胎体，再用滚刷滚压使胎体布眼浸满涂料；干铺法操作要点是先干铺胎体，随之在胎体上满刮涂料，使涂料侵入胎体布眼并同下层已固化的涂膜结成整体。

2) 材料贮放应离地面300mm以上，堆放整齐，下部垫木要牢固。

3) 施工机具应专管专用，注意检查、维修、保管。使用后的机具及时用溶剂清洗干净。

4) 涂料粘度大，不易施工时，可加入二甲苯稀释，但加入量不得大于涂料重量的10%。

5) 施工温度宜在5～35℃之间，温度低使涂料粘度大，不易施工且容易涂厚，影响质量；温度过高，会加速固化，亦不便施工。

6) 不宜在雾、雨、雪、大风等恶劣天气进行施工。

7) 施工进行中或施工后，均应对已做好的涂膜防水层加以保护，勿使受到损坏。

8) 注意安全。施工现场要通风，严禁烟火，要有防火措施；施工人员应着工作服、工作鞋，并戴手套和口罩；操作时若皮肤粘上涂膜材料，应立即用粘有乙酸乙酯的棉纱擦除，再用肥皂和清水洗干净。

(6) 讨论　防水涂料与防水卷材的优缺点。

课题4 地下工程水泥砂浆防水

3.4.1 水泥砂浆防水层的特点及适用范围

水泥砂浆防水与卷材、涂膜、混凝土等几种其他防水材料相比，虽然具有一定防水功能和施工操作简便，造价适宜并容易修补等优点，但由于其韧度差，较脆，极限抗拉强度较低，易随基层开裂而开裂，故难以满足防水工程越来越高的要求。为了克服这一缺陷，近年来一开始利用高分子聚合物材料制成聚合物改性砂浆以提高材料的抗拉强度和韧度。

在国外，掺入水泥砂浆、混凝土中的聚合物品种很多，主要有三大类，即胶乳、液体树脂和水溶性聚合物，均已作为商品在市场上出售，并已被广泛地作为防水、防腐、粘结、抗磨等材料使用。

在国内，聚合物水泥砂浆和聚合物混凝土中使用的聚合物品种主要有氯丁胶乳、天然胶乳、丁苯胶乳、氯偏乳胶、丙烯酸酯乳液以及布胶硅水溶性聚合物等，它们应用在地下工程防渗、防潮、船甲板敷层及某些有特殊气密性要求的工程中，已取得成效。

常见水泥砂浆防水层的分类及适用范围见表3-14。

表3-14 水泥砂浆防水层分类及适用范围

项次	类别	特点	适用范围
1	普通水泥砂浆防水层	又称“刚性多层抹面防水”，防水层具有较高的抗渗能力，抗渗压力达2.5～3.0MPa，同时检修方便，发现渗漏容易堵修，操作要求认真仔细	适于做地下防水层或用于屋面，地下工程补漏 由于砂浆抗变形能力差，故不适用于因振动、沉陷或温度、湿度变化易产生裂缝的结构防水，也不适用于有腐蚀及高温（>80℃）的工程防水
2	外加剂防水砂浆防水层	具有一定的抗渗能力，一般可承受抗渗压力达0.4MPa，如在水泥砂浆中掺入占水泥重量10%的抗裂防水剂（UWA），其抗渗压力最高可达3MPa以上。同时砂浆配制操作方便	适于做深度不大、干燥程度要求不高的地下工程防水层或墙体防潮层，亦可用于简易屋面防水 由于砂浆抗变形能力差，故不宜用于因振动、沉陷或温度、湿度变化、易产生裂缝的结构防水，也不适用于有腐蚀及温度（>80℃）的工程防水
3	聚合物防水砂浆	价格较高，聚合物掺量比例要求较严	可单独用于防水工程或做防渗漏水工程的修补

3.4.2 水泥砂浆防水层的技术要求

1. 一般规定

1）水泥砂浆防水层包括普通水泥砂浆、聚合物水泥砂浆、掺外加剂或掺合料防水砂浆等，宜采用多层抹压法施工，如图3-23所示。

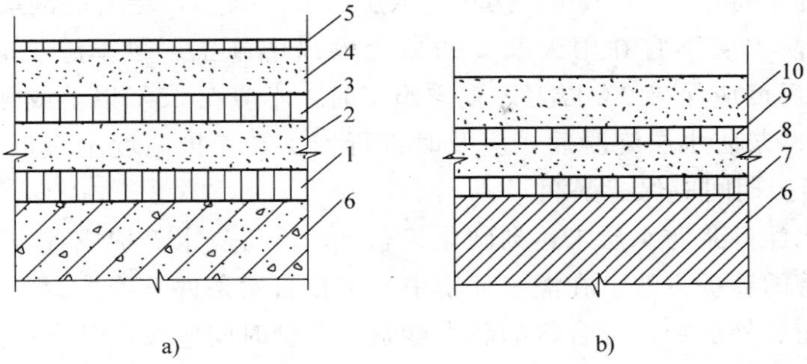

图 3-23 水泥砂浆防水层构造作法

a）刚性多层防水层 b）氯化铁防水砂浆防水层构造

1、3—素灰层 2、4—水泥砂浆层 5、7、9—水泥浆 6—结构基层

8—防水砂浆垫层 10—防水砂浆面层

2）水泥砂浆防水层可用于结构主体的迎水面或背水面。

3）水泥砂浆防水层应在基础垫层、初期支护、围护结构验收合格后方可施工。

2. 设计要求

1）水泥砂浆品种配合比设计应根据防水工程要求确定。

2）聚合物水泥砂浆防水层厚度，单层施工宜为6～8mm，双层施工宜为10～12mm，掺外加剂、掺合料等的水泥砂浆防水层厚度宜为18～20mm。

3）水泥砂浆防水层基层，其混凝土强度等级不应小于C15；砌体结构砌筑用的砂浆强度等级不应低于M7.5。

3. 施工要求

1）基层表面应平整、坚实、粗糙、清洁，并充分润湿、无积水。

2）基层表面的孔洞、缝隙，应用与防水层相同的砂浆堵塞抹平。

3）施工前应将预埋件、穿墙管预留凹槽内嵌填密封材料后，再进行防水砂浆层施工。

4）普通水泥砂浆防水层的配合比见表3-15。

表3-15 普通水泥砂浆防水层的配合比

名称	配合比（质量比）		水灰比	适用范围
	水泥	砂		
水泥浆	1	—	0.55～0.60	水泥砂浆防水层的第一层
	1	—	0.37～0.40	水泥砂浆防水层的第三、五层
水泥砂浆	1	1.5～2.0	0.40～0.50	水泥砂浆防水层的第二、四层

掺外加剂、掺合料、聚合物等防水砂浆的配合比和施工方法应符合所掺材料的规定，其中聚合物砂浆的用水量应包括乳液中水的含量。

5）水泥砂浆防水层应分层铺抹或喷射，铺抹时应压实、抹平，最后一层表面应提浆压光。

6）聚合物水泥砂浆拌合后应在1h内用完，且施工中不得任意加水。

7）水泥砂浆防水层各层应紧密贴合，每层宜连续施工；如必须留茬时，采用阶梯坡形茬，但离阴阳角处不得小于200mm；接茬应依层次顺序操作，层层搭接紧密。

8）水泥砂浆防水层不宜在雨天及5级以上大风中施工。冬季施工时，气温不应低于5℃，且基层表面温度应保持0℃以上。夏季施工时，不应在35℃以上或烈日照射下施工。

9）普通水泥砂浆防水层终凝后，应及时进行养护，养护温度不宜低于5℃，养护时间不得少于14d，养护期间应保持湿润。

10）聚合物水泥砂浆防水层未达到硬化状态时，不得浇水养护或直接受雨水冲刷，硬化后应采用干湿交替的养护方法。在潮湿环境中，可在自然条件下养护。

使用特种水泥、外加剂、掺合料的防水砂浆，养护时间应按产品有关规定执行。

3.4.3 水泥砂浆防水层的材料及质量要求

1. 原材料

拌制防水砂浆的原材料技术性能对防水层的质量有直接影响，各种材料应满足以下要求：

(1) 水泥　一般常用硅酸盐水泥或膨胀水泥，也可以采用矿渣硅酸盐水泥，强度等级不低于32.5级。在受侵蚀性介质作用时，所用水泥应按设计要求选用，水泥出厂后存放时间不得超过3个月，不同品种强度等级的水泥不得混用，以免其化学成分和凝结时间不同而影响防水层质量。严禁使用过期或受潮结块水泥。

(2) 砂　以粗砂为主，粒径1～3mm，大于3mm的使用前应筛除。砂的颗粒要坚硬、粗糙、洁净，砂中不得含有垃圾、草根等有机杂质，砂中含泥量应不大于3%，含硫化物和硫酸盐量不大于1%。

(3) 水　能饮用的天然水和自来水均可使用。水中不得含有影响水泥正常凝结和硬化的糖类、油类等有害杂质，应符合《混凝土拌合用水标准》(JGJ 63—1989）的规定。

2. 外加剂

1）外加剂的技术性能应符合国家或行业产品标准一等品以上的质量要求。

2）水泥砂浆防水层宜掺入外加剂、掺合料、聚合物等进行改性，改性后防水砂浆的性能应符合表3-16的规定。

表3-16　改性后防水砂浆的主要性能

改性剂种类	粘结强度/MPa	抗渗性/MPa	抗折强度/MPa	干缩率(%)	吸水率(%)	冻融循环/次	耐碱性	耐水性(%)
外加剂、掺合料	>0.5	≥0.6	同一般砂浆	同一般砂浆	≤3	>D50	10% NaOH溶液浸泡14d无变化	—
聚合物	>1.0	≥1.2	≥7.0	≤0.15	≤4	>D50		≥80

注：耐水性指标是在浸水168h后材料的粘结强度及抗渗性的保持率。

3）常用的外加剂性能。

① 无机铝盐防水剂。无机铝盐防水剂以无机铝为主体，掺入多种无机金属盐类，混合组成黄色液体。此类防水剂加入水泥砂浆后，能与水泥和水起作用，在砂浆凝结硬化过程中生成含水化合物水化氯铝酸钙、水化氯硅酸钙等晶体物质，填补砂浆中的空隙，从而提高了砂浆的密实性和防水性能。

② 有机硅防水剂。它是一种小分子水溶性混合物，易被弱酸分解，在空气中的二氧化碳和水作用下，能生成甲基硅氧烷，进一步缩聚成网状甲基硅树脂防水膜，是一种憎水性物质。渗入基层内可堵塞水泥砂浆内部的毛细孔，增强密实性，提高抗渗性，从而起到防水作用。

③ BR 型防水剂。BR 型防水剂早期强度高，使用于防水混凝土的抹面，也适用于潮湿和渗水工程的抹面防水和修补。它不仅有较好的抗渗性，而且具有抗渗性。

④ 补偿收缩抗裂型防水剂。它是继 U 型混凝土膨胀剂后专用于砂浆的外加剂，如 FS 和 UWA。与 UEA 相比，它的抗渗性好，且具有抗裂性。

3. 聚合物

聚合物品种繁多，有天然和合成橡胶乳胶、热塑性及热固性树脂乳液，如阳离子氯丁胶乳。其特性及掺入量直接影响聚合物防水砂浆的各项性能。阳离子氯丁胶乳的主要性能见表 3-17。聚合物乳液：外观应无颗粒、异物和凝固物，固体含量应大于 35%。宜选用专用产品。

表 3-17　阳离子氯丁胶乳的主要性能

性　能	指　标	性　能	指　标
外观	白色乳胶液	转子粘度计（Pa·s）	0.0124
分子结构	—	薄球粘度计（Pa·s）	0.00648
pH 值	3～5 用醋酸调节	硫化胶抗拉强度（MPa）	＞150
含固量	＞50	硫化胶拉伸率（%）	＞750
相对密度	＞1.085	含氯量（%）	35

3.4.4　水泥砂浆防水层的施工

1. 施工环境要求

1）当需要在地下水位以下施工时，地下水位应下降到工程施工部位以下，并保持到施工完毕。

2）施工时温度应控制在 5℃以上、40℃以下，否则要采取保温、降温措施。夏天施工时应做好防雨工作，抹面层施工完毕应用湿草袋覆盖做好防晒工作。

3）抹面层出现渗漏现象，应找准渗漏水部位，做好堵漏工作后，再进行抹面交叉施工。

2. 防水层基层处理

基层处理一般包括清理（将基层油污、残渣清除干净，光滑表面斩毛），浇水（基层浇水湿润）和补平（将基层凹处补平）等工序，使基层表面清洁、平整、潮湿、坚实、粗糙，以保证砂浆防水层与基层粘结牢固，不产生空鼓和透水现象。

（1）混凝土基层处理

1）新浇筑的混凝土基层，拆模后应立即用钢丝刷将混凝土表面刷毛，并在抹面前浇水冲刷干净。

2）旧混凝土基层补做防水层时，需要将表面凿毛，清理平整后再浇水冲刷干净。

3）混凝土基层表面凹凸不平，蜂窝孔洞，应根据不同情况分别处理如下。

① 超过 10mm 的棱角及凹凸不平、应剔成慢坡形，并浇水清洗干净，用素灰和水泥砂

浆分层找平（如图 3-24 所示）。

② 混凝土表面的蜂窝孔洞，应先将松散不牢固的石子除掉，浇水冲洗干净，用素灰和水泥砂浆交替抹到与基层表面齐平（如图 3-25 所示）。

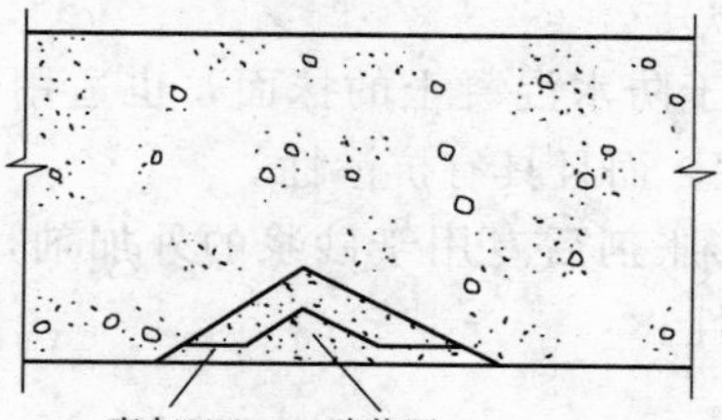

图 3-24　混凝土基层凹凸不平的处理

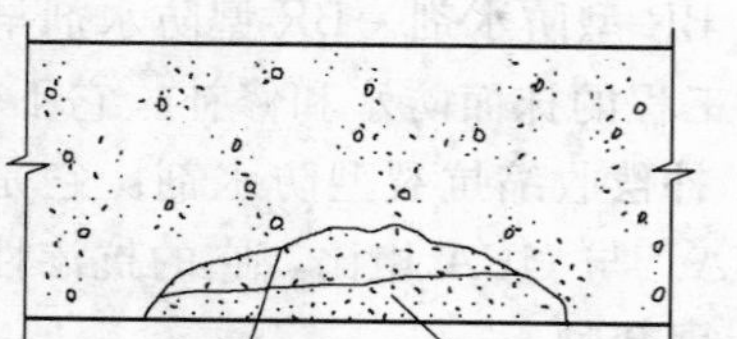

图 3-25　混凝土基层蜂窝孔洞的处理

③ 混凝土表面的蜂窝麻面不深，石子粘结较牢固，只需用水冲洗后，用素灰打底，水泥砂浆压实抹平（如图 3-26 所示）。

4）混凝土结构的施工缝要沿缝剔成八字形凹槽，用水冲洗后，用素灰打底，水泥砂浆压实抹平（如图 3-27 所示）。

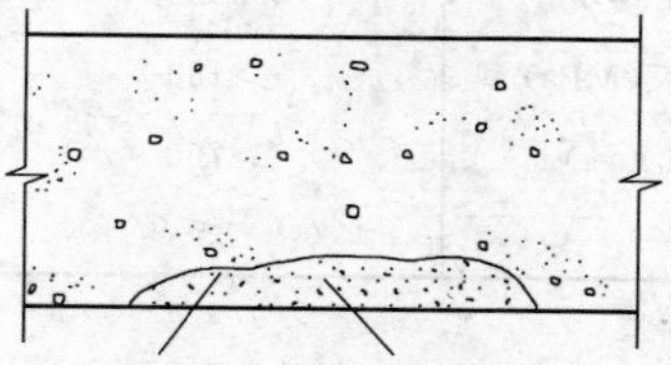

图 3-26　混凝土基层蜂窝麻面的处理

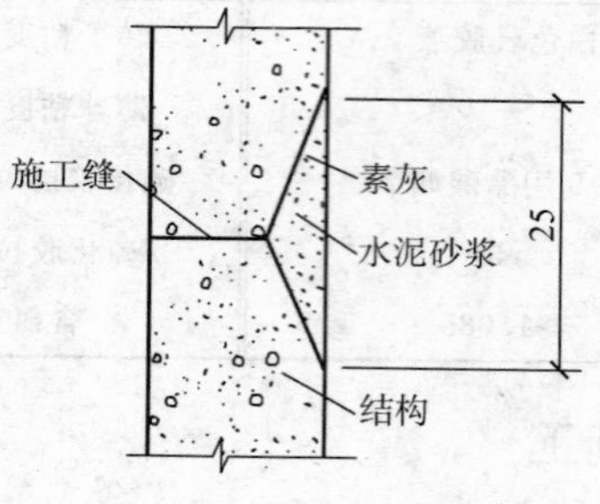

图 3-27　混凝土结构施工缝的处理

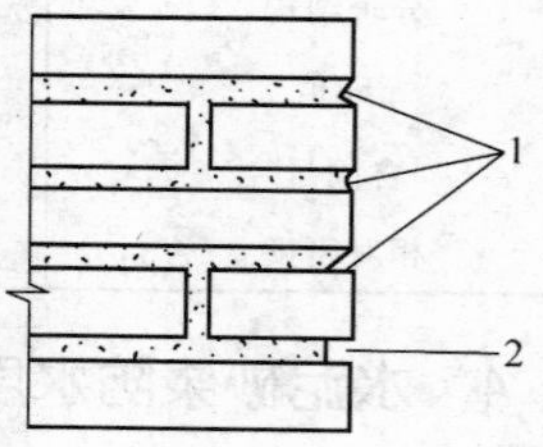

图 3-28　砖砌体的剔缝
1—剔缝不合格　2—剔缝合格

（2）砖砌体基层处理

1）将砖墙面残留的灰浆，污物清除干净，充分浇水湿润。

2）对于用石灰砂浆和混合砂浆砌筑的新砌体，需将砌体灰缝剔进 10mm 深，缝内呈直角（如图 3-28 所示）以增强防水层与砌体的粘结力；对水泥砂浆砌筑的砌体，灰缝可不剔除，但已勾缝的需将勾缝砂浆剔除。

3）对于旧砌体，需用钢丝刷或剁斧将酥松表面和残渣清除干净，直至露出坚硬砖面，并浇水冲洗干净。

（3）毛石和料石砌体基层的处理

1）基层处理与混凝土和砖砌体相同。

2）对石灰砂浆或混合砂浆砌体，其灰缝要剔成 10mm 深的直角沟槽。

3）对表面凹凸不平的石砌体，清理完后，在基层表面做找平层。

其做法是：先在石砌体表面刷水灰比 0.5 左右的水泥浆一道，厚约 1mm，再抹厚 10～15mm 的 1∶2.5（质量比）水泥砂浆，并将表面扫成毛面。一次不能找平时，要间隔 2d 分次找平。

基层处理后必须湿润，这是保证防水层和基层结合牢固、不空鼓的重要条件。浇水要按次序反复浇透，使抹上灰浆后没有吸水现象。

3. 普通防水砂浆防水层施工

普通防水砂浆防水层施工，也称刚性多层抹面防水层施工，采用不同配合比的水泥净浆和水泥砂浆（不掺任何外加剂）分层交替抹压，以达到密实防水的目的。

(1) 灰浆的制备

1) 灰浆的配合比。

① 素灰：用水泥和水拌和而成，水灰比为0.37～0.4，标准圆锥体沉入度为70mm。

② 水泥浆：用水泥和水拌和而成，稠度比素灰大，水灰比为0.55～0.6。

③ 水泥砂浆：灰砂比为1∶2.5（质量比），水灰比为0.4～0.5左右，标准圆锥体沉入度为85mm。

2) 灰浆的拌制。

① 素灰或水泥浆拌合，是将水泥放入桶中，然后按设计水灰比加水搅拌均匀。

② 水泥砂浆宜采用机械搅拌，先将水泥和砂倒入搅拌机，干拌均匀，再加水搅拌1～2min。

③ 若没有砂浆搅拌机也可采用人工搅拌，人工搅拌时，先将水泥和砂在铁板上干拌均匀，然后在中间加水，反复搅拌均匀。

拌合的灰浆不宜存放过久，防止离析和产生初凝，以保证灰浆的和易性和质量。当采用普通硅酸盐水泥拌制灰浆时，气温为5～20℃时，存放时间应小于60min，气温为20～35℃时，存放时间不小于45min；当采用矿渣硅酸盐水泥或火山灰质硅酸盐水泥拌制灰浆时，气温为5～20℃时，存放时间应不小于90min，气温为20～35℃时，存放时间应小于50min。

(2) 防水层施工

1) 施工顺序。防水层的施工顺序，一般是先顶板，再墙面，后地面。当工程量较大需分段施工时，应由里向外按上述顺序进行。

2) 技术要求。

① 为保证防水层和基层结合牢固，对防水层直接接触的基层要求具有足够的强度。如为混凝土结构，其混凝土强度等级不低于C15；如为砖石结构，砌筑用的砂浆强度等级不应低于M5。

② 结构的外形轮廓，在满足生产工艺和使用功能要求的情况下，力求简单，尽量减少阴阳角及曲折狭小不便操作的结构形状。

③ 为保证结构的整体性和刚度要求，结构设计的裂缝开展宽度不应大于0.1mm。

④ 遇有预制装配式结构时，应考虑刚柔结合的作法，即预制构件表面采用水泥砂浆刚性防水层，构件连接处采用柔性材料密封处理。

⑤ 刚性防水层宜在房屋沉陷或结构变形基本稳定后施工，以免产生裂缝引起渗漏，为增加抵抗裂缝的能力，可在防水层内增加金属网加固。

⑥ 在严寒、干旱、气候变化较大地区，不宜采用大面积刚性防水层防水，因较难保证施工质量。

⑦ 防水层分为内抹面防水和外抹面防水两种。地下结构物拆除考虑地下水渗透外，还

应考虑地表水的渗透，为此，防水层的设置高度应高出室外地坪150mm以上（如图3-29所示）。

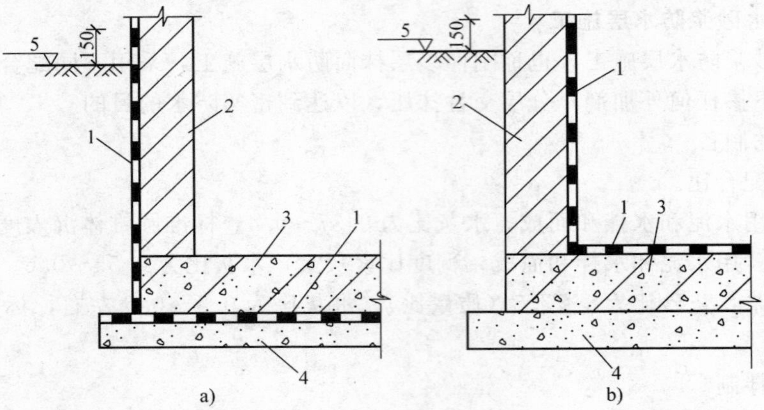

图3-29 防水层的设置

a）外抹面防水 b）内抹面防水

1—水泥砂浆刚性防水层 2—立墙 3—钢筋混凝土底板 4—混凝土垫层 5—室外地坪面

⑧ 在一般情况下，在地下工程防水层一道设防为主，遇有特殊情况和防水要求较高时，可考虑两道或多道设防。

⑨ 旧工程维修防水层，应先将渗漏水堵好或堵漏、抹面同时交叉施工，以保证防水层施工顺利进行。

3）混凝土顶板与墙面防水层施工。

① 防水层各层次具体施工要求

混凝土顶板与墙面的防水施工，一般迎水面采用“五层抹面法”，背水面采用“四层抹面法”。具体操作方法见表3-18。四层抹面做法与五层抹面做法相同，去掉第五层水浆层即可。

表3-18 五层抹面法

层次	水灰比	厚度/mm	操作要点	作用
第一层素灰层	0.37～0.4	2	1. 分两次抹压。基层浇水湿润后，先抹厚1mm结合层，用铁抹子往返抹压5～6遍，使素灰填实基层表面空隙，其上再抹厚1mm素灰找平 2. 抹完后用湿毛刷按横向轻轻刷一遍，以便打乱毛细孔通路，增强与第二层的结合	防水层第一道防线
第二层水泥砂浆层	0.4～0.5	4～5	1. 待第一层素灰稍加干燥，用手指按能进入素灰层1/4～1/2深时，再抹水泥砂浆层，抹时用力要适当，既避免破坏素灰层，又要使砂浆层压入素灰层内1/4左右，以使一、二层紧密结合 2. 在水泥砂浆初凝前后，用扫帚将砂浆层表面扫成横向条纹	起骨架和保护素灰作用

（续）

层次	水灰比	厚度/mm	操作要点	作用
第三层素灰层	0.37～0.4	2	1. 待第二层水泥砂浆凝固并有一定强度后（一般需 24h），适当浇水湿润，即可进行第三层，操作方法同第一层 2. 若第二层水泥砂浆层在硬化过程中析出游离的氢氧化钙形成白色薄膜时，应刷洗干净	保护第三层素灰层和防水作用
第四层水泥砂浆	0.4～0.5	4～5	1. 操作方法同第二层，但抹后不扫条纹，在砂浆凝固前后，分次用铁抹子抹压 5～6 遍，以增加密实性最后压光 2. 每次抹压间隔时间应视现场湿度大小，气温高低及通风条件而定，一般抹压前三遍的间隔时间为 1～2h，最后从抹压到压光，夏季 10～12h 内完成，冬季 14h 内完成，以免因砂浆凝固后反复抹压而破坏表面的水泥结晶，使强度降低，产生起砂现象	保护第三层素灰层和防水作用
第五层水泥浆层	0.55～0.6	1	当防水层在迎水面时，在第四层水泥砂浆抹压两遍后，用毛刷均匀涂刷水泥浆一道，随第四层压光	防水作用

② 防水层施工操作要点。

a. 素灰抹面：素灰抹面要薄而均匀，不宜太厚，太厚宜形成堆积，反而粘结不牢，容易脱落、起壳。素灰在桶中应经常搅拌，以免产生分层离析和初凝。抹面不要干撒水泥粉，否则容易造成厚薄不匀，影响粘结。

b. 水泥砂浆揉浆：揉浆的作用主要是使水泥砂浆和素灰紧密结合。揉浆时首先薄抹一层水泥砂浆，然后用铁抹子用力揉压，使水泥砂浆渗入素灰层（但注意不能压透素灰层）。揉压不够，会影响两层的粘结，揉压时严禁加水，否则容易开裂。

c. 水泥砂浆收压：水泥砂浆初凝前，待收水 70%（用手指按上去，砂浆不粘手，有少许水印）时，可进行收压工作。收压是用铁抹子平光压实，一般做两遍。第一遍收压表面要粗毛，第二遍收压表面要细毛，使砂浆密实、强度高、不宜起砂。收压一定要在砂浆初凝前完成，避免在砂浆凝固后再反复抹压，否则容易破坏表面水泥结晶和扰动底层而起壳。

水泥砂浆防水层各层应紧密结合，连续施工不留施工缝，如确因施工困难需留施工缝时，留槎应采用阶梯坡形槎，接槎要依层次顺序操作，层层搭接紧密，如图 3-30 所示。

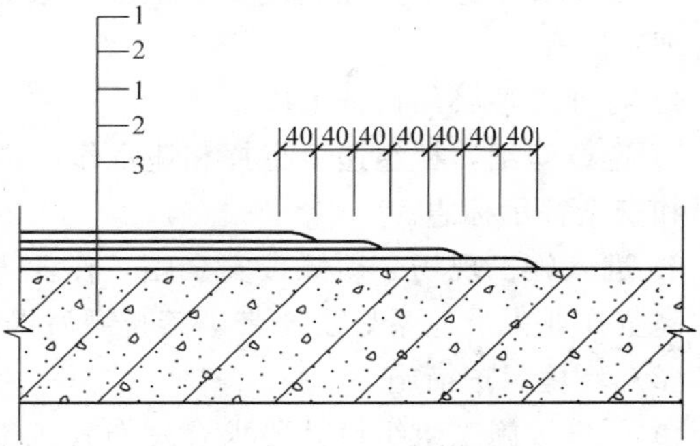

图 3-30　平面留槎示意图

1—砂浆层　2—水泥浆层　3—围护结构

3.4.5 水泥砂浆防水层的质量标准、成品保护与安全环保措施

1. 质量标准

(1) 主控项目

1) 水泥砂浆防水层的原材料及配合比必须符合设计要求。

检查方法：检查出厂合格证、质量检验报告、计量措施和现场抽样复验报告。

2) 水泥砂浆防水层各层之间必须结合牢固，无空鼓现象。

检查方法：观察和用小锤轻击检查。

(2) 一般项目

1) 水泥砂浆防水层表面应密实、平整，不得有裂纹、起砂、麻面等缺陷；阴阳角处应做成圆弧形。

检验方法：观察检查。

2) 水泥砂浆防水层施工缝留槎位置应正确，接槎应按层次顺序操作，层层搭接紧密。

检验方法：观察检查和检查隐蔽工程验收记录。

3) 水泥砂浆防水层的平均厚度应符合设计要求，最小厚度不得小于设计值的85%。

检查方法：观察和尺量检查。

2. 成品保护

1) 抹灰架子要离开墙面15cm，拆架时不得碰坏口角及墙面。

2) 落地灰要及时清理使用，做到工完场清。

3) 地面上人不能过早。

3. 安全环保措施

(1) 安全保证措施

1) 现场施工负责人和施工员必须十分重视安全生产，牢固树立安全促进生产、生产必须安全的思想，切实做好预防工作。

2) 施工员在下达施工计划的同时，应下达具体的安全措施，每天出工前，施工员要针对当天的施工情况，布置施工安全工作，并讲明安全注意事项。

3) 落实安全施工责任制度、安全施工教育制度、安全施工交底制度、施工机具设备安全管理制度等。

4) 特殊工种必须持证上岗。

5) 遵章守纪，杜绝违章指挥和违章作业，现场设立安全措施及有针对性的安全宣传牌、标语和安全警示标志。

6) 进入施工现场必须佩戴安全帽，作业人员衣着灵活紧身，禁止穿硬底鞋、高跟鞋作业，高空作业人员应系好安全带，禁止酒后操作、吸烟和打架斗殴。

(2) 环境保护措施

1) 严格按施工组织设计要求合理布置工地现场的临时设施，做到材料堆放整齐，标识清楚，办公环境文明，施工现场每日清扫，严禁在施工现场及其周围随地大小便，确保工地文明卫生。

2）做好安全防火工作，严禁工地现场吸烟或其他不文明行为。

3）定期会同监理、建设单位对工地卫生、材料堆放、作业环境进行检查，开展施工现场管理综合评定工作。

4）做好施工现场保卫工作。

[能力训练]

训练项目　刚性多层防水层的作法

（1）目的　了解刚性多层防水层的施工方法。

（2）能力及标准要求　具有正确使用抹灰工具的能力，能够达到初级抹灰工的技术水平。

（3）准备　铁抹子、毛刷、水泥、砂子、水、铁板、铁锹、铁桶、托板、稠度仪、砂浆搅拌机等。在实习场地找一处墙体和地面。将学生分成几个小组，抹后即铲除，将实习场地清理干净。

（4）步骤

1）第一层　厚2mm水泥浆，水灰比为0.37～0.40，先抹厚1mm，往返用力刮抹5～6遍后再抹1mm厚找平，随后用毛刷沾水顺序单向轻轻涂刷。

2）第二层　厚4～5mm水泥砂浆，配合比为1∶2.5（质量比），水灰比为0.4～0.45，稠度为7～8cm。在第一层水泥砂浆初凝时抹压，轻轻抹压使水泥砂浆薄薄地渗入水泥浆内（但不可透过）。在水泥砂浆初凝前后，用扫帚向同一方向扫成横纹（不可往返扫）。

3）第三层　厚2mm水泥浆，水灰比0.37～0.40。一般与第二层间隔12h，浇水湿润后进行，做法与第一层相同。如有游离氢氧化钙白色薄膜，必须洗刷干净。

4）第四层　厚4～5mm水泥砂浆，配合比为1∶2.5（质量比），水灰比为0.4～0.45，稠度为7～8cm。做法同第二层，但不扫纹而改用铁抹子抹压5～6遍，最后压光。

5）第五层　厚2mm水泥浆，水泥浆的水灰比为0.55～0.60，在第四层压完后用毛刷涂刷一遍，再进行压光。

若为四层做法时，则取消第五层即可。

（5）注意事项　水泥砂浆防水层各层应紧密贴合，每层宜连续施工，如必须留施工缝时，留槎应符合下列要求：

1）平面留槎采用阶梯坡形槎，接槎要依层次顺序操作，层层搭接紧密，接槎位置一般宜在地面上，亦可在墙面上，但距离阴阳角处不得小于200mm。

2）基础面与墙面防水层转角留槎应包住混凝土垫层端部。

3）砂浆防水层的阴阳角均应作成圆弧形或钝角。圆弧半径：阴角为50mm；阳角为10mm。

（6）讨论　刚性多层防水层与柔性防水层的优缺点。

单元小结

本单元介绍了地下防水混凝土结构防水、地下工程卷材防水、地下工程涂膜防水、地下工程水泥砂浆防水。主要从各种防水形式的适用范围、材料及质量要求、施工工艺和方法、质量标准和安全环保措施等方面进行论述。

本单元重点阐述了各种防水形式的材料要求和施工方法。

1. 地下防水混凝土结构防水

(1) 根据地下工程防水等级和设防标准，确定地下工程防水方案。地下工程防水方案，应全面考虑地形、地貌、水文地质、地震烈度、冻结深度、环境条件、结构形式、施工工艺、材料来源等因素，按围护结构允许渗漏水的程度，合理确定。

(2) 地下防水混凝土材料及质量要求与普通混凝土相比，材料质量要求较高。

(3) 地下工程防水混凝土施工。首先是施工准备，然后进行防水混凝土施工操作。施工操作包括模板施工、钢筋施工、防水混凝土搅拌、防水混凝土运输、防水混凝土浇筑、防水混凝土振捣、防水混凝土养护及拆模。重点注意防水混凝土施工缝处理，包括施工缝留置要求和施工缝施工要求。地下防水混凝土质量标准、成品保护与安全环保措施。

(4) 地下室渗漏的检查与维修方法。

2. 地下工程卷材防水

(1) 地下工程卷材防水施工包括施工要求、施工准备、基层要求、卷材防水层施工方法，重点掌握外防外贴法施工和外防内贴法施工。还要注意转角部位加固处理、穿墙管部位处理、墙体变形缝与底板变形缝的处理。

(2) 地下工程卷材防水的质量标准、成品保护与安全环保措施。

3. 地下工程涂膜防水

(1) 由于涂膜防水的防水效果好，施工简便，特别适用于结构外形复杂的防水施工，因此被广泛应用于受侵蚀性介质或受振动作用的地下工程主体和施工缝、后浇缝、变形缝等的结构表面涂膜防水层。地下工程涂膜防水可分为外防外涂和外防内涂两种施工方法。

(2) 地下工程涂膜防水层所用涂料分为有机防水涂料和无机防水涂料两类。有机防水涂料主要包括橡胶沥青类、合成橡胶类和合成树脂类。常用的有氯丁橡胶沥青防水涂料、SBS改性沥青防水涂料、聚氨酯防水涂料、硅橡胶防水涂料等。

(3) 地下工程涂膜防水层根据防水等级和设施要求来选择涂料的品种。涂膜的厚度不应低于屋面工程防水等级的相应要求。地下工程涂膜防水层一般应采用“外防外涂法”施工。

(4) 涂膜防水层质量标准、成品保护与安全环保措施。

4. 地下工程水泥砂浆防水

(1) 基层处理一般包括清理（将基层油污、残渣清除干净，光滑表面斩毛），浇水（基层浇水湿润）和补平（将基层凹处补平）等工序，使基层表面达到清洁、平整、潮湿和坚实粗糙，以保证砂浆防水层与基层粘结牢固，不产生空鼓和透水现象。

(2) 普通防水砂浆防水层施工，也称刚性多层抹面防水层施工，采用不同配合比的水泥净浆和水泥砂浆（不掺任何外加剂）分层交替抹压，以达到密实防水的目的。一般采用“五层抹面法”，应着重掌握“五层抹面法”的技术要求。

(3) 理解水泥砂浆防水层的质量标准、成品保护与安全环保措施。

复习思考题

3-1 防水混凝土的防水机理是什么？抗渗等级有几种？
3-2 防水混凝土的配合比要求是什么？
3-3 防水混凝土浇筑时用对拉螺栓固定模板，应如何处理？
3-4 防水混凝土的养护应如何进行？
3-5 如何控制大体积混凝土的温度裂缝？
3-6 防水混凝土施工缝的构造形式有几种？如何处理？
3-7 防水混凝土冬期施工应采取哪些措施？
3-8 地下工程防水卷材有哪些类型？
3-9 试述外防外贴法施工。
3-10 高聚物改性沥青防水卷材的铺贴方法有哪些？
3-11 铺贴外墙立面卷材防水层的要求是什么？
3-12 墙体变形缝与底板变形缝应如何处理？
3-13 涂膜防水层的构造做法是什么？
3-14 涂膜防水层的涂料种类有哪些？
3-15 水泥砂浆防水层有哪些施工要求？
3-16 水泥砂浆防水层采用“五层抹面法”的各层要求是什么？

实训练习题

练习题1 计算强度等级为C30、抗渗等级为P6的防水混凝土配合比，并且根据配合比在实验室进行配料，用试模分别制作强度试块和抗渗试块。

练习题2 在实习车间利用汽油喷灯采用热熔法将SBS卷材铺贴在墙面和平面上。

练习题3 在实习车间试配聚氨酯涂料，并且将涂料均匀涂刷在墙面和平面上。

练习题4 在实验室或实习车间拌制水泥砂浆，并且将水泥砂浆用木抹子和铁抹子抹压在墙面和平面上。

单元4 外墙防水工程

单元概述

本单元主要介绍建筑外墙防水等级和要求、外墙防水的分类及操作要求、墙体渗漏的维修、工程质量要求及安全技术。

学习目标

学习本单元要求的了解外墙防水的等级和要求，领会外墙防水施工的分类，掌握外墙防水施工操作的方法，了解墙体渗漏的原因，掌握砖墙与混凝土墙的维修方法，了解外墙防水的质量标准和安全技术。

课题1 外墙防水工程等级

建筑物渗漏的基本条件一是有水的存在，二是有水的通道。建筑外墙、外门窗、阳台和雨篷长期暴露在大自然中，承受着风、雨的侵蚀，再加上昼夜温差，冬夏温差，特别是烈日下暴雨带来的短时急剧温度变化，就会使建筑物产生裂缝，形成雨水的通道，所以建筑外墙需要防水。

建筑外墙没有裂缝，一般情况下外墙就不会渗漏水。影响外墙产生裂缝的因素很多，主要有以下几种：

(1) 温度裂缝　温度变化能够引起建筑物的热胀冷缩，当建筑物受温度影响产生的应力超过构件或材料所能承受的能力时，就会裂开。

(2) 材料干缩产生的裂缝　许多材料都有干缩现象，建筑物的尺寸越大，干缩变形就越大，极易引起裂缝。

(3) 建筑物不均匀沉降造成的裂缝　由于地基的不均匀下沉和车间振动造成建筑物结构变形，变形到一定程度就会将材料拉裂，产生裂缝。

(4) 其他外力引起的裂缝　造成裂缝的原因是很多的，如设计有缺陷、选材不当、材料质量差、质量意识不够、抢工期不按客观规律办事等。

外墙渗漏水不但影响了建筑物的使用寿命和安全，而且直接影响了室内的装饰效果，造成涂料起皮、壁纸变色、室内物质发霉等危害。因此，需要利用一切手段避免裂缝的产生，认真地提高设计水平，严把材料关，精心施工。

4.1.1 外墙防水等级与选材

外墙饰面防水工程的设计，应根据建筑物的类别、使用功能、外墙墙体材料以及外墙饰面材料划分为三级，在进行外墙防水设计时，应按级进行设防和选材。

外墙饰面的防水等级与选材见表4-1。

表4-1 外墙饰面的防水等级与选材

项目	防水等级		
	Ⅰ级	Ⅱ级	Ⅲ级
外墙类别	特别重要的建筑或外墙面高度超过60m或墙体为空心砖、轻质砖、多空材料或面砖、条砖、大理石等饰面或对防水有较高要求的饰面材料	重要的建筑或外墙面高度为20～60 m或墙体为实心砖或陶、瓷粒砖等饰面材料	一般的建筑物或外墙面高度为20 m以下或墙体为钢筋混凝土或水泥砂浆类饰面
设防要求	防水砂浆厚20mm或聚合物水泥砂浆厚7mm	防水砂浆厚15mm或聚合物水泥砂浆厚5mm	防水砂浆厚10mm或聚合物水泥砂浆厚3mm

4.1.2 外墙防水一般规定

1）突出墙面的腰线、檐板、窗台上部均应做成不小于3%的向外排水坡，下部应做滴水，与墙面交角处应做成100mm的圆角。

2）空心砌块外墙门窗洞口周边200mm内的砌体应用实心砌块砌筑或用C20细石混凝土填实。

3）阳台、露台等地面应作防水处理，标高不低于同楼层地面标高20mm，坡向排水口的坡度应大于3%。

4）阳台栏杆与外墙体交接处应用聚合物水泥砂浆做好填嵌处理。

5）外墙体变形缝必须作防水处理，如图4-1所示。在作防水处理时，高分子卷材或高分子涂膜条在变形缝处必须做成U形，并在两端与墙面粘结牢固，以利伸缩，而防腐金属板在中间也需弯成倒三角形，并用水泥钉固定于基层上。

6）混凝土外墙找平层抹灰前，对混凝土外观质量应详细检查，如有裂缝、蜂窝、孔洞等缺陷，应视其情节轻重先行补强，密封处理后方可抹灰。

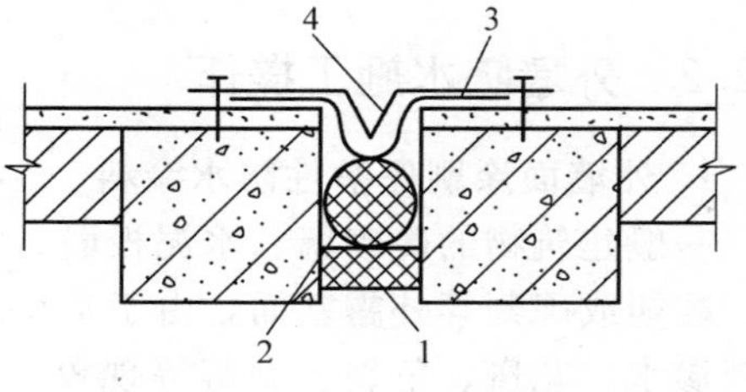

图4-1 外墙变形缝处理

1—聚苯泡沫背衬材料 2—高弹性防水球（经塑料油膏浸渍的海绵或聚氨酯密封膏材料） 3—高分子卷材或高分子涂膜条（用胎体增强材料涂布高分子涂料） 4—防腐蚀金属板

7）外墙凡穿过防水层的管道、预留孔、预埋件两端连接处，均应采用柔性密封处理或用聚合物水泥砂浆封严。

8）外墙找平层、防水层与饰面层的胶结材料可按表 4-2 要求选择。

表 4-2　外墙找平层、防水层与饰面层胶结材料的选择

名称	找平层	防水层	饰面层
水泥石灰混合砂浆	√		
水泥粉煤灰混合砂浆	√		
掺减水剂水泥砂浆	√	√	√
掺防水剂水泥砂浆	△	√	√
氯丁胶乳水泥砂浆		√	√
丙烯酸胶乳水泥砂浆		√	√
环氧乳液水泥砂浆		√	√

注："√"优先采用；"△"可以采用。

课题 2　外墙防水施工

4.2.1　外墙防水施工分类

建筑物外墙防水工程的施工，一般可分为外墙墙面涂刷保护性防水涂料防水施工和外墙拼接缝密封防水施工两类。

(1) 外墙墙面涂刷保护性防水涂料　外墙砂浆要抹平压实，施工 7d 后再连续喷涂有机硅酸防水剂等外墙防水涂料两遍。如贴外墙瓷砖，则要密实平整，最好选用专用的瓷砖胶粘剂。瓷砖或清水墙均应喷涂有机硅防水涂料。

(2) 外墙拼接缝密封施工　采用密封材料，应在缝中衬垫闭孔聚乙烯泡沫条或在缝中贴不粘纸，来防止三面粘结而破坏密封材料。

外墙防水施工宜采用脚手架、双人吊篮或单人吊篮，以确保防水施工质量和施工人员的人身安全。

4.2.2　外墙防水施工操作

1. 外墙面涂刷保护性防水涂料

一般建筑物的砖砌墙、水泥板墙、大理石饰面、瓷砖饰面、天然石材，古建筑的红黄粉墙、雕塑或碑刻等外露基面，由于常年经受风雨冲刷，会产生腐蚀性风化斑迹，长出青苔，出现渗水、花斑、龟裂、剥落等现象。如采用有机硅防水剂等外墙防水涂料对外墙进行喷刷，其墙面在保持墙体原有透气性情况下，则能在一定时期内有效地防止上述现象的发生。

喷刷有机硅防水剂等外墙防水涂料的施工方法如下。

(1) 清理基层、配制涂料　施工前，将基面的浮灰、污垢、苔斑、尘土等杂物清扫干净。如有孔、洞和裂缝需用水泥砂浆填实或用密封膏嵌实封严。待基层彻底干燥后，才能喷刷施工。将涂料和水按 1:(10～15)（质量比）的比例称量后盛于容器中，充分搅拌均匀后即可喷涂施工。

（2）喷刷施工　将配制稀释后的涂料用喷雾器（或滚刷）直接喷涂（或刷涂）在干燥的墙面或其他需要防水的基面上。每一施工基面应连续重复喷刷两遍。

第一遍先从施工面的最下端开始，沿水平方向从左至右或从右至左（视风向而定）运行喷刷工具，形成横向施工涂层，逐渐喷刷至最上端，完成第一次涂布。在第一遍涂层还没有固化时，紧接着进行垂直方向的第二遍喷刷。

第二次垂直方向的喷刷方法是视风向从基面左端（或右端）开始从上至下或从下至上运行喷刷工具，形成竖向涂层，逐渐移向右端（或左端），直至完成第二遍喷刷。

瓷砖或大理石等饰面的喷涂重点是砖间接缝。因接缝呈凹条型，和饰面不处在同一个平面上，可先用刷子紧贴纵、横接缝，上下、左右往复涂刷一遍，再用喷雾器对整个饰面满涂一遍。

（3）施工注意事项

1）严格按 1∶(10～15) 的配合比（质量比）将涂料和水稀释。水量过多，防水会失效。

2）施工时，涂料应现用现配，用多少配多少，稀释液应当天用完。

3）对墙面腰线、阳台、檐口、窗台等凹凸节点应仔细反复喷涂，不得有遗漏，以免雨水在节点部位滞留而失去防水作用，向室内渗漏。

4）施工后 24h 内不得经受雨水侵袭，否则将影响使用效果，必要时应重新喷涂。

2. 外墙拼接缝密封防水

外墙密封防水施工的部位有：金属幕墙、PC 幕墙、各种外装板、玻璃周边接缝、金属制隔扇、压顶木、混凝土墙等。

（1）外墙基层处理　基层上出现的有碍粘结的因素及处理办法见表 4-3。

表 4-3　基层上出现的有碍粘结的因素及处理办法

项　次	部　位	可能出现的不利因素	处理办法
1	金属幕墙	1. 锈蚀	1. 钢针除锈枪处理 2. 锉、金属刷或砂子
		2. 油渍	用有机溶剂溶解后再用白布揩净
		3. 涂料	1. 用小刀刮除 2. 用不影响粘结的溶剂溶解后再用白布揩净
		4. 水分	用白布揩净
		5. 尘埃	用甲苯清洗，用白布揩净
2	PC 幕墙	1. 表面粘着物	用有关有机溶液清洗
		2. 浮渣	用锤子、刷子等清除
3	各种外装板	1. 浮渣、浮浆	处理方法同 PC 幕墙部分
		2. 强度比较弱的地方	敲除、重新补上
4	玻璃周边接缝	油渍	用甲苯清洗，用白布揩净
5	金属制隔扇	同金属幕墙	
6	压顶木	1. 腐烂了的木质	进行清除
		2. 沾有油渍	把油渍刨掉
7	混凝土墙	同屋面部位的混凝土处理方法一致	

（2）防污条、防污纸粘贴　防污条、防污纸的粘贴是为了防止密封材料污染外墙，影响美观。外墙对美观程度要求高，因此在施工时应粘贴好防污条和防污纸，同时也不能使防污条上的粘胶侵入到密封膏中去。防污条的正确贴法如图 4-2 所示。

（3）底涂料的施工　底涂料起着承上启下的作用，使界面与密封材料之间的粘结强度提高，因此应认真地涂刷底涂料。底涂料的施工环境如下：

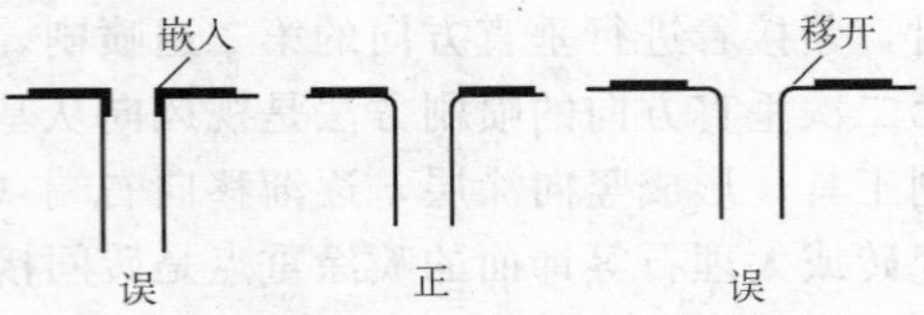

图 4-2　防污条的正确贴法

1）施工温度不能太高，以免有机溶剂在施工前挥发完了。

2）施工界面的湿度不能太大，以免粘结困难。

3）界面表面不应结露。

（4）嵌填密封材料　确定底涂料已经干燥，但未超过 24h 时便可嵌填密封材料。充填时，金属幕墙、PC 幕墙、各种外装板、混凝土墙应从纵横墙缝交叉处开始，施工时，枪嘴应从接缝底部开始，在外力作用下先让接缝材料充满枪嘴部位的接缝，逐渐向后退，每次退的时候都不能让枪嘴露出在密封材料外面，以免气泡混入其中；玻璃周边接缝从脚部开始，分两步施工：第一步使界面和玻璃周边相粘结，此次施工时，密封材料厚度要薄，且均匀一致；第二步将玻璃与界面之间的接缝密封，一般来说，此次施工呈三角形，密封材料表面要光滑，不应对玻璃和界面造成污染，便于随后的装饰。压顶木的接缝施工应从顶部开始。

4.2.3　外墙防水工程养护

1. 定期检查

对墙体要定期检查。着重检查容易发生渗漏的部位，如墙面凸凹槽（线）、饰面上部收头处、块料面层、门窗、雨篷、阳台与墙体交接处等部位。检查时可用直接观察和用小锤敲击来初步判断损坏部位及损坏程度。

2. 建立技术档案

对墙体使用情况、病害等在检查后应加以记录，对墙体维修也应作详细记录，作为技术档案保存。

3. 合理施工

不要随意在墙体上钉钉子、打洞、装设广告牌等，以免因敲击、振动和荷载过重引起墙体和饰面的破损。如必须对墙体进行打洞等施工，应由专业人员制定合理施工方案，才能施工。

4. 及时修复

发现墙体有损坏，对非结构性破损，应及时修复。对结构性墙体开裂，应请专业人员查明原因，制定维修方案后进行修缮。

5. 定期清洗

对墙面应定期清洗，清洗时，不能用强酸、强碱刷洗，以免使饰面和灰缝因腐蚀而损坏。

课题 3 墙体渗漏维修

墙体的渗漏，不但影响房屋的外观和使用，还会削弱墙体的结构强度，严重时可能出现坍塌，因此必须重视墙体渗漏的维修。

4.3.1 墙体渗漏的原因

1. 采用构造防水外墙垂直缝渗漏的原因

1）外墙板在制作、运输、堆放过程中，因保护不当，竖缝槽被撞坏。

2）施工顺序有误，先插塑料条，后浇灌板缝混凝土，空腔内溢进的灰浆未清理干净，造成流水不畅通。

3）塑料条过宽或过窄，未能形成空腔壁，且上下层搭接未交圈，使竖缝失去密封减压作用。

4）油毡泡沫聚苯乙烯板断裂，灰尘混凝土从裂口处溢入，造成空腔受堵。

2. 采用构造防水外墙水平缝渗漏的原因

1）水平灰缝过宽，水泥砂浆勾缝干缩，产生裂缝。

2）竖缝浇灌时，混凝土和易性差，落距大，加之缝内钢筋锚环多，使砂石分离，造成十字缝处混凝土密实性不良。

3）墙板外形不规则，安装校正时损坏了坐浆的完整性，塞缝不认真。

3. 外墙窗口洇水的原因

1）窗口上部反坡，滴水线留得过浅，雨水易越过滴水槽顺坡流下，渗入窗内。

2）窗口下部与窗框间坐浆及塞麻刀不严。

4. 阳台、雨罩缝隙渗漏的原因

1）原有防水油膏与基层粘结不平。

2）接缝不严，对瞎缝没有进行认真处理。

3）雨罩拼接缝处油膏嵌压不密实。

5. 采用材料防水的外墙板侧向接缝、水平接缝渗漏的原因

因油性嵌缝材料老化开裂而渗漏。

6. 金属构件墙面的接缝密封材料粘结面破坏而引起渗漏

1）受清洗剂、底层涂料溶剂浸渍，使涂膜膨胀、老化而发生剥离。

2）错动引起密封材料变形及粘结破坏。

4.3.2 墙体维修材料

渗漏修缮采用的材料应符合下列规定：

1）外墙渗漏修缮选用材料的色泽、外观应与原房屋的外墙粉刷装饰材料基本一致，不得因修缮造成外墙面污染和影响房屋观瞻。

2）嵌缝材料宜用粘结强度高、延伸率大、下垂值低和耐久性好的冷施工密封材料。

3）抹面材料宜用聚合物水泥砂浆或掺防水剂的水泥砂浆。

4）防水涂料宜用粘结性好、憎水性强和耐久性好的合成高分子防水涂料。

4.3.3 砖墙的维修

1. 外墙面裂缝渗漏维修

1）维修前应对墙面的粉刷装饰层进行检查、修补和清理。墙面粉刷装饰层起壳、剥落和酥松等部分应凿除重新修补，墙面修补、清理后应坚实、平整，无浮渣、积垢和油渍。

2）小于0.5mm裂缝，可直接在外墙面喷涂无色或与墙面相似的防水剂或合成高分子防水涂料二遍，其宽度应不小于300mm，涂膜厚度不应小于2mm。

3）大于0.5mm、且小于3mm裂缝，应清除缝内浮灰、杂物，嵌填无色或与外墙相似色密封材料后，喷涂二遍防水剂。

4）大于3mm的裂缝，宜凿缝处理，缝内的浮渣和灰尘等杂物应清除干净，分层嵌填密封材料，将缝密封严实后，面上喷涂二遍防水剂。

2. 墙体变形缝渗漏维修

1）原采用弹性材料嵌缝的变形缝，应清除缝内已失效的嵌缝材料及浮灰、杂物，缝壁干燥后设置背衬材料。密封材料与缝壁应粘牢封严（如图4-3所示）。

2）原采用金属折板盖缝的变形缝，应更换已锈蚀损坏的金属折板，折板应顺水流方向搭接，搭接长度不应小于40mm。金属折板应做好防锈处理后锚固在砖墙上，螺钉眼宜用与金属折板颜色相近的密封材料嵌填、密封。

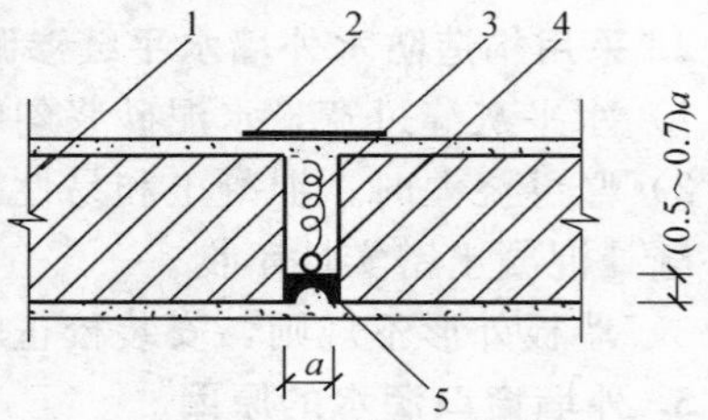

图4-3 变形缝渗漏维修

1—砖砌体 2—室内盖缝板 3—填充材料 4—背衬材料 5—密封材料 a—缝宽

3. 分格缝渗漏维修

外粉刷分格缝渗漏维修时，应清除缝内的浮灰、杂物，满涂基层处理剂，干燥后，嵌填密封材料。密封材料与缝壁应粘牢封严，表面刮平。

4. 穿墙管根部渗漏维修

穿墙管根部渗漏维修，应用C20稀释混凝土或1∶2（质量比）水泥砂浆固定穿墙管的位置，穿墙管与外墙面交接处应设置背衬材料，分层嵌填密封材料（如图4-4所示）。

5. 门窗框与墙体连接处缝隙渗漏维修

门窗框与墙体连接处缝隙渗漏维修，应沿缝隙凿缝并用密封材料嵌缝，在窗框周围的外墙面上喷涂二遍防水剂（如图4-5所示）。

6. 阳台、雨篷根部墙体渗漏维修

阳台、雨篷根部墙体渗漏维修应符合下列规定：

1）阳台、雨篷倒泛水，应在结构允许条件下，可凿除原有找平层，用细石混凝土或水泥砂浆重做找平层，调整排水坡度。

2）阳台、雨篷的滴水线（滴水槽）损坏，应重做或修补，其深度和宽度均不应小于10mm，并整齐一致。

3）阳台、雨篷与墙面交接处裂缝渗漏，应在板与墙连接处沿上、下板面及侧立面的墙上剔凿成20mm×20mm沟槽，清理干净，嵌填密封材料，压实刮平。

7. 女儿墙外侧墙面渗漏维修

女儿墙根部水平贯通的裂缝，应先在女儿墙与屋面连接阴角处剔凿出宽度20～40mm、深度不应小于30mm的阴角缝，清除缝内浮灰、杂物，按维修墙面裂缝要求进行。必要时宜可拆除、重砌女儿墙并恢复构造防水。

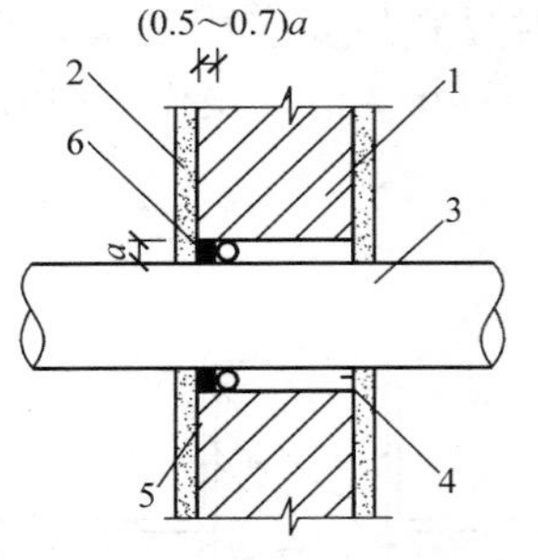

图4-4 穿墙管根部渗漏维修

1—砖墙 2—外墙面 3—穿墙管

4—细石混凝土或水泥砂浆 5—背衬材料

6—密封材料 a—缝宽

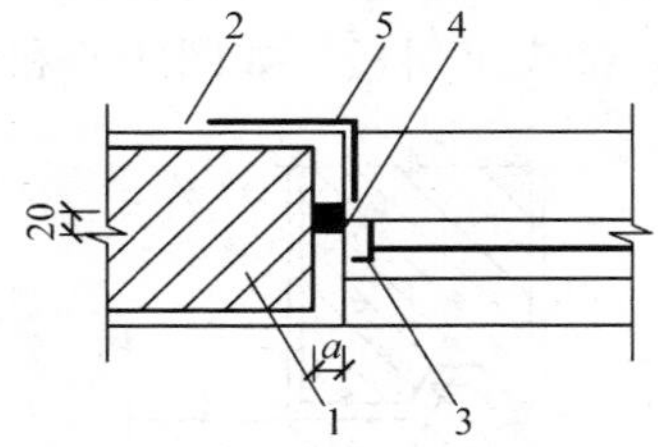

图4-5 门窗框与墙体连接处缝隙渗漏维修

1—砖墙 2—外墙面 3—门窗框

4—密封材料 5—防水剂 a—缝宽

8. 墙面大面积渗漏维修

1）清水墙面灰缝渗漏。应剔除并清理渗漏部位的灰缝，剔除深度为15～20mm，浇水湿润后，用聚合物水泥砂浆勾缝，勾缝应密实，不留孔隙，接槎平整，渗漏部位外墙应喷涂无色或与墙面相似色防水剂两遍。

2）当墙面（或饰面层）坚实完好，防水层起皮、脱落、粉化时，应清除墙面污垢、浮灰，用水冲刷，干燥后，在损坏部位及其周围150mm范围喷涂无色或与墙面相似色防水剂或防水涂料两遍。损坏面积较大时，可整片墙面喷涂防水涂料。

3）面层风化、碱蚀、局部损坏时，应剔除风化、碱蚀、损坏部分及其周围100～200mm的面层，清理干净，浇水湿润，刷基层处理剂，用1∶2.5（质量比）聚合物水泥砂浆抹面二遍，粉刷层应平整、牢固。

4.3.4 混凝土墙体的维修

混凝土墙体渗漏的维修应先查清墙体板缝、板面、节点的渗漏部位，分析渗漏原因，制定修缮方案。

1. 预制混凝土墙板结构墙体渗漏维修

1）墙板接缝处的排水槽、滴水线、挡水台、披水坡等部位渗漏，应将损坏及周围酥松部分剔除，用钢丝刷清理，冲水洗刷干净。基层干燥后，涂刷基层处理剂一道，用聚合物水泥砂浆补修粘牢。防水砂浆勾抹缝隙，新旧缝隙接头处应粘结牢固，横平竖直，厚薄均匀，不得有空、漏。

2）墙板垂直、水平、十字缝恢复空腔构造防水时，应将沟槽砂浆剔除、疏通、排除空腔内堵塞物，冲水洗刷清理干净。缝内移位的塑料条、油毡条应调整恢复至设计位置，损坏、老化部分应更换。板缝护面砂浆应分2～3次勾缝，用力适度，以免塑料条、砂浆挤入空腔内。十字缝的四方必须保持通畅，勾缝时，缝的下方应留出与空腔连通的排水孔。

3）墙板垂直、水平、十字缝空腔构造防水采用密封材料防水时，应剔除原勾缝砂浆，清除空腔内填塞的塑料条、油毡条、砂浆、杂物，用钢丝刷冲水洗刷干净。缝隙处用1∶2～1∶2.5（质量比）水泥砂浆填塞找平，缝槽应平直，宽窄、深浅一致。对于双槽双腔构造缝宜采用压送设备，灌注水泥砂浆嵌填找平，填背衬材料后，应用基层处理剂涂刷两侧，待干燥后分二次嵌入密封材料，嵌入深度为缝宽的0.5～0.7倍，操作方向宜由左至右，由下至上，接头呈斜槎（如图4-6和图4-7所示）。

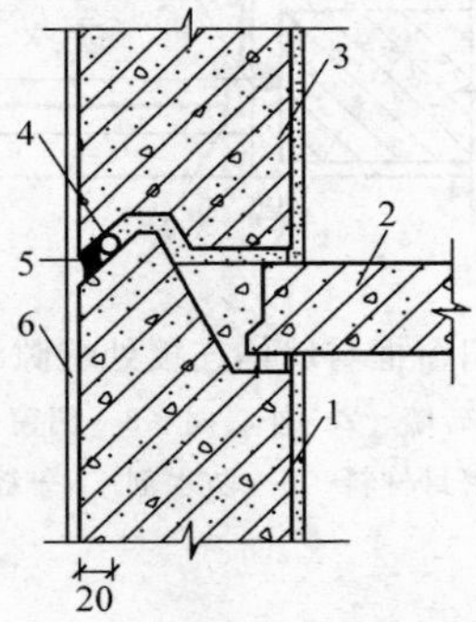

图4-6　墙板水平缝维修

1—外墙板（下）　2—楼板　3—外墙板（上）　4—背衬材料　5—密封材料　6—保护层

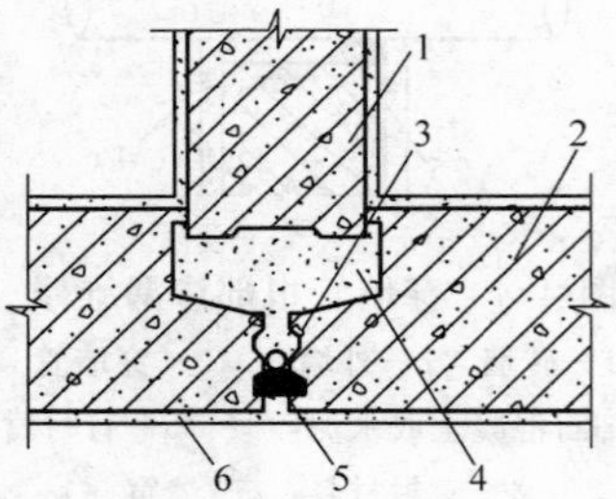

图4-7　墙板垂直缝维修

1—内墙板　2—外墙板　3—背衬材料　4—水泥砂浆　5—密封材料　6—保护层

粘贴保护层应按外墙装饰要求镶嵌各类面砖或砂浆着色勾缝，保护层可直接用涂膜层作粘结层，宜可在涂膜固化干燥后进行。

4）墙板垂直、水平、十字缝防水材料损坏，应凿除接缝处松动、脱落、老化的嵌缝材料，清理并冲水刷洗。待基层干燥后，用与原嵌缝材料相同或相容的密封材料补填嵌缝，厚薄均匀一致，粘贴牢固，新旧接槎平直，无空漏现象。

5）墙板板面渗漏时，板面风化、起酥部分应剔除，冲水清理干净，用聚合物水泥砂浆分层抹补，压实收光，表面应采用无色或与原墙面相似防水剂喷涂二遍。板面蜂窝、孔洞周围松动的混凝土应剔除，清理干净，冲水湿透，灌注C20细石混凝土，用钢钎插入捣实养护，待干硬后用1∶2（质量比）水泥砂浆压实找平。

高层建筑或外墙为高级装饰的混凝土墙板渗漏时，宜采用外墙内侧堵水维修，其做法应符合下列规定：

① 清理基层：铲除墙面渗漏部位的粉刷层，裸露出混凝土墙板板面，清理平整、干净，铲除范围应大于渗漏周边300mm。

② 找平层：墙面浇水湿透，用水泥拌合聚合物材料制成的腻子嵌补，应平整、干燥。

③ 防水层：冷涂基层处理剂一道，干燥后涂刮二道密封材料。第一道厚度为1.5～1.8mm，待涂膜固化干燥后，涂刮第二道，厚度为1.0～1.2mm，二道涂层操作应相互垂直，涂刮范围应大于渗漏周边150mm。

④ 粘结过渡层：第二道涂膜完成后，应在涂层表面均匀铺撒中粗砂粒，用铁板轻压，使砂粒既粘结牢固又不能穿破涂膜层。

⑤ 保护层、装饰层：待涂膜完全干燥固化后，选择与原内墙相同或相近的材料与色泽，用1∶2（质量比）水泥砂浆作粘结层，补修装饰面层。

⑥ 上、下墙板连接处：楼板与墙板连接处坐浆灰不密实、风化、酥松引起的渗漏，采用内堵水维修。应剔除松散坐浆灰，清理干净，浇水湿透，防水砂浆分层嵌缝压平。空隙部位较深、人工操作困难时宜采用压力灌浆，灰浆应密实，填满空隙，最后应用密封材料分二次嵌缝。

2. 现浇混凝土墙体渗漏维修

1）现浇混凝土墙体施工缝渗漏，可在外墙面喷涂无色透明或与墙体相似色防水剂或防水涂料，厚度不应小于 1mm。

2）现浇混凝土墙体外挂模板穿墙套管孔渗漏，可采用外墙外侧维修方法（如图 4-8 所示），亦可采用外墙内侧维修方法（如图 4-9 所示）。

维修时，原孔洞中嵌填的砂浆及浮灰、杂物等应清除干净，重新嵌填的密封材料与孔壁应粘牢封严。外墙内侧维修应在混凝土内墙面上涂刷防水涂料，涂刷直径应比套管孔大 400mm，涂膜厚度不应小于 2mm。

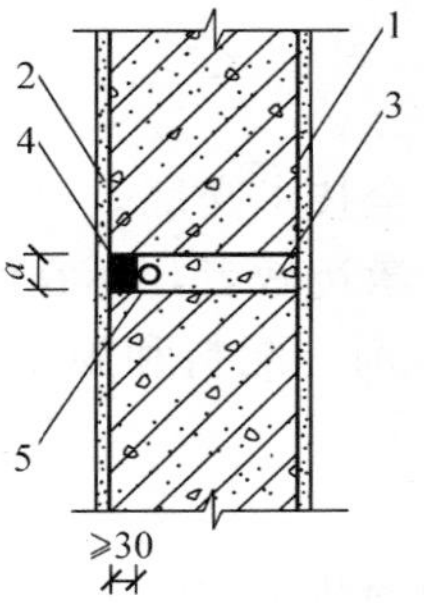

图 4-8　外挂模板穿墙套管孔渗漏外墙外侧维修
1—现浇混凝土墙体　2—外墙面
3—外挂模板穿墙套管孔内
用 C20 细石混凝土填嵌密实
4—密封材料　5—背衬材料
a—外挂模板穿墙套管孔直径

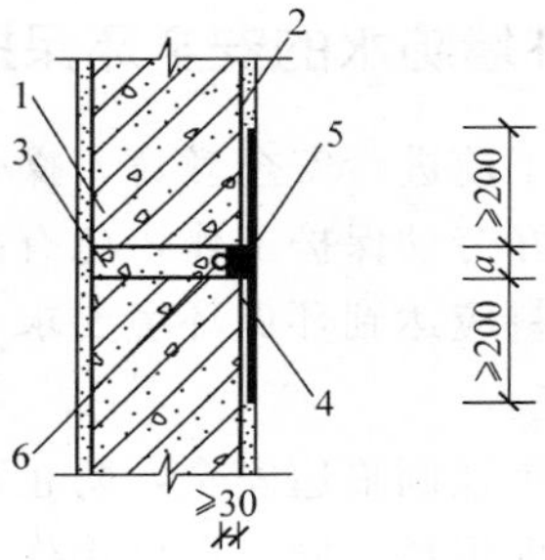

图 4-9　外挂模板穿墙套管孔渗漏外墙内侧维修
1—现浇混凝土墙体　2—内墙面　3—外挂模板穿墙套管孔内
用 C20 细石混凝土填嵌密实
4—密封材料　5—合成高分子防水涂膜　6—背衬材料
a—外挂模板穿墙套管孔直径

课题 4　外墙防水的质量标准、成品保护与安全环保措施

4.4.1　外墙防水的质量标准

1）外墙面、板缝、门窗口不得渗漏。

2）墙面找平层砂浆配合比应符合设计要求和规定，防水层厚度和做法符合设计要求。

3）门窗口周边密封严密，粘结牢固。

4.4.2　外墙防水的成品保护措施

1）一般情况下，在易碰易损处的墙（立）面的涂膜防水层外表应涂抹一层水泥砂浆或其他保护层。

2）每次涂刷前均应清理周围环境，防止尘土污染。涂料未干前，不得清理周围环境，涂料干后，不得挨近墙面泼水或乱堆杂物。

3）操作时应注意保护非涂布面（如门窗、玻璃以及其他装饰面）不受污染。涂布完毕，应及时清除由涂料所造成的污染。

4）涂料施工完毕，宜在现场派人值班，防止摸碰，也不得靠墙立放铁锹等工具。

5）在施工过程中，如遇到气温突然下降、暴晒，应及时采取必要的措施加以保护。若遇大风、雨雪天气，应立即用塑料薄膜等覆盖，并在适当的位置留好接槎，暂停施工。

6）如按设计需要在防水层表面涂刷有光涂料时，最后一遍有光涂料涂刷完毕，空气要流通，以防涂膜干燥后无光或光泽不足。

7）涂料施工完毕，应按涂料使用说明规定的时间和条件进行养护。冬天应采取必要的防冻措施。

8）明火不要靠近涂膜层。不要在膜层上加热，以免涂层升温过高而损坏。

4.4.3 外墙防水的安全环保措施

1）施工前进行安全教育，操作人员持证上岗，并进行安全技术交底。

2）做好劳动保护工作，患有高血压、皮肤病、眼病、刺激过敏者，不宜做防水施工。

3）涂料应达到环保环境要求，应选用符合环保要求的溶剂。配料和施工现场应有安全及防火措施。

4）着重强调临边安全，防止高空抛物。

5）根据用料不同，做好操作人员的中毒、烫伤、坠落的预防工作。

6）高温天气施工，须采取防暑降温措施。

7）施工中产生的建筑垃圾要及时清理、清运。

单元小结

本单元介绍了外墙防水的等级和要求，外墙防水施工的分类，以及外墙防水施工操作的方法，阐述了墙体渗漏的原因，砖墙与混凝土墙的维修方法，介绍了外墙防水的质量标准、成品保护与安全环保措施。

1. 外墙防水工程等级

外墙饰面防水工程，应根据建筑物的类别、使用功能、外墙墙体材料以及外墙饰面材料划分为三级，在进行外墙防水设计时，应按级进行设防和选材。

2. 外墙防水施工

建筑物外墙防水工程的施工，一般可分为外墙墙面涂刷保护性防水涂料防水施工和外墙拼接缝密封防水施工两类。

外墙密封防水施工的部位有：金属幕墙、PC幕墙、各种外装板、玻璃周边接缝、金属制隔扇、压顶木、混凝土墙等。

外墙防水工程养护包括定期检查、建立技术档案、合理施工、及时修复、定期清洗等。

3. 墙体渗漏维修

首先要弄清墙体渗漏原因，还要清楚有哪些墙体维修材料。

重点是砖墙的维修，包括外墙面裂缝渗漏维修、墙体变形缝渗漏维修、分格缝渗漏维修、穿墙管根部渗漏维修、门窗框与墙体连接处缝隙渗水维修、阳台、雨篷根部墙体渗漏维修、女儿墙外侧墙面渗漏维修、墙面大面积渗漏维修等。

另一个重点是混凝土墙体维修，包括预制混凝土墙板结构墙体渗漏维修、现浇混凝土墙体渗漏维修。

外墙防水的质量标准、成品保护与安全环保措施可作为一般了解。

复习思考题

4-1　影响外墙产生裂缝的因素有哪些？

4-2　外墙防水工程施工分哪几类？

4-3　简述外墙面涂刷保护性防水涂料的施工方法。

4-4　墙体渗漏的原因有哪些？

4-5　墙体维修材料在选用时有何规定？

4-6　砖墙外墙面裂缝渗漏维修如何进行？

4-7　现浇混凝土墙体渗漏维修如何进行？

4-8　外墙防水的成品保护措施有哪些？

4-9　外墙防水的安全环保措施有哪些？

实训练习题

练习题 1　调查你所在学校外墙的防水做法，写出调查报告。

练习题 2　调查你所在学校外墙是否有渗漏，如有，找出渗漏原因，制定补漏措施。

练习题 3　去建材市场进行调研，了解目前建材市场上补漏防水材料的品种、规格，写出调研报告。

单元 5 厕浴间防水工程

单元概述

本单元主要介绍厕浴间防水等级与材料，厕浴间防水构造要求与施工要求、节点构造与防水施工、地面防水层施工，厕浴间渗漏维修。

学习目标

了解厕浴间防水等级的划分；掌握厕浴间防水施工工艺；掌握常见的厕浴间渗漏维修方法。

课题 1 厕浴间防水等级与构造要求

5.1.1 厕浴间防水等级与材料选用

厕浴间防水设计应根据建筑类型、使用要求划分防水类别，并按不同类别确定设防层次与选用合适的防水材料，详见表 5-1 的要求。

维修时，原孔洞中嵌填的砂浆及浮灰、杂物等应清除干净，重新嵌填的密封材料与孔壁应粘牢封严。外墙内侧维修应在混凝土内墙面上涂刷防水涂料，涂刷直径应比套管孔大 400mm，涂膜厚度不应小于 2mm。

表 5-1 厕浴间防水等级与材料选用

<table>
<tr><th colspan="2" rowspan="2">项　目</th><th colspan="5">防 水 等 级</th></tr>
<tr><th>Ⅰ级</th><th colspan="3">Ⅱ级</th><th>Ⅲ级</th></tr>
<tr><td colspan="2">建筑类别</td><td>要求高的大型公共建筑、高级宾馆、纪念性建筑等</td><td colspan="3">一般公共建筑、餐厅、商住楼、公寓等</td><td>一般建筑</td></tr>
<tr><td colspan="2">地面设防要求</td><td>二道防水设防</td><td colspan="3">一道防水设防或刚柔复合防水</td><td>一道防水设防</td></tr>
<tr><td rowspan="8">选用材料及厚度/mm</td><td rowspan="6">地面</td><td rowspan="6">合成高分子涂料厚 1.5，聚合物水泥砂浆厚 15，细石防水混凝土厚 40</td><td></td><td>单独用</td><td>复合用</td><td rowspan="6">改性沥青防水涂料厚 2 或防水砂浆厚 20</td></tr>
<tr><td>改性沥青防水涂料</td><td>3</td><td>2</td></tr>
<tr><td>合成高分子防水涂料</td><td>1.5</td><td>1</td></tr>
<tr><td>防水砂浆</td><td>20</td><td>10</td></tr>
<tr><td>聚合物水泥砂浆</td><td>7</td><td>3</td></tr>
<tr><td>细石防水混凝土</td><td>40</td><td>40</td></tr>
<tr><td>墙面</td><td>聚合物水泥砂浆厚 10</td><td colspan="3">防水砂浆厚 20
聚合物水泥砂浆厚 7</td><td>防水砂浆厚 20</td></tr>
<tr><td>天棚</td><td>合成高分子涂料憎水剂</td><td colspan="3">憎水剂或防水素浆</td><td>憎水剂</td></tr>
</table>

注：根据厕浴间使用特点，这类地面应尽可能选用改性沥青防水涂料或合成高分子防水涂料。

5.1.2　厕浴间防水构造要求

1. 一般规定

1）厕浴间一般采取迎水面防水。地面防水层设在结构找坡找平层上面并延伸至四周墙面边角，至少需高出地面 150mm 以上。

2）地面及墙面找平层应采用 1∶2.5～1∶3（质量比）水泥砂浆，水泥砂浆中宜掺外加剂或地面找坡、找平采用 C20 细石混凝土一次压实、抹平、抹光。

3）地面防水层宜采用涂膜防水材料，根据工程性质及使用标准选用高、中、低档防水材料，其基本遍数、用量及适用范围见表 5-2。

表 5-2　涂膜防水基本遍数、用量及适用范围

防水涂料	三遍涂膜及厚度	一布四涂及厚度	二布六涂及厚度	使用范围
高档	厚 1.5mm （约 1.2～1.5kg/m²）	厚 1.8mm （约 1.5～1.8kg/m²）	厚 2.0mm （约 1.8～2.0kg/m²）	如聚氨酯防水涂料等；用于旅馆等公共建筑
中档	（约 1.2～1.5kg/m²）	（约 1.5～2.0kg/m²）	（约 2.0～2.5kg/m²）	如氯丁胶乳沥青防水涂料等；用于较高级住宅工程
低档	（约 1.8～2.0kg/m²）	（约 2.0～2.2kg/m²）	（约 2.2～2.5kg/m²）	如 SBS 橡胶改性沥青防水涂料；用于一般住宅工程

卫生间采用涂膜防水时，一般应将防水层布置在结构层与地面面层之间，以便使防水层受到保护。卫生间涂膜防水层的一般构造见表 5-3。

表 5-3　卫生间涂膜防水层的一般构造

构造种类	构造简图	构造层次
卫生间水泥基防水涂料防水	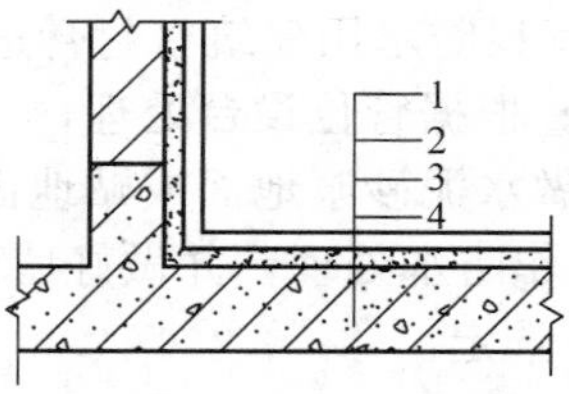	1—面层 2—聚合物水泥砂浆 3—找平层 4—结构层
卫生间涂膜防水	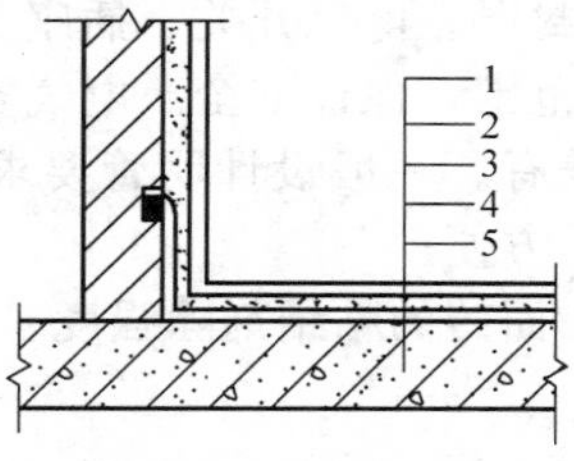	1—面层 2—粘结层（含找平层） 3—涂膜防水层 4—找平层 5—结构层

4）凡有防水要求的房间地面，如面积超过两个开间，在板支撑端处的找平层和刚性防水层上，均应设置宽度为 10～20mm 的分格缝，并嵌填密封材料。地面宜采取刚性材料和柔性材料复合防水的作法。

5）厨房、厕浴间的墙裙可贴瓷砖，高度不低于1500mm；上部可做涂膜防水层或满贴瓷砖。

6）厨房、厕浴间的地面标高，应低于门外地面标高不少于20mm。

7）墙面的防水层应由顶板底做至地面，地面为刚性防水层时，应在地面与墙面交接处预留10mm×10mm凹槽，嵌填防水密封材料。地面柔性防水层应覆盖墙面防水层150mm。

8）对洁具等设备以及门框、预埋件等沿墙周边交界处，均应采用高性能的密封材料密封。

9）穿出地面的管道，其预留孔洞应采用细石混凝土填塞，管根四周应设凹槽，并用密封材料封严，且应与地面防水层相连接。

2. 防水工程设计技术要求

（1）设计原则

1）以排为主，以防为辅。

2）防水层需做在楼地面面层下面。

3）厕浴间地面标高，应低于门外地面标高，地漏标高应再偏低。

（2）防水材料的选择　设计人员根据工程性质选择不同档次的防水涂料。

1）高档防水涂料：双组分聚氨酯防水涂料。

2）中档防水涂料：氯丁乳胶沥青防水涂料、丁苯乳胶防水涂料。

3）低档防水涂料：APP、SBS橡胶改性沥青基防水涂料。

（3）排水坡度确定

1）厕浴间的地面应有1%～2%的坡度（高级工程可以为1%），坡向地漏。地漏处排水坡度，以地漏边向外50mm排水坡度为3%～5%。厕浴间设有浴盆时，盆下地面坡向地漏的排水坡度也为3%～5%。

2）地漏标高应根据门口至地漏的坡度确定，必要时设门槛。

3）厨房可设排水沟，其坡度不得少于3%。排水沟的防水层与地面防水层相连接。

（4）防水层要求

1）地面防水层原则上做在楼地面面层以下，四周应高出地面250mm。

2）小管做套管，高出地面20mm。管根防水用建筑密封膏进行密封处理。

3）下水管为直管，管根处高出地面。根据管位设台处理，一般高出地面10～20mm。

4）防水层做完后，再做地面。一般做水泥砂浆地面或贴地面砖等。

（5）墙面与顶棚防水　墙面与顶棚应作防水处理，并做好墙面与地面交接处的防水。墙面与顶棚饰面防水材料及颜色由设计人员选定。

（6）电气防水

1）电气管线须走暗管敷线，接口须封严。电气开关、插座及灯具须采取防水措施。

2）电气设施定位应避开直接用水的范围，保证安全。电气安装、维修由专业电工操作。

（7）设备防水　设备管线明、暗管兼有。一般设计明管要求接口严密，节门开关灵活，无漏水。暗管设有管道间，便于维修使用方便。

（8）装修要求　要求装修材料耐水。面砖的粘结剂除强度、粘结力好外，还要具有耐水性。厨房、卫生间墙面必须用耐水腻子。

（9）涂膜防水层的厚度

1）低档防水涂膜厚度要求3mm。

2）中档防水涂膜厚度要求2mm。

3）高档防水涂膜厚度要求1.2mm。

3. 厕浴间地面构造与施工要求

（1）结构层　厕浴间地面结构层一般采用整体现浇钢筋混凝土板或预制整块开间钢筋混凝土板。如设计采用预制空心板，则板缝应用水泥砂浆堵严，表面 20mm 深处宜嵌填沥青基密封材料；也可在板缝嵌填防水砂浆并抹平表面后，附加涂膜防水层，即铺贴宽 100mm 玻璃纤维布一层，涂刷二道沥青基涂膜防水层，其厚度不小于 2mm。

（2）找坡层　地面坡度应严格按照设计要求施工，做到坡度准确，排水通畅。找坡层厚度小于 30mm 时，可用水泥混合砂浆（水泥：白灰：砂＝1：1.5：8，质量比）；厚度大于 30mm 时，宜用 1：6（质量比）水泥炉渣材料，此时炉渣粒径宜为 5～20mm，要求严格过筛。

（3）找平层　要求采用 1：2.5～1：3（质量比）水泥砂浆，找平前清理基层并浇水湿润，但不得有积水，找平时边扫水泥浆边抹水泥砂浆，做到压实、找平、抹光，水泥砂浆宜掺防水剂，以形成一道防水层。

（4）防水层　由于厕浴、厨房间管道多，工作面小，基层结构复杂，故一般采用涂膜防水材料较为适宜。其常用涂膜防水材料有：聚氨酯防水涂料、氯丁胶乳沥青防水涂料、SBS 橡胶改性沥青防水涂料等，应根据工程性质和使用标准选用。

（5）面层　地面装饰层按设计要求施工，一般常采用 1：2（质量比）水泥砂浆、陶瓷锦砖和防滑地砖等。

墙面防水层一般需做到 1.8m 高，然后甩砂抹水泥砂浆或贴面砖（或贴面砖到顶）装饰层。

厕浴间地面一般构造作法如图 5-1 所示。

厕浴间一般管道较多，防水复杂，厕浴间防水构造剖面图如图 5-2 所示。

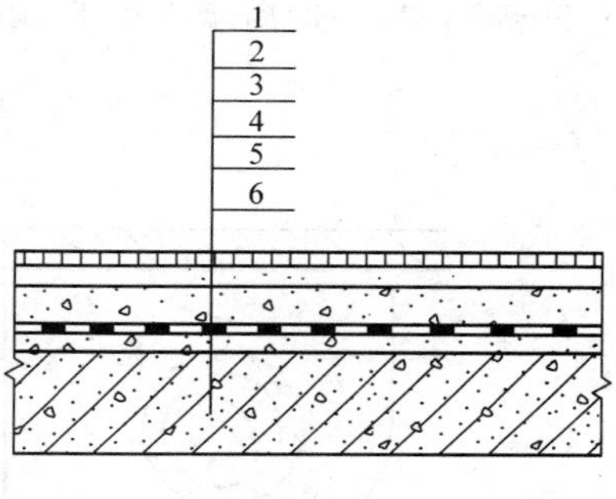

图 5-1　厕浴间地面一般构造

1—地面面层　2—防水层　3—结合层　4—水泥砂浆找平层　5—找坡层　6—结构层

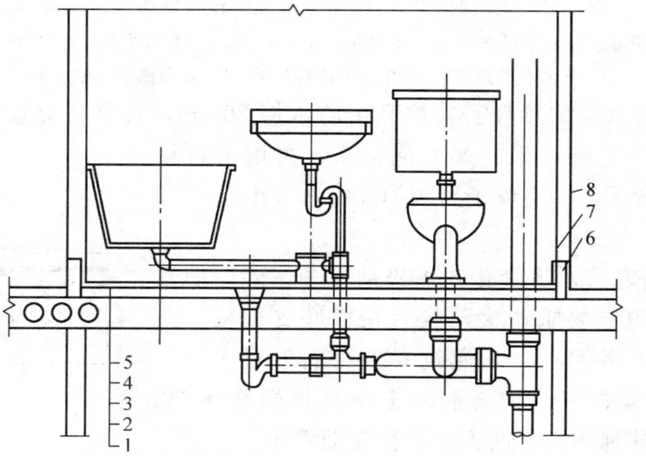

图 5-2　厕浴间防水构造剖面图

1—结构板　2—垫层　3—找平层　4—防水层　5—面层

6—混凝土防水台高出地面 100mm　7—防水层（与混凝土防水台同高）8—轻质隔墙板

课题 2　节点构造与防水施工

5.2.1　穿楼板管道

1. 基本规定

1）穿楼板管道一般包括冷、热水管、暖气管、污水管、煤气管、排水管等。一般均在楼板上预留管孔或采用手持式薄壁钻机钻孔成型，然后再安装立管。管孔宜比立管外径大40mm以上，如为热水管、暖气管、煤气管时，则需在管外加设钢套管，套管上口应高出地面20mm，下口与板底齐平，留管缝2～5mm。

2）一般来说，单面临墙的管道，离墙应不小于50mm，双面临墙的管道，一边离墙不小于50mm，另一边离墙不小于80mm，如图5-3所示。

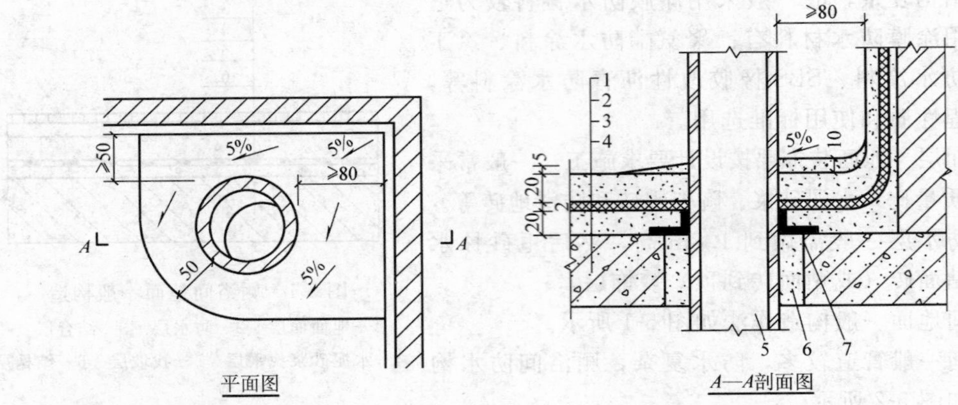

图5-3　厕浴间、厨房间穿楼板管道转角墙构造示意图
1—水泥砂浆保护层　2—涂膜防水层　3—水泥砂浆找平层　4—楼板
5—穿楼板管道　6—补偿收缩嵌缝砂浆　7—L形橡胶膨胀止水条

3）穿过地面防水层的预埋套管应高出防水层20mm，管道与套管间尚应留5～10mm缝隙，缝内先填聚苯乙烯（聚乙烯）泡沫条，再用密封材料封口，如图5-4所示，并在管子周围加大排水坡度。

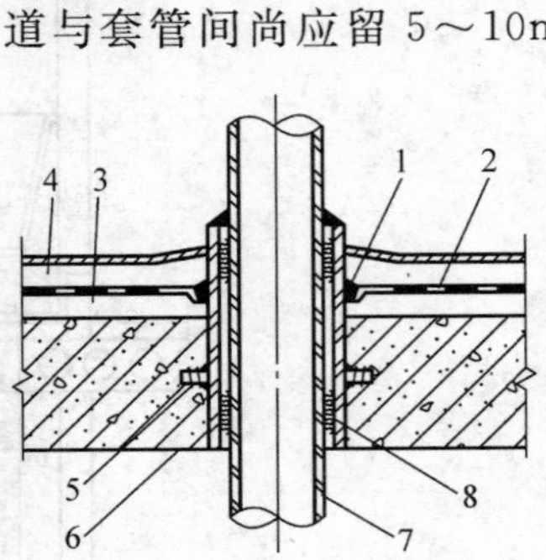

图5-4　穿过防水层管套
1—密封材料　2—防水层　3—找平层
4—面层　5—止水环　6—预埋套管
7—管道　8—聚苯乙烯（聚乙烯）泡沫

2. 施工要求

1）立管安装固定后，将管孔四周松动石子凿除，如管孔过小时，则应按规定要求凿大，然后在板底支模板，孔壁洒水湿润，刷108胶水一遍，灌筑C20细石混凝土，比板面低15mm并捣实抹平。细石混凝土中宜掺微膨胀剂。终凝后洒水养护并挂牌明示，两天内不得碰动管子。

2）待灌缝混凝土达一定强度后，将管根四周及凹槽内清理干净并使之干燥，凹槽底部垫以牛皮纸或其他背衬材料，凹槽四周及管根壁涂刷基层处理剂。然后，将密封材料挤压在凹槽内，并用腻子刀用力刮压严密与板面齐平，务必使之饱满、密实、无气孔。

3）地面施工找坡、找平层时，在管根四周均应留出宽15mm缝隙，待地面施工防水层时再二次嵌填密封材料将其封严，以便使密封材料与地面防水层连接。

4）将管道外壁20mm高范围内，清除灰浆和油污杂质，涂刷基层处理剂，然后按设计要求涂刷防水涂料。如立管有钢套管时，套管上缝应用密封材料封严。

5）地面面层施工时，在管根四周50mm处，最少应高出地面5mm呈馒头形。当立管位置在转角墙处，应有向外5%的坡度。

3. 防水做法

穿楼板管道的防水做法有两种处理方法。一种是在管道周围填嵌UEA管件接缝砂浆；另一种是在此基础上，在管道外壁箍贴膨胀橡胶止水条，如图5-5和图5-6所示。

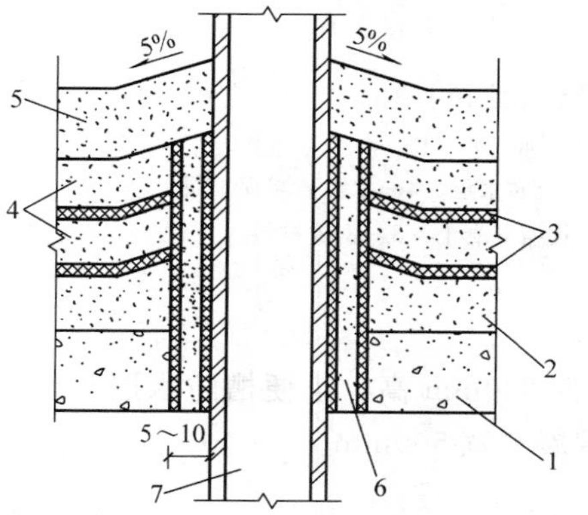

图5-5 穿楼板管道填充UEA管件接缝砂浆防水构造

1—钢筋混凝土楼板 2—UEA砂浆垫层 3—10%UEA水泥素浆 4—（10%～12%UEA）1：2（质量比）防水砂浆 5—（10%～12%UEA）1：(2～2.5)（质量比）砂浆保护层 6—（15%UEA）1：2（质量比）管件接缝砂浆 7—穿楼板管道

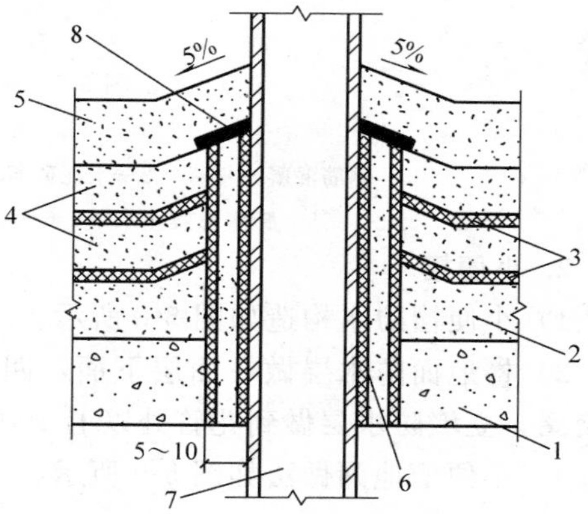

图5-6 穿楼板管道箍贴膨胀橡胶止水条防水构造

1—钢筋混凝土楼板 2—UEA砂浆垫层 3—10%UEA水泥素浆 4—（10%～12%UEA）1：2（质量比）防水砂浆 5—（10%～12%UEA）1：2～1：2.5（质量比）砂浆保护层 6—15%UEA 1：2（质量比）管件接缝砂浆 7—穿楼板管道 8—膨胀橡胶止水条

5.2.2 地漏与小便槽

1. 地漏

1）地漏一般在楼板上预留管孔，然后再安装地漏。地漏立管安装固定后，将管孔四周混凝土松动石子清除干净，浇水湿润，然后板底支模板，灌1：3（质量比）水泥砂浆或C20细石混凝土，捣实、堵严、抹平、细石混凝土宜掺微膨胀剂。

2）厕浴间垫层向地漏处找1%～3%坡度，垫层厚度小于30mm时用水泥混合砂浆；大于30mm时用水泥炉渣材料或用C20细石混凝土一次找坡、找平、抹光。

3）地漏上口四周用20mm×20mm密封材料封严，上面做涂膜防水层，如图5-7所示。

4）地漏口周围、直接穿过地面或墙面防水层管道及预埋件的周围与找平层之间应预留宽10mm、深7mm的凹槽，并嵌填密封材料，地漏离墙面净距离宜为50～80mm。

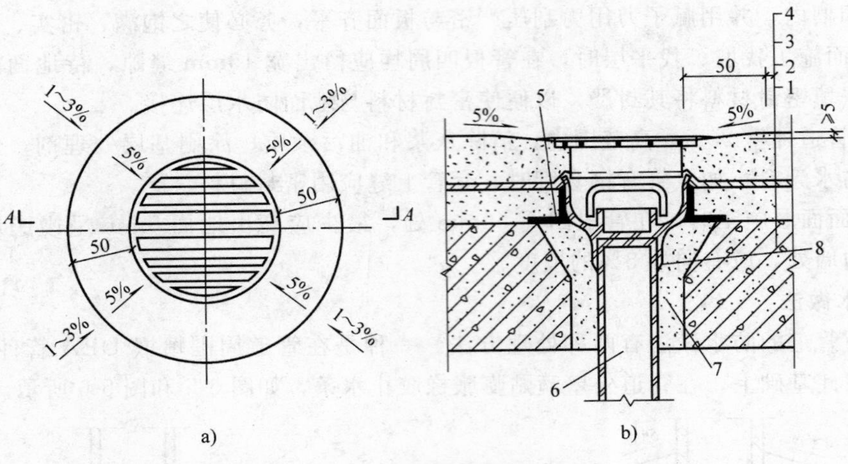

图 5-7　地漏口防水做法示意图

a）平面　b）$A-A$ 剖面

1—钢筋混凝土楼板　2—水泥砂浆找平层　3—涂膜防水层　4—水泥砂浆保护层　5—膨胀橡胶止水条　6—主管　7—补偿收缩混凝土　8—密封材料

2. 小便槽

1）小便槽防水构造如图 5-8 所示。

2）楼地面防水层做在面层下面，四周卷起至少 250mm 高。小便槽防水层与地面防水层交圈，立墙防水层做到花管处以上 100mm，两端展开宽 500mm。

3）小便槽地漏做法如图 5-9 所示。

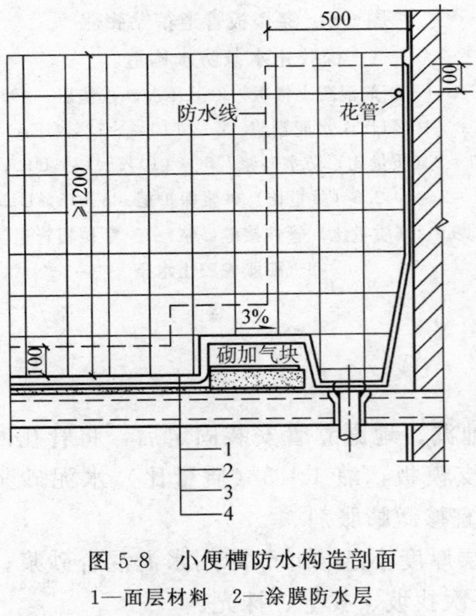

图 5-8　小便槽防水构造剖面

1—面层材料　2—涂膜防水层

3—水泥砂浆找平层　4—结构层

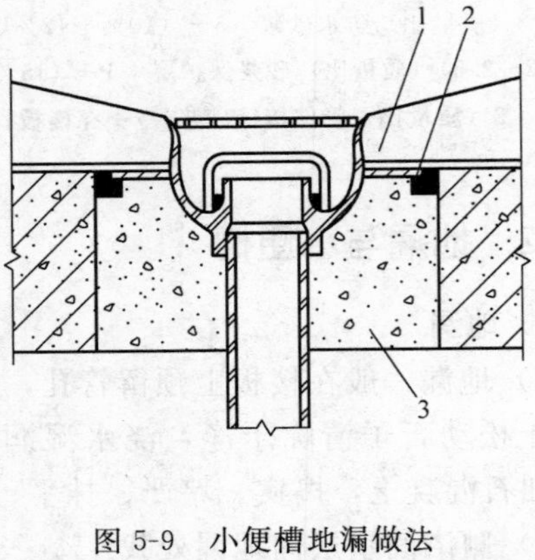

图 5-9　小便槽地漏做法

1—防水托盘　2—20mm×20mm 密封材料封严

3—细石混凝土灌孔

4）防水层宜采用涂膜防水材料及做法。

5）地面泛水坡度为 1%～2%，小便槽泛水坡度为 2%。

5.2.3 大便器与预埋地脚螺栓

1. 大便器

1）大便器立管安装固定后，与穿楼板立管做法一样用C20细石混凝土灌孔堵严抹平，并在立管接口处四周用密封材料交圈封严，尺寸为20mm×20mm，上面防水层做至管顶部，如图5-10所示。

2）蹲便器与下水管道连接的部位最易发生渗漏，应用与两者（陶瓷与金属）都有良好粘结性能的材料封闭严密，如图5-11所示。下水管穿过钢筋混凝土现浇板的处理方法与穿楼板管道防水做法相同，膨胀橡胶止水条的粘贴方法与穿楼板管道箍贴膨胀橡胶止水条防水做法相同。

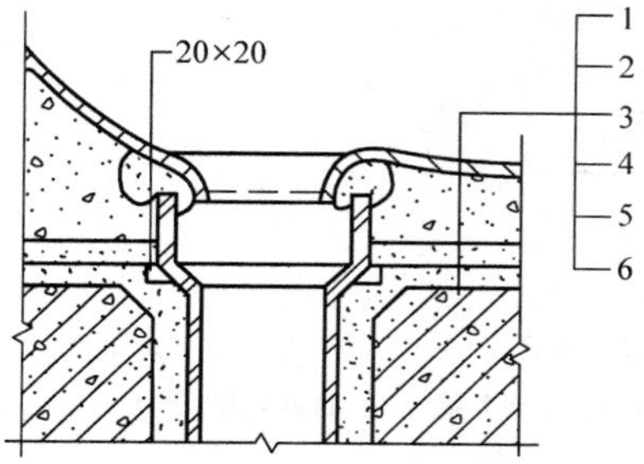

图5-10 蹲式大便器防水剖面

1—大便器底 2—1∶6（质量比）水泥焦渣垫层
3—水泥砂浆保护层 4—涂膜防水层
5—水泥砂浆找平层 6—楼板结构层

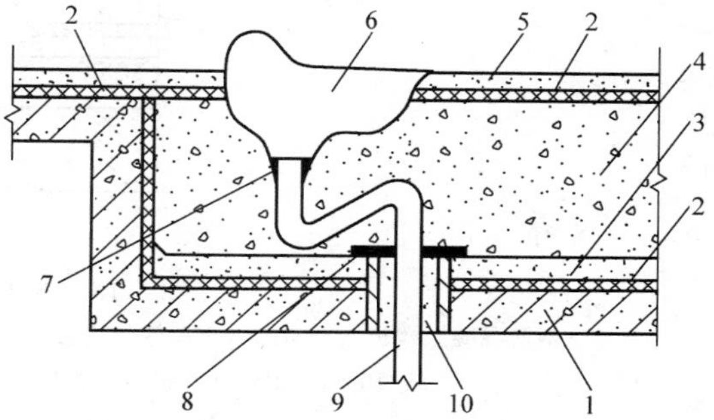

图5-11 蹲便器下水管防水构造

1—钢筋混凝土现浇板 2—10%UEA水泥素浆
3—20mm厚10%～12%UEA水泥砂浆防水层
4—轻质混凝土填充层 5—15mm厚10%～12%UEA水泥砂浆防水层 6—蹲便器 7—密封材料
8—遇水膨胀橡胶止水条 9—下水管
10—15%UEA管件接缝填充砂浆

3）采用大便器蹲坑时，在大便器尾部进水处与管接口用沥青麻丝及水泥砂浆封严，外抹涂膜防水保护层。大便器蹲坑根部防水构造如图5-12所示。

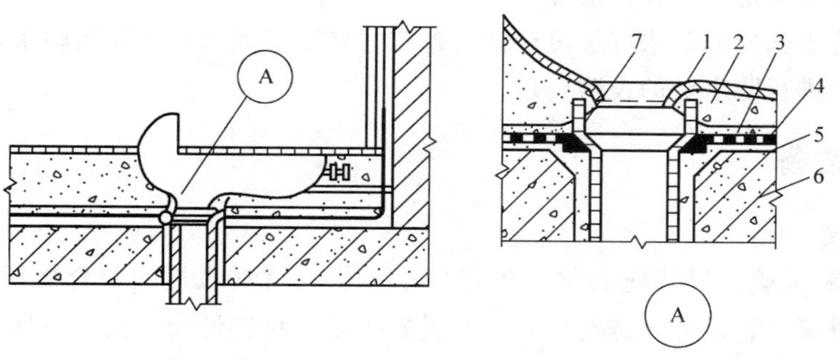

图5-12 大便器蹲坑根部防水构造

1—大便器底 2—1∶6（质量比）水泥焦渣垫层 3—15mm厚1∶2.5（质量比）水泥砂浆保护层
4—涂膜防水层 5—20mm厚1∶2.5mm厚1∶2.5（质量比）水泥砂浆找平层
6—结构层 7—20mm×20mm密封材料交圈封严

2. 预埋地脚螺栓

厕浴间的坐便器，常用细而长的预埋地脚螺栓固定，应力集中，容易造成开裂，如防水处理不好，很容易在此处造成渗漏。对其进行防水处理的方法是：将横截面为20mm×30mm的遇水膨胀橡胶止水条截成长30mm的块状，然后将其压扁成厚度为10mm的扁饼状材料，中间穿孔，孔径略小于螺栓直径，在铺抹10％～20％UEA防水砂浆［水泥：砂＝1：(2～2.5)，质量比］保护层前，将止水薄饼套入螺栓根部，平贴在砂浆防水层上即可，如图5-13所示。

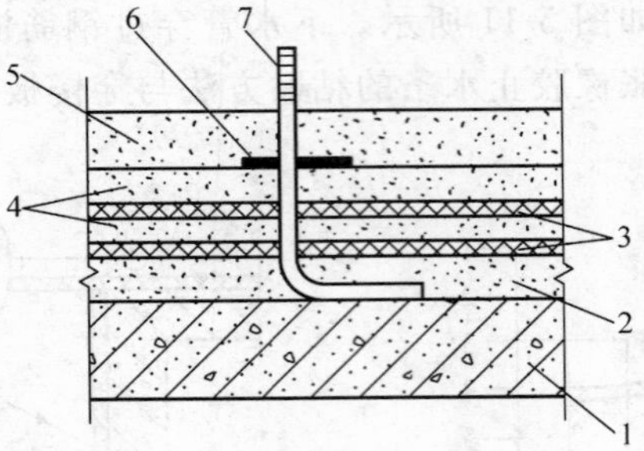

图5-13　预埋地脚螺栓防水构造

1—钢筋混凝土楼板　2—10％UEA砂浆垫层　3—10％UEA水泥素浆　4—10％～12％UEA防水砂浆　5—10％～12％UEA砂浆保护层　6—扁平状膨胀橡胶止水条　7—地脚螺栓

课题3　地面防水层施工

根据厕浴间的特点，应用柔性涂膜防水层和刚性防水砂浆防水层或两者复合的防水层，将会取得理想的防水效果。

防水涂料涂布于复杂的细部构造部位能形成没有接缝、完整的涂膜防水层，特别是合成高分子防水涂膜和高聚物改性沥青防水涂膜的延伸性较好，基本能适应基层变形的需要。防水砂浆则以补偿收缩水泥砂浆较为理想，其微膨胀的特性，能防止或减少砂浆收缩开裂，使砂浆致密化，提高其抗裂性和抗渗性。

厕浴间等防水部位的防水等级可看做与建筑物屋面工程具有相同的防水等级，可依据其防水耐久年限来进行防水层的设防处理。

5.3.1　施工准备

1. 材料准备

1）进场材料复验。供货时必须有生产厂家提供的材料质量检验合格证。材料进场后，使用单位应对进场材料的外观进行检查，并做好记录。材料进场一批，应抽样复验一批。复验项目包括：抗拉强度、断裂伸长率、不透水性、低温柔性、耐热度。各地企业也可根据本地区主管部门的有关规定，适当增减复验项目。各项材料指标复验合格后，该材料方可用于工程施工。

2）防水材料储存。材料进场后，设专人保管和发放。材料不能露天放置，必须分类存放在干燥通风的室内，并远离火源，严禁烟火。水溶性涂料在0℃以上储存，受冻后的材料不能用于工程。

2. 机具准备

一般应备有配料用的电动搅拌器、拌料桶、磅秤等；涂刷涂料用的短把棕刷、油漆毛刷、滚动刷、油漆小桶、油漆嵌刀、塑料或橡胶刮板等；铺贴胎体增强材料用的剪刀、压碾辊等。

3. 基层要求

1）厕浴间现浇混凝土楼面必须振捣密实，随抹压光，形成一道自身防水层，这是十分重要的。

2）穿楼板的管道孔洞、套管周围缝隙用掺膨胀剂的豆石混凝土浇灌严实抹平，孔洞较大的，应吊底模浇灌。禁用碎砖、石块堵填。一般单面临墙的管道，离墙应不小于50mm。双面临墙的管道，一边离墙不小于50mm，另一边离墙不小于80mm。

3）为保证管道穿楼板孔洞位置准确和灌缝质量，可采用手持金刚石薄壁钻机钻孔，经应用测算，这种方法的成孔和灌缝工效比芯模留孔方法提高工效1.5倍。

4）在结构层上做厚20mm的1∶3（质量比）水泥砂浆找平层，作为防水层基层。

5）基层必须平整坚实，表面平整度用长2m直尺检查，基层与直尺间最大间隙不应大于3mm。基层有裂缝或凹坑，用1∶3（质量比）水泥砂浆或水泥胶腻子修补平滑。

6）基层所有转角做成半径为10mm均匀一致的平滑小圆角。

7）所有管件、地漏或排水口等部位，必须就位正确，安装牢固。

8）基层含水率应符合各种防水材料对含水率的要求。

5.3.2　地面聚氨酯涂膜防水层施工

1. 施工程序

清理基层→涂刷基层处理剂→涂刷附加层防水涂料→涂刮第一遍涂料→涂刮第二遍涂料→涂刮第三遍涂料→第一次蓄水试验→稀撒砂粒→质量验收→保护层施工→第二次蓄水试验。

2. 操作要点

1）清理基层。将基层清扫干净；基层应做到找坡正确，排水顺畅，表面平整、坚实，无起灰、起砂、起壳及开裂等现象。涂刷基层处理剂前，基层表面应达到干燥状态。

2）涂刷基层处理剂。将聚氨酯甲、乙两组分与二甲苯按1∶1.5∶2（质量比）的比例配合搅拌均匀即可使用。先在阴阳角、管道根部用滚动刷或油漆刷均匀涂刷一遍，然后大面积涂刷，材料用量为0.15～0.2kg/m^2。涂刷后干燥4h以上，才能进行下一道工序的施工。

3）涂刷附加增强层防水涂料。在地漏、管道根、阴阳角和出入口等容易漏水的薄弱部位，应先用聚氨酯防水涂料按甲∶乙=1∶1.5的质量比例配合；均匀涂刮一次做附加增强层处理。按设计要求，细部构造也可做带胎体增强材料的附加增强层处理。胎体增强材料宽度300～500mm，搭接缝100mm，施工时，边铺贴平整，边涂刮聚氨酯防水涂料。

4）涂刮第一遍涂料。将聚氨酯防水涂料按甲料∶乙料=1∶1.5的质量比例混合，开动电动搅拌器，搅拌 3～5min，用橡胶刮板均匀刮一遍。操作时要厚薄一致，用料量为 0.8～1.0kg/m²，立面涂刮高度不应小于 100mm。

5）涂刮第二遍涂料。待第一遍涂料固化干燥后，要按上述方法涂刮第二遍涂料。涂刮方向应与第一遍相垂直，用料量与第一遍相同。

6）涂刮第三遍涂料。待第二遍涂料涂膜固化后，再按上述方法涂刮第三遍涂料，用料量为 0.4～0.5kg/m²。

三遍聚氨酯涂料涂刮后，用料量总计为 2.5kg/m²，防水层厚度不小于 1.5mm。

7）第一次蓄水试验。待涂膜防水层完全固化干燥后，即可进行蓄水试验。蓄水试验 24h 后观察无渗漏为合格。

8）饰面层施工。涂膜防水层蓄水试验不渗漏，质量检查合格后，即可进行水泥砂浆抹灰或粘贴陶瓷锦砖、防滑地砖等饰面层。施工时应注意成品保护，不得破坏防水层。

9）第二次蓄水试验。厕浴间装饰工程全部完成后，工程竣工前还要进行第二次蓄水试验，以检验防水层完工后是否被水电或其他装饰工程损坏。蓄水试验合格后，厕浴间的防水施工才算圆满完成。

5.3.3 地面刚性防水层施工

厕浴间做刚性防水层的理想材料是具有微膨胀性能的补偿收缩混凝土和补偿收缩水泥砂浆。

补偿收缩水泥砂浆用于厕浴间的地面防水，对于同一种微膨胀剂，应根据不同的防水部位，选择不同的加入量，可基本上起到不裂不渗的防水效果。

下面以 U 型混凝土膨胀剂（UEA）为例，介绍其不同的配合比和施工方法。

1. 材料及要求

1）水泥。32.5 级或 42.5 级普通硅酸盐水泥或矿渣硅酸盐水泥。

2）UEA。符合《混凝土膨胀剂》（JC 476—1992）的规定。

3）砂子。中砂，含泥量小于 2%。

4）水。饮用自来水或洁净非污染水。

2. UEA 砂浆的配制

在楼板表面铺抹 UEA 防水砂浆，应按不同的部位，配制含量不同的 UEA 防水砂浆。不同部位 UEA 防水砂浆的配合比参见表图 5-4。

表 5-4 不同部位 UEA 防水砂浆配合比

防水部位	厚度/mm	C+UEA/kg	$\frac{UEA}{C+UEA}$（%）	配合比（质量比）			水灰比	稠度/cm
				水泥比	UEA	砂		
垫层	20～30	550	10	0.9	0.10	3.0	0.45～0.50	5～6
防水层（保护层）	15～20	700	10	0.9	0.10	2.0	0.40～0.45	5～6
管件接缝		700	15	0.85	0.15	2.0	0.30～0.35	2～3

注："C" 表示水泥质量。

3. 防水层施工

（1）基层处理　施工前，应对楼面板基层进行清理，除净浮灰杂物，对凹凸不平处用

10%～12% UEA［灰砂比为1∶3（质量比）］砂浆补平，并应在基层表面浇水，使基层保护湿润，但不能积水。

（2）铺抹垫层　按1∶3（质量比）水泥砂浆垫层配合比，配制灰砂比为1∶3的UEA垫层砂浆，将其铺抹在干净湿润的楼板基层上。铺抹前，按照坐便器的位置，准确地将地脚螺栓预埋在相应的位置上。垫层的厚度应根据标高而定。在抹压的同时，应完成找坡工作，地面向地漏口找坡2%，地漏口四周围50mm范围内向地漏中心找坡5%，穿楼板管道根部位向地面找坡5%，转角墙部位的穿楼板管道向地面找坡为5%。分层抹压结束后，在垫层表面用钢丝刷拉毛。

（3）铺抹防水层　待垫层强度能达到上人时，把地面和墙面清扫干净，并浇水充分湿润，然后铺抹四层防水层，第一、第三层为10% UEA水泥素浆，第二、第四层为10%～12% UEA［水泥∶砂＝1∶2（质量比）］水泥砂浆层。铺抹方法如下：

第一层先将UEA和水泥按1∶9的质量配合比准确称量后，充分干拌均匀，再按水灰比加水拌合成稠浆状，然后就可用滚刷或毛刷涂抹，厚度为2～3mm。

第二层灰砂比为1∶2（质量比），UEA掺量为水泥质量的10%～12%，一般可取10%。拌制方法见UEA防水砂浆的配制。待第一层素灰初凝后，即可铺抹，厚度为5～6mm，凝固20～24h后，适当浇水湿润。

第三层掺10% UEA的水泥素浆层，其拌制要求、涂抹厚度与第一层相同，待其初凝后，即可铺抹第四层。

第四层UEA水泥砂浆的配合比、拌制方法、铺抹厚度均与第二层相同。铺抹时应分次用铁抹子压5～6遍，使防水层浇筑密实，最后再用力抹压光滑，经硬化12～24h，浇水养护3d。

以上四层防水层的施工，应按照垫层的坡度要求找坡，铺抹的操作方法与地下工程防水砂浆施工方法相同。

（4）管道接缝防水处理　待防水层达到强度要求后，拆除捆绑在穿楼板部位的模板条，清理干净缝壁的乳渣、碎物，并按节点防水做法的要求涂布素灰浆和填充UEA掺量为15%的水泥∶砂＝1∶2（质量比）管件接缝防水砂浆，最后灌水养护7d。蓄水期间，如不发生渗漏现象，可视为合格；如发生渗漏，找出渗漏部位，及时修复。

（5）铺抹UEA砂浆保护层　保护层UEA的掺量为10%～12%，灰砂比为1∶2～1∶2.5（质量比），水灰比为0.4。铺抹前，对要求用膨胀橡胶止水条作防水处理的管道、预埋螺栓的根部及需用密封材料嵌填的部位及时作防水处理，然后就可分层铺抹厚度为15～25mm的UEA水泥砂浆保护层，并按坡度要求找坡，待硬化12～24h后，浇水养护3d。最后，根据设计要求铺设装饰面层。

课题4　厕浴间渗漏维修

卫生间渗漏是比较常见的现象，给人们生活带来不便，对建筑结构也产生不良影响。由于卫生间的功能所需，常有水流过，且有较多不同用途的管道穿过，若管道与楼地面、墙体之间没有恰当的防水措施或封闭不严时，就会增加渗漏的可能性。

5.4.1　厕浴间渗漏部位及原因

1. 大便器排水管连接处漏水

由于排水管高度不够，大便器出口插入排水管的深度不够，连接处没有填抹密实，卫生间内防水处理不好，大便器使用后，就会出现地面积水，墙壁潮湿，甚至下层顶板墙壁也出现潮湿和滴水现象。

2. 蹲坑上水接口处漏水

施工时蹲坑上水接口处被砸坏而未发现，上水胶皮碗绑扎不牢或用铁丝绑扎后，铁丝锈蚀断坏，以及胶皮碗与蹲坑上水连接处破裂，会使蹲坑在使用后出现地面积水，墙壁潮湿，造成下层顶板和墙壁也有潮湿和滴水现象。

3. 地漏下水口渗水

下水口标高与地面或卫生间设备标高不适应，形成倒泛水，卫生设备排水不畅通，使油毡薄弱部位渗漏或使油毡腐烂；楼板套管上口出地面高度过小，水直接从套管渗漏到下层顶板。

4. 下层顶板局部或普遍渗漏

由于油毡做好后成品保护工作未做好，或油毡局部老化破裂，或找平层空鼓开裂，或穿楼板管道未做套管，或凿洞后洞口未处理好，混凝土内有砖、木屑等杂物，使堵洞混凝土与楼板连接处产生裂缝，造成防水层与找平层粘结不牢，形成进水口。水通过缺陷部位进入结构层，使顶板出现渗漏。

5.4.2　厕浴间维修

1. 基本要求

1）修缮前，对厕浴间进行现场查勘，确定漏水点，针对渗漏原因和部位，制定修缮方案。

2）重点检查管道与楼面或墙面的交接部位，卫生洁具等设施与楼地面交接部位、地漏部位、楼面、墙面及其交接部位。

3）维修防水层时，先做附加层，管道根部应嵌填密封材料封严。

4）修缮选用的防水材料，其性能应与原防水层材料相容。

5）在防水层上铺设面层时不应损伤防水层。

2. 楼地面渗漏维修

（1）裂缝维修

1）大于 2mm 的裂缝，应沿裂缝局部清除面层和防水层，沿裂缝剔出宽度和深度均不小于 10mm 的沟槽，清除浮灰、杂物，沟槽内嵌填密封材料，铺设带胎体增强材料涂膜防水层，并与原防水层搭接封严，经蓄水检查无渗漏再修复面层。

2）小于 2mm 的裂缝，可沿裂缝剔除宽 40mm 面层，暴露裂缝部位，清除裂缝浮灰、杂物，铺设涂膜防水层，经蓄水检查无渗漏，再修复面层。

3）对小于 0.5mm 裂缝，可不铲除地面面层，清理裂缝表面后，沿裂缝走向涂刷两遍宽度不小于 100mm 的无色或浅色合成高分子涂膜防水层。

（2）倒泛水与积水维修 地面倒泛水和地漏安装过高造成地面积水时，应凿除相应部位的面层，修复防水层，再铺设面层并重新安装地漏。地漏接口和翻口外沿嵌填密封材料时应堵严。

（3）穿管部位渗漏维修

1）穿过楼地面管道的根部积水渗漏，应沿管根部轻剔凿出宽度和深度均不小于10mm的沟槽，清除浮灰、杂物后，槽内嵌填密封材料，并在管道与地面交接部位涂刷管道高度及地面水平宽度均不小于100mm、厚度不小于1mm的无色或浅色合成高分子防水涂料。

2）管道与楼地面裂缝小于1mm时，应将裂缝部位清理干净，绕管道及管道根部地面涂刷两遍合成高分子防水涂料，其涂刷管道高度及地面水平宽度均应小于100mm，涂膜厚度不应小于1mm。

3）因穿过楼地面的套管损坏而引起的渗漏水，应更换套管，对所设套管要封口，并高出楼地面20mm以上，套管根部要密封，如渗漏可按前述1）或2）的方法进行修缮。

（4）楼地面与墙面交接部位酥松维修

1）楼地面与墙面交接缝渗漏，应将裂缝部位清理干净，涂刷带胎体增强材料的涂膜防水层，其厚度不应小于1.5mm，平面及立面涂刷范围均应大于100mm。

2）楼地面与墙面交接部位酥松等损坏，应凿除损坏部位，用1∶2（质量比）水泥砂浆修补基层，涂刷带胎体增强材料的涂膜防水层，其厚度不应小于1.5mm，平面及立面涂刷范围应大于100mm。新旧防水层搭接宽度（压槎宽度）不应小于50～80mm；压槎顺序要注意流水方向。按前述1）的规定铺设带胎体增强材料涂膜防水层，封严贴实。

（5）楼地面防水层翻修

1）采用聚合物水泥砂浆翻修时，应将面层及原防水层全部凿除，清理干净后，涂刷基层处理剂并用聚合物水泥砂浆重做防水层，防水层经检验合格后方可做面层。在裂缝及节点等部位按前述维修方法进行防水处理。

2）采用防水涂膜翻修时，面层清理后，基层应牢固、坚实、平整、干燥。平面与立面相交及转角部位均应做成圆角或弧形。卫生洁具、设备、管道（件）应安装牢固并处理好固定预埋件的防腐、防锈、防水和接口及节点的密封。铺设防水层前，应先做附加层。做防水层时，四周墙面涂刷高度不应小于100mm。在做第二层以上涂层施工时，涂层间相隔时间，应以上一道涂层达到实干为宜。

3. 墙面渗漏维修

1）墙面粉刷起壳、剥落、酥松等损坏部位应凿除并清理干净后，用1∶2（质量比）防水砂浆修补。

2）墙面裂缝渗漏的维修应按一般墙裂缝修补处理。

3）涂膜防水层局部损坏，应清除损坏部位，修整基层，补做涂膜防水层，涂刷范围应大于剔除周边50～80mm。裂缝大于2mm时，必须批嵌裂缝，然后再涂刷防水涂料。

4）穿过墙面管道根部渗漏，宜在管道根部用合成高分子防水涂料涂刷两遍。管道根部空隙较大且渗漏水较为严重时，应按楼地面穿管部位渗漏维修的方法处理。

5）墙面防水层高度不够引起的渗漏，维修时应符合下列规定。

① 维修后的防水层高度要求。

a. 淋浴间防水高度不应小于 1800mm。

b. 浴盆临墙防水高度不应小于 800mm。

c. 蹲坑部位防水高度超过蹲台地面 400mm。

② 在增加防水层高度时，应先处理加高部位的基层，新旧防水层之间搭接宽度不应小于 80mm。

6）浴盆、洗脸盆与墙面交接处渗漏水，应用密封材料嵌缝密封处理。

4. 给排水设施渗漏维修

（1）设备功能性渗漏维修及给排水管道节点维修

1）设备必须完好，安装牢固。所有固定管件、预埋件均应作防水、防锈处理。

2）设备堵塞应疏通，管道节点渗漏应予以排除。

3）设备、管道维修时应注意保护已有防水层。维修工程结束后，必须检查与设备、管道结合部位的防水，如有损伤，应按楼地面和墙面有关内容处理。

（2）卫生洁具与排水管连接处渗漏维修

1）便器与排水管连接处渗漏引起楼地面渗漏时，宜凿开地面，拆下便器。重新安装便器前，应用防水砂浆或防水涂料做好便池底部的防水层。

2）便器进口漏水，宜凿开便器进水口处地面进行检查。皮碗损坏应更换，更换的皮碗，应用 14 号铜丝分两道错开绑扎牢固。

3）卫生洁具更换、安装、修理完成，经检查无渗漏水后，方可进行其他修复工序。

5.4.3 维修质量要求、成品保护与安全环保措施

1. 维修质量要求

1）修缮施工完成后，楼地面、墙面及给排水设施不得有渗漏水现象。

2）楼地面排水坡度应符合设计要求，排水畅通，不得有积水现象。

3）涂膜防水层应无裂缝、脱皮、流淌、起鼓、折皱等现象，涂膜厚度应符合规定。

4）给排水设施安装应牢固，连接处应封闭严密。

2. 成品保护措施

1）施工好的涂膜防水层应采取保护措施，防止损坏。施工中遗留的钉子、木棒、砂浆等杂物，应及时清除干净。

2）操作人员不得穿带钉子的鞋作业。涂膜防水层施工后、干燥前不许上人乱踩，以免破坏防水层，造成渗漏隐患。

3）穿过墙体、楼板等处已经稳固好的管道，应加以保护。施工中不得碰撞、变位。

4）地漏、蹲坑、排水口等应保持通畅，施工中应采取保护措施。

3. 安全环保措施

1）必须在施工前做好施工方案，做好文字和口头安全技术交底。

2）对易燃材料，必须储存在专用仓库或专用场地，应设专人进行管理。

3）使用溶剂型防水涂料时，现场施工严禁烟火，并配有消防器材和灭火设施。施工人员应穿工作服、戴手套。操作时若皮肤上沾上涂料，应及时擦除并清洗。

4）患有皮肤病、支气管炎、结核病、眼病及对防水涂料过敏的人员，不得参加操作。

5）施工现场应通风良好，并注意对周围环境的影响。

单元小结

本单元介绍了厕浴间的防水等级与材料选用、节点构造与施工要求、地面防水层施工中常用的涂膜防水和刚性防水、厕浴间的渗漏维修等内容。

本单元的重点是节点构造与施工要求和地面涂膜防水的施工以及厕浴间的渗漏维修。

1. 厕浴间防水等级与构造要求

厕浴间防水等级与材料选用可作为一般了解。

厕浴间防水构造要求包括一般规定、防水工程设计技术要求、厕浴间地面构造与施工要求。

2. 节点构造与防水施工

主要掌握：穿楼板管道构造与防水施工、地漏与小便槽构造与防水施工、大便器与预埋地脚螺栓构造与防水施工。

3. 地面防水层施工

主要介绍了地面聚氨酯涂膜防水层施工和地面刚性防水层施工。在实际施工中主要应用涂膜防水层，因为涂膜防水层适用于管道多、构造复杂的部位。

4. 厕浴间渗漏维修

首先要弄清厕浴间渗漏部位及原因，一般包括大便器排水管连接处漏水、蹲坑上水接口处漏水、地漏下水口渗水、下层顶板局部或普遍渗漏。

厕浴间维修主包　包括楼地面渗漏维修、穿管部位渗漏维修、楼地面与墙面交接部位酥松维修、楼地面防水层翻修等。

维修质量要求、成品保护与安全环保措施也可作为一般了解内容。

复习思考题

5-1　厨房、厕浴间的防水材料有哪些？

5-2　厨房、厕浴间的地面有哪些构造层次？

5-3　对穿楼板管道有哪些基本规定？

5-4　大便器的防水做法如何？

5-5　地面聚氨酯涂膜防水层的施工要点有哪些？

5-6　地面刚性防水层的施工要点有哪些？

5-7　厕浴间渗漏部位及原因是什么？

5-8　楼地面裂缝渗漏如何维修？

5-9　墙面渗漏维修如何进行？

5-10　厕浴间防水施工的安全环保措施有哪些？

参考文献

[1] 瞿义勇.防水工程施工与质量验收实用手册[M].北京:中国建材工业出版社,2004.
[2] 沈春林.建筑防水工程百问[M].北京:中国建筑工业出版社,2001.
[3] 朱国梁,潘金龙.简明防水工程施工手册[M].北京:中国环境科学出版社,2003.
[4] 俞宾辉.建筑防水工程施工手册[M].济南:山东科学技术出版社,2004.
[5] 沈春林.建筑防水知识问答[M].北京:化学工业出版社,2002.
[6] 建设部人事教育司.防水工[M].北京:中国建筑工业出版社,2002.
[7] 余德池,余征.地下防水工程便携手册[M].2版.北京:机械工业出版社,2003.
[8] 陈雁,李国年,刘淑兰.防水工长便携手册[M].北京:机械工业出版社,2005.
[9] 中国建筑工程总公司.屋面工程施工工艺标准[M].北京:中国建筑工业出版社,2003.
[10] 中国建筑工程总公司.建筑防水工程施工工艺标准[M].北京:中国建筑工业出版社,2003.